北宋洛阳城园林

姚晓军　赵　鸣◎著

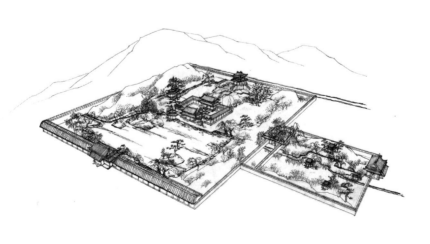

中国建筑工业出版社

图书在版编目（CIP）数据

北宋洛阳城园林／姚晓军，赵鸣著 . —北京：中
国建筑工业出版社，2022.8
ISBN 978-7-112-27653-0

Ⅰ. ①北… Ⅱ. ①姚… ②赵… Ⅲ. ①古典园林—研
究—洛阳—北宋 Ⅳ. ①TU986.626.11

中国版本图书馆CIP数据核字（2022）第130400号

责任编辑：杜　洁　张　杭
书籍设计：锋尚设计
责任校对：张　颖

北宋洛阳城园林

姚晓军　赵　鸣　著

*
中国建筑工业出版社出版、发行（北京海淀三里河路9号）
各地新华书店、建筑书店经销
北京锋尚制版有限公司制版
北京中科印刷有限公司印刷
*
开本：787毫米×1092毫米　1/16　印张：17½　插页：1　字数：313千字
2022年9月第一版　2022年9月第一次印刷
定价：**79.00**元
ISBN 978-7-112-27653-0
（38617）

前言

千年帝都洛阳是中华民族文明的发祥地和中国园林的发源地，这座古老的历史文化名城历经13个王朝的更迭和沧桑巨变，园林也随着其政治、经济、文化的发展而变化，从先秦到北宋近3000年时间内，洛阳园林多处于全国领先地位。北宋洛阳城是汉唐故都，历代名园荟萃；虽因北宋建都开封而略损，在一度因水道失调、园林趋于低沉之后，仍然是中国园林之中心，当时洛阳作为陪都和文化中心，王公贵亲的宅邸、园林更是精彩纷呈。因优越的自然山水环境，崇文尚礼重教的社会文化环境，和遵循"天人合一"的古代都城营建思想形成独特的城市布局，使园林呈现出自然和人文并重的特征。

目前关于中国古典园林研究，从时间上偏重明清园林；就地域而言，偏重江南园林；就洛阳而言，更偏重隋唐园林；就园林类型而言，偏重私家园林。由于北宋洛阳园林无完整实例遗存，相关研究以北宋学者李格非所著的《洛阳名园记》中描述的私家园林为主，其研究深度远不及明清时期江南园林的研究，而对大内后苑和衙署园林的研究又更少，所以对北宋洛阳园林进行整体系统的研究，将对深入研究中国古代早期园林具有重要意义。

本书以北宋洛阳城园林的历史发展、兴盛原因为研究基础，选取洛阳城内代表性的园林类型，以史料文献、绘画图像、考古报告、建筑规范和现存遗迹等资料为参考依据；进而对北宋洛阳宫城的建筑布局进行复原，推测出大内后苑的范围；重点对宫城大内后苑和东城衙署庭园遗址进行总体布局和单体建筑的复原设计，总结出各自的造园意匠，弥补了目前这一研究的缺憾；然后重新考证私家园林，并将私家园林分为北宋前后两个时期进行园林景象特征的异同探讨；最后整体探讨北宋洛阳城内这三大主要园林类型的区别和联系，梳理北宋洛阳城园林的营建理念和造园意匠。基于洛阳独特的城市空间布局，为更清楚地研究北宋时期洛阳的园林造园意匠，本书运用分类研究法和对比论证法，从北宋的城市格局出发，将宫城皇城内的大内后苑分为唐代和宋代两个时期；将郭城里坊内的私家园林分为北宋前遗存和北宋新建两种园林类型，并进行分类考证和对比论述。本书按照两条基线展开描述：一是以北宋洛阳园林发展历程和兴盛原因作为明线，将城市分区、城市水系和功能需求与园林的总体格局密切结合，对分布在洛阳城宫城大内后苑、东城衙署庭园遗址及郭城内私家园林的造园意匠进行研究，这也涵盖了北宋洛阳城的整体园林类型；二是以影响这一城市和园林文化"道—本—序—美"作为暗线，使其外在的自然山水和内在的社会文化贯穿园林始终。这两条基线互相影响，但也基本保持独立，共同突出北宋时期洛阳城与园林的关联及其造园的时代、地域特征。

目录

第4章
北宋洛阳城东城衙署园林

第 7 章
结束语

附图

参考文献

致谢

第 1 章

北宋洛阳园林概况

北宋（公元960—1127年）在历史学上的起始时间很明确，从"陈桥兵变"建隆元年（公元960年）赵匡胤在京城汴梁登基，到"靖康之乱"靖康二年（1127年）金兵攻破东京开封而灭亡，历时167年。后周世宗卒后，年幼的恭帝继位。当时大将赵匡胤发动陈桥驿兵变，废周，建立宋朝，史称北宋。"北宋"这一时段的选取，是因为宋代是我国古代文化最为繁盛的时代，历史学家陈寅恪有"造极于赵宋之世"[1]的说法。园林作为一种文化载体，不可避免地受到影响，北宋的"园林经历了千余年的发展，已经进入了相对成熟的时期，作为一个园林体系，它无论是在内容上还是形式上都趋于定型，在造园的技术和艺术方面也达到了最高水平，成为中国古典园林的发展史上的一个高潮阶段"[2]。而洛阳作为华夏文明的摇篮，有着悠久古老的历史文化，丰富的人文资源，其园林在历史上占有重要地位，北宋时洛阳为西京，作为文化中心，其政治地位仅次于东京汴梁城，有"天下名园重洛阳"[3]之称。西京洛阳不仅有宫城、皇城，还有一整套管理机构。北宋历代皇帝也不时巡幸洛阳，对西京洛阳的建设也很重视，尤其是对宫城、皇城，更是屡加修缮。除了国家修建宫城、皇城外，民间也有大兴修宅第、建园林之风气，西京洛阳在当时可谓名副其实的园林城市。李健人在《洛阳古今谈》中对历代洛阳园林的盛况有这样的描述："盖洛阳自周公营洛邑以及北宋，为帝都为陪京者二千余年。其间宫殿楼阁，宏杰壮丽，足以穷人世之技巧，竭山海之蓄藏，不知凡几，而当其胜也。士大夫之宅榭连檐街衢，园圃接影溪山，远之若梁冀筑园十里九阪，石氏金谷风流繁华。至于隋唐，其公卿大夫王侯贵戚之属，列第东者尝不下千余，至宋则园林尤盛"[4]。北宋学者李格非在《洛阳名园记》中说："唐贞观开元之间，公卿贵戚开馆列第于东都者，号千有余邸"[5]。在园林发展史上，汉唐宋三代之中洛阳园林独步天下，无与伦比，可谓中华之最。可见北宋时洛阳园林这一的繁盛状况，与其得天独厚的自然环境和底蕴深厚的人文环境息息相关。

因此"洛阳"这一地域的选取，因其特殊的地位而有着突出意义，同时与此有适一时期的选取相配平。北宋时洛阳作为陪都，其行政区划[6]与现在洛

[1] 陈寅恪. 陈寅恪文集之三：金明馆丛稿二编 [M]. 上海：上海古籍出版社, 1980.
[2] 周维权. 中国古典园林史 [M]. 北京：清华大学出版社, 1993.
[3] （宋）邵雍. 伊川击壤集 [M]//邵雍集. 北京：中华书局, 2010, 196.
[4] 李健人. 洛阳古今谈 [M]. 郑州：中州古籍出版社, 2014.
[5] （宋）邵博. 邵氏闻见后录 [M]. 刘德权, 李建雄, 点校. 北京：中华书局, 1983.
[6] 谭其骧. 中国历史地图集（精装本）第六册 [M]. 北京：中国地图出版社, 1982.

阳的行政区划有较大差别，北宋的地方政府分路、州、县、乡四级，其中位于京西北路的河南府辖河南（洛阳）、永安（今巩义）、偃师、巩县（今巩义境内）、登封、密（今新密）、新安、渑池、寿安（今宜阳）、伊阳（今嵩县）、河清（今孟州市白波镇），共11县①。洛阳地区即河南府是以洛阳城周为中心，辐射洛阳周边县的京畿区域。整体来看，北宋园林大多分布在洛阳城内，更能反映这一时期洛阳园林的特征，因此以北宋时期洛阳城内主要分布的园林为研究范围。

关于宋代园林的研究，目前学者们主要从理论研究、复原研究、遗存研究、绘画与其他相关研究展开。首先理论研究方面：研究园林史最重要的参考文献是明末计成（1988）所著的《园冶》。彭一刚（1986）《中国古典园林分析》、王毅（1991）《园林与中国文化》、汪菊渊（2006）《中国古代园林史》（上、下）、曹林娣（2009、2015）《中国园林艺术概论》和《中国园林美学思想史：隋唐五代两宋辽金元卷》等，这些论著在史学、美学、文化学、造园学方面研究的颇多。罗燕萍（2006）《宋词与园林》考订了宋词中所涉及的园林的基本构成要素、园林意象和园林审美。侯迺慧（2010）《宋代园林及其生活文化》是以园林及园林生活为研究对象，分析了宋代的造园成就、园林艺术及园林生活的创新、园林生活呈现出的文化意义等，最后将唐宋园林进行了比较。林秀珍（2010）《北宋园林诗之研究》主要从北宋的诗文归纳总结出北宋的园林意趣和艺术技巧。刘托（2015）《中国古代的造园艺术》对中国唐宋时期的造园给予高度评价并总结其特征。刘彤彤（2015）《中国古典园林的儒学基因》中宋明理学对园林的影响和认识这一章节中探讨了理学如何以其特殊的方式影响园林的士人艺术。以上很多论著中都涉及到北宋时期园林的发展。周蓓（2003）《宋代风水研究》、张劲（2004）《两宋开封临安皇城宫苑研究》、王其亨（2005）《风水理论研究》、常卫锋（2006）《北宋东京园林景观与游园活动研究》、秦苑苑（2007）《北宋东京皇家园林艺术研究》、谭刚毅（2008）《两宋时期的中国民居与居住形态》、毛华松和廖聪全（2012）《宋代郡圃园林特点分析》、罗玺逸（2017）《北宋苏轼的营建活动及其营建思想初探》等主要从不同视角反映宋代园林的特征。陈凌（2013、2015、2016、2018）对宋代的衙署进行了较为系统的研究：如《宋代府、州衙署的建筑规模和布局》《宋代地方衙署建筑的选址原则》《建筑空间与礼制文化：宋代地方衙署建筑象征性功能诠释》《宋代地方衙署的修缮理念及实践探析》《宋代地方官吏心态演变与衙署营缮效果研究》等，分别从选址、文化、地域等方面进行了详尽的研究，

---

① 程有为，王天奖. 河南通史 [M]. 郑州：河南人民出版社，2005.

使本书对衙署园林的认识更为清晰。

复原研究方面：朱育帆（1997）《艮岳景象研究》对北宋东京皇家园林艮岳进行了复原研究，其采用考古、文献史料进行考证推测的研究方法对本书具有非常重要的借鉴意义。赵鸣（2002）的《山西园林古建筑》中对衙署园林独特的认识和复原方法对本书的撰写具有很大启发。胡浩（2009）《宋画〈水殿招凉图〉中的建筑研究》参考现存唐宋建筑实例、《营造法式》、文献记其他绘画等将《水殿招凉图》中的建筑图像进行复原设计。玛丽安娜（2011）《〈景定建康志〉"青溪图"复原研究》通过宋代园林图册中的《青溪图》，结合各地方志中关于青溪园与建康府的记载和宋代绘画中的建筑形象，对其整体园林布局和单体建筑进行了复原，为本书对衙署庭院单体建筑的复原提供了重要的研究方法。鲍沁星（2012）《杭州自南宋以来的园林传统理法研究》以杭州一处重要的南宋皇室园林遗址为线索进行了考证研究，探讨了杭州自南宋以来的假山欣赏传统与方池理水的传统。袁琳（2013）《宋代城市形态和官署建筑制度研究》探讨了两宋官署建筑形态的变化，其中第六章健康府治单体建筑的复原设计方法是本书单体建筑复原方法的重要参考文献之一。董伯许（2014）《基于宋《营造法式》大木作制度的宋代楼阁复原设计研究》在文中以元代宫廷界画为参考，并结合《营造法式》中的规定进行复原设计研究，是本书复原建筑单体的重要借鉴方法之一。徐腾（2016）《〈明皇避暑宫图〉复原研究》以北宋洛阳籍画家郭忠恕《明皇避暑宫图》中出现的建筑形象为研究对象，进而证实宋代界画创作与宋代建筑之间千丝万缕的对应关系，此研究为本书复原宫城内建筑布局和大内后苑单体建筑提供了重要的研究基础。

遗存研究方面：北宋李诫（2006）的《营造法式》，是北宋官方颁布的一部建筑设计、施工的规范书；梁思成（2013）的《〈营造法式〉注释》和《梁思成全集（第七、八卷）》（2001），陈明达先生《营造法式大木作研究》（1981）、《中国古代木结构建筑技术》（1990），潘谷西、何建中的《〈营造法式〉解读》（2007）对《营造法式》的注释和全面解读，书中结合绘画图像、现存遗址并从多角度审视，更易于笔者获得宋代建筑和《营造法式》的正确认识，是本书研究宋代建筑规范和复原园林中单体建筑的重要原始资料和复原依据。傅熹年（2001）《中国古代城市规划、建筑群布局及建筑设计方法研究（上、下册）》，徐怡涛（2015）《〈营造法式〉大木作控制性尺度规律研究》等对本书复原建筑群布局和单体建筑的尺度提供了重要依据。赵鸣（2002）的《山西园林古建筑》中对山西地区遗存的园林古建筑进行了详细的考证、复原及测绘，其研究方法和思路对本书有着重要影响。刘畅和孙闯（2009）《少林寺初祖庵实测数据解读》、梁思成（2012）《中国古建筑调查报告（上、下）》及傅熹年、王贵祥、张十庆（2013）的《当代中国建筑史家十书·中国建筑史论选集》系列丛书是很好的研究工具书，其实测数据为本书复原单体建筑提供了珍贵的实例比对。汪勃（2012）《中日宫城池苑比较研究——6世纪后期到10世纪初期》从考古的角度在宋代以前宫城池苑资料基础上，进一步对公元6~10世纪初期的中日两国宫城池苑进行对比，其宋代池苑遗构部分对本书提供了重要的基础资料。左满常（2015）的《河南古建筑（上、下）》、王金平（2015）的《山西古建筑》和陈颖（2015）的《四川古建筑》系统论述了河南省、山西省、四川省内古建筑发展、目前遗存的各类型建筑的分布特点，尤其是宋代的古迹遗构为本书了解现存遗构提供了实例。李洁（2013）《晋祠的造园艺术研究》通过文献、测绘、总结等方法从晋祠的平面空间布局和建筑格局特色为视角，对晋祠的造园艺术进行了归纳。赵雅婧（2017）《绛州署园林初探》综合运用考古、文献、石刻材料，在分析复原各阶段绛州池园居、绛州衙署、绛州城的基础上，论证了园林功能、衙署的空间布局的演变以及绛州城市发展历程。

　　绘画研究方面：浙江大学中国古代书画研究中心（2010）所编著的《宋画全集》全面汇集了古今中外具备较高学术、研究价值的宋画，是本书研究宋画最原始和最权威的绘画图集。傅熹年（1979）《王希孟〈千里江山图〉中的北宋建筑》将画作中的建筑物进行分类和全面剖析，并对建筑的平面形制进行了图示归纳和总结。傅熹年（1998）《中国古代的建筑画》探讨了建筑画的历史演变过程，并到五代北宋时，建筑画成为独立的画种，此时屋木画家水平至高，所绘建筑可据以造屋，对本书了解当时的建筑结构和建筑环境提供了重要依据。谭皓文（2010）《两宋时期山水画中的建筑研究》、傅伯星（2011）《宋画中的南宋建筑》、高居翰、黄晓和刘珊珊（2012）《不朽的林泉：中国古代园林绘画》、张慧（2013）《从宋代山水画看宋代园林艺术》、边凯（2014）《论宋代山水画中景的再现与境的营造》、毛华松、梁斐斐和张杨珏（2017）《宋画中的园林活动与园林空间关系研究》均已以宋画为研究素材，研究园林各要素与园林空间的关系。萧默（2003）《敦煌建筑研究》是从建筑艺术史的角度，较为全面地对敦煌建筑等进行了研究。傅熹年（2004）《山西省繁峙县岩山寺南殿金代壁画中所绘建筑的初步分析》对其壁画中的建筑进行了详细的剖析，并绘制出西壁壁画中宫殿建筑总体布局的平面示意图。

　　其他相关研究方面：胡洁和孙筱祥（2011）《移天缩地：清代皇家园林》分析了中国古代帝王园林和文人园林的造景手法、艺术情趣和意识形态的异同，使本书对这两种园林类型有了更为清晰的认识和启发；永昕群（2003）《两宋园林史》、吴莉萍（2003）《中国古代园林的滥觞——先秦园林探析》、孙炼（2003）《大者罩天地之表，细者入毫纤之里——汉代园林史研究》、傅晶（2003）《魏晋南北朝园林史研究》、丁垚（2003）《隋唐园林研究——园林场所和园林活动》、赵熙春（2003）《明代园林研究》等，均为本书提供了对断代史写作思路的参考；另卫红（2005）《汉唐洛阳私家园林研究》，顾凯（2010）《明代江南园林研究》，郭明友（2011）《明代苏州园林史》，朱鹬（2012）《南宋临安园林研究》，黄晓（2015）《初盛唐北方私家园林研究》，谢明洋（2015）《晚清扬州私家园林造园理法研究》，鲍沁星（2016）《南宋园林史》，何晓静（2017）《意象与呈现——南宋江南园林源流研究》，黄晓、程炜和刘珊珊（2017）《消失的园林——明代常州止园》，梁洁（2018）《晚明江南山地园林研究》等这些研究成果均属于从某一时间段研究某一地域的园林范畴，其研究方法和思路为本书提供了重要的参考。

关于北宋洛阳城的研究，目前主要集中在史料文献和考古方面的研究。史料文献方面：元人脱脱（1985）所编的《宋史》文中对北宋洛阳城市的变迁、修缮都进行了详细的记载，是研究北宋洛阳园林的最重要原始资料。《宋会要辑稿》由清代学人徐松于嘉庆十四年（1809）从《永乐大典》中收录的宋代官修"会要"中辑录而成至1936年才由北平图书馆影印发行，内容包括政治、军事、经济、方域、制度、礼乐、教育、选举、科技以及其他历史文化信息等诸多方面，为研究北宋洛阳城市布局、园林活动提供了较为翔实的背景资料。清代徐松辑、高敏点校（2012）的《河南志》为目前仅存之河南古方志，此书内容仅为成周以来洛阳之城附、宫殿、古迹，后文并附以东汉、魏、后魏、西晋、宋洛阳城图，成为研究北宋时洛阳宫城、郭城内的具体分布的重要史料。阅读清朝康熙、乾隆时代皇帝敕命编纂的《河南通志》《洛阳县志》之类的书籍，发现这些书中记载着关于园林和第宅的史料。《唐两京城坊考》详细加载着唐代洛阳都城的街道官署、宅第、寺庙、宫殿的位置等方面，是本书研究唐代洛阳园林的重要史料。民国时期李健人（1936）《洛阳古今谈》虽有一定的局限性，但却是第一部通史性的洛阳都城史研究著作。纪流和宋垒（1982）《洛阳散记》比较全面地描述和记录了洛阳的风景名胜。崔敬一和郭顺祥（1985）《洛阳历代城池建设》对洛阳历代的城池建设作了较系统地叙述，并对其相关的一百幅图版按期分类予以编排。苏健（1989）《洛阳古都史》将洛阳古都的历史面貌进行了比较全面、系统介绍。程民生（1994）《宋代洛阳的特点与魅力》、周宝珠（2001）《北宋时期的西京洛阳》、李振刚和郑贞富（2001）《洛阳通史》、邬学德和刘炎（2001）《河南古代建筑史》选取河南各地有代表性的遗址、建筑等进行了详细描述，对本书起到了一定的参考价值。王铎（2005）《洛阳古代城市与园林》、叶苹和李楠（2006）《洛阳古城遗址保护性开发规划设计构思》、李久昌（2007）《国家、空间与社会：古代洛阳都城空间演变研究》、马娜（2007）《隋唐洛阳城洛南里坊区遗址保护研究》、钱珂（2010）

《隋唐洛阳城洛南里坊区历史名园价值评价及保护利用途径》、张祥云（2011）
《北宋西京河南府研究》、王贵祥（2012）《古都洛阳》等均对洛阳古代城市的
布局进行了相应研究。姚瀛艇（1992）《宋代文化史》、吴晓亮（1994）《宋代
经济史研究》、马茂军（1999）《北宋儒学与文学》、赵金昭（2001）《洛阳文
化与洛阳经济》、程民生（2005、2017）《河南经济简史》和《宋代地域文化
史》、何忠礼（2007）《宋代政治史》、郑苏淮（2007）《宋代美学思想史》、叶
烨（2008）《北宋文人的经济生活》、平田茂树（2008）《宋代社会的空间与交
流》、惠吉兴（2011）《宋代礼学研究》、赵玉强（2017）《优游之道：宋代士
大夫休闲文化及其意蕴》等，这些宋代的历史研究使本书能够从哲学、政治、
经济、文化等角度对洛阳造园的成因、环境、历史背景有了更深入的认识。

考古方面：由考古文物部门出版的考古报告和文献无疑是本书决定性的资
料来源之一。杨焕新（1994）《略论北宋西京洛阳宫的几座殿址》对宋代西京
洛阳宫城中轴线上发掘的几座殿址进行的论述；王岩（1994）《隋唐宋时期洛
阳园林考古学初探》就考古发掘资料对隋唐宋洛阳园林考古资料的梳理、由中
国社会科学院考古研究所洛阳唐城队（1994、1996）分别在《考古》期刊上发
表的《洛阳唐东都履道坊白居易故居发掘简报》和《洛阳宋代衙署庭园遗址
发掘简报》为本课题的研究提供了直接的科学依据；霍宏伟（2009）《隋唐东
都城空间布局之嬗变》、杨清越（2012）《隋唐洛阳城遗址的分期和空间关系
的考古学研究》、由中国社会科学院考古研究所（2014）编著的《隋唐洛阳城
1959-2001年考古发掘报告》全书共4册，为研究隋唐宋洛阳城的考古的集大成
者，比较详尽地介绍了隋唐宋洛阳城市的位置、分布、具体范围，尤其是宫廷
园林九洲池和各里坊区域内宅园的唐宋遗迹，是本书的重要参考资料和依据；
石自社（2014）《北宋西京洛阳城形态分析》、高虎和王炬（2016）《近年来隋
唐洛阳城水系考古勘探发掘简报》、韩建华（2016）《试论北宋西京洛阳宫城、
皇城的布局及其演变》、韩建华（2018）《唐宋洛阳宫城御苑九洲池初探》、王
书林（2020）《北宋西京城市考古研究》是目前考古方面较为全面研究北宋洛
阳城市格局的著作，是本书研究北宋洛阳城的重要资料和依据。

关于洛阳古代园林的研究，前人已做了大量的工作，研究成果丰硕。从中
国古典园林发展的宏观角度论及洛阳园林的论著：最早成书的是日本人冈大路
（1988）写于20世纪30年代的《中国宫苑园林史考》，其中对唐代洛阳的轮廓及
苑园、宋代的洛阳及《洛阳名园记》进行梳理，并发现《通志》《县志》之类的
书籍中记载着关于园林和第宅的史料；周维权（1993）《中国古典园林史》中论
述了洛阳各个时期的皇家、私家和寺观园林，在宋代私家园林──中原这一章
节中，对《洛阳名园记》中的园林进行分析，其中富郑公园和环溪给以平面设

想图，并总结洛阳私园特点；其他另一些古代园林研究，如张家骥（2004）《中国造园艺术史》在北宋私家园林这一章节中对《洛阳名园记》的园林及作者进行分析并总结北宋园林特点；李浩（1996）《唐代园林别业考论》主要辑录并考订洛阳唐代园林别墅之空间位置、园主、造园时间等；汪菊渊（2006）《中国古代园林史》（上、下）在北宋洛阳名园——唐宋写意山水园这一章节，对《洛阳名园记》中的园林进行分类分析，并对部分园林给出平面想象示意图，最后小结唐宋写意山水园；张家骥（1990）《中国造园史》、安环起（1991）《中国园林史》、陈植（2006）《中国造园史》、刘晓明和薛晓飞（2017）《中国古代园林史》、成玉宁（2018）《中国园林史——20世纪以前》，薛永卿（2018）《图说河南园林史》、田国行和郭建慧（2019）《河南园林史》其中的北宋洛阳造园材料也有一定的借鉴意义。以上很多论著中都涉及了到了北宋时期园林的发展。

目前学者对北宋洛阳私家园林的进行深入探讨的相对更多。北宋学者李格非的《洛阳名园记》是研究北宋洛阳私家园林的重要依据，历来受宋代研究的重视，此书出现了多个版本，其中台湾商务印书馆《景印文渊阁四库全书》史部三四五·地理类中记录的该文为繁体无标点符号，对比之下，本书主要参考的版本为1983年由北京中华书局出版发行的《邵氏闻见后录》和1955年由北京文学古籍刊行社出版的版本，两个版本中存在歧义的地方，本书以《邵氏闻见后录》中的记载为主。刘托（1986）《两宋文人园林》概括宋代文人园林的风格特点为简、疏、雅、野4个特点。古建园林专家王铎（1985）《唐宋洛阳私家园林的风格》将唐宋洛阳私家园林的特点及其艺术风格概括为12个方面进行探讨；王铎（2002）《中国古代苑园与文化》在"怡情志道"的"城市山林"这一章节中对归仁园、湖园、履道里园、独乐园进行描述，并绘出复原图。徐维波（2003）《唐宋私家园林环境模式变迁研究》主要梳理并揭示了中唐至南宋私家园林的前、中、后期三个阶段园林整体环境模式阶段下私家园林的发展变迁过程和内在的发展脉络。李浩（2007）《〈洛阳名园记〉与唐宋园史研究》从园史及唐宋洛阳园林变迁角度进行考述，指出《名园记》有开专题园录之先河和证史补史之功用。王鹏（2009）《宋代文人园林模拟设计——以欧阳修纪念园规划设计为例》对宋代文人精神意识、园居生活、园林景题、造园要素研究的基础上，结合北宋文人欧阳修纪念园的规划设计，探讨城市化背景下传承中国传统造园艺术的风景园林规划设计。董慧（2013）《两宋文人化园林研究》对隐逸文化与文人园林的融合过程进行梳理，深度的挖掘宋代文人化园林的精神内核。孟梦（2013）《〈洛阳名园记〉中富郑公园复原设计研究》、汉宝德（2014）《物象与心境：中国的园林》、贾珺（2014）《北宋洛阳司马光独乐园研究》、贾珺（2014）《北宋洛阳私家园林考录》、张瑶（2014）《〈洛阳名园记〉中的园林研究》、贾珺（2015）《北宋洛阳私家园林综论》对北宋洛阳的城市环境进行论述，详细分析了私家园林的造园意匠，并探讨其文化特色和园林活动。李小奇（2016）《唐诗对宋代园林空间艺术建构的影响——以宋代园记散文为考察中心》从唐诗在宋代园林双重空间构筑中的艺术价值和意义揭示宋代园林的文化内涵。林嵩（2017）《〈洛阳名园记〉与古典园林的唐宋变革》主要从"人力与自然""城市与山林""空间与时间"等不同矛盾体现中晚唐之后，北宋园林艺术转向内在与精微的趋势。王晓萍（2017）《北宋〈洛阳名园记〉的美学意义》主要从美学的角度谈论《洛阳名园记》中诸园的总体布局以及山、水、房屋、草木等景致。杨浩（2017）《两宋私家园林环境模式比较及其变迁规律研究》多角度地对两宋私家园林环境模式进行比较，提出这一时期私家园林环境模式和变迁规律。王劲韬（2017）《司马光独乐园景观及园林生活研究》探讨了独乐园的园林布局、造园手法和园林生活，阐述了中国文人园林生活与城市生活的结合。王珊、郭建慧、邵华美、晁琦和田国行（2018）《两宋洛阳与临安私家园林对比—以富郑公园与南园为例》针对北宋洛阳与南宋临安私家园林存在的诸多不同点，以富郑公园和南园为主要实例阐述两地园林风貌的差异。郭建慧、刘晓喻、晁琦和田国行（2019）《〈洛阳名园记〉之刘氏园归属考辨》对刘氏园的园主进行了考辨。康琦（2019）《基于园记文献的两宋私家园林造园风格及其流变研究》通过对两宋私家园林园记文献的解析,对园记中的私园造园风格进行系统研究。郑亚雄（2019）《北宋洛阳富郑公园复原设计研究》运用历史文献、考古资料、宋代绘画与营造法式四者相互结合进行考证，对富郑公园进行了三维复原设计，其研究方法和成果为本书私家园林的复原研究提供了参考和借鉴。清华大学贾珺教授近十余年致力于北方私家园林的研究，于2009年、2013年、2019年分别完成并出版《北京私家园林志》《北方私家园林》《古代北方私家园林研究》等，相对全面地呈现不同时期、不同地域北方私家园林的个性特色与总体特征，尤其是对北宋洛阳私家园林文化内涵和造园意匠的研究对本书私家园林的研究有很大启发。

对北宋洛阳园林某一要素的研究：张英俊（2006）《北宋西京地区景观资源与旅游活动研究》论述了西京地区独特的旅游活动产生的影响。李琳（2009）《北宋时期洛阳花卉研究》论证了北宋洛阳花卉繁盛的原因，这一繁盛影响了当时洛阳皇宫园囿、私家等园林内花卉的大量种植。龚亚萍（2010）《北宋西京地区节庆娱乐活动研究》论述了北宋时期西京地区节庆娱乐活动的繁盛状况，使本书间接地了解洛阳北宋时园林活动及园林的公共性。李方正（2011）《北宋洛阳名园植物造景手法初探》通过对北宋初期的洛阳名园的分析，阐述了北宋时期造园手法中的植物造景法及其审美特征。郭东阁（2013）

《北宋洛阳私家园林景题的特色分析》研究北宋洛阳私家园林景题在对象、形式、内容、风格方面的特色。寇文瑞、郭利凡和杨芳绒（2015）《洛阳唐宋私家园林水景理水手法探究》以城市宅院为对象，从理水思想和理水手法方面探讨唐宋时水景宅院的造园艺术。王艳（2015）《北宋西京洛阳的节庆旅游》探讨了北宋时期西京洛阳节庆旅游盛况其成因及社会影响。路成文《咏物文学与时代精神之关系研究：以唐宋牡丹审美文化与文学为个案》（2011）、付梅《北宋牡丹审美文化研究》（2011）和郭绍林（2016）《唐宋牡丹文化》等均对洛阳牡丹及其文化意义进行了论述。

虽然涉及北宋、洛阳园林的研究目前已取得较多成果，但是关于北宋时洛阳皇家园林、衙署园林的研究目前仅有零星的史料和考古印证存在，迄今为止并没有对其进行深入系统研究。而洛阳私家园林虽在北宋时期达到了兴盛阶段，其皇家园林、衙署园林等园林也得到了相应的发展，但大多数研究者并未意识到北宋洛阳城市格局的重要性，未将当时的洛阳城市意象和文化完全融入园林中。鉴于此，本书在前辈、学者们取得的丰硕成果的基础之上，以洛阳城市格局和园林文化为出发点，结合史料文献、考古报告、绘画图像、建筑规范和现存遗迹等，对这一时期洛阳城内存在的园林类型进行考证复原和造园分析，突出其园林的时代和地域特征，使本书更为准确全面地把握北宋洛阳园林的造园意匠（图1-1）。

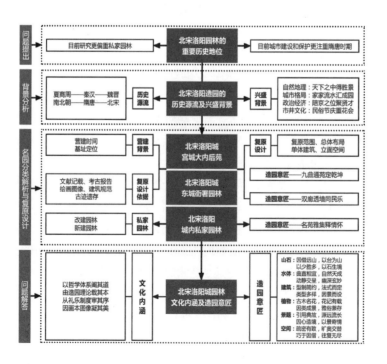

图1-1
研究框架图

　　北宋洛阳城的园林随着历史沧桑巨变，较之隋唐园林有更长足的发展，时有"洛阳园林甲天下"的美誉。其造园理念在今天仍有借鉴意义，因此从整体上系统进行北宋时期洛阳城园林的研究对传承中国古典园林造园理论和技法具有深远意义。北宋洛阳宫城皇城内大内后苑的布局、东城内衙署庭院遗址的发现、郭城内北宋前与北宋时两类园林特征的异同，都具有重要的研究价值和现实意义。目前洛阳城市建设和园林发展虽然取得了一定的成绩，但是与北宋时期呈现出的空前繁盛局面相比，还是有较大的落差。研究这一时期的洛阳园林，有利于我们深刻理解和传承发展古典园林文化，同时也希望能为今后洛阳城市建设和园林发展尽绵薄之力。

第 2 章

北宋洛阳造园的历史源流及兴盛背景

2.1 历史源流

　　洛阳因四千余年的建城史和八百余年的建都史（图2-1），成为中国园林的发祥地，同时其古代园林的类型也涵盖了中国古代园林的类型。北宋之前，洛阳园林概以都城论资，可谓中国园林的代名词，园林的发展与都城盛衰同步，因此本节仅以洛阳作为都城或陪都时的园林演变为主线进行阐述。北宋时洛阳园林多为隋唐之旧园而葺改，为何私家园林成为这一时期中国北方私家园林的代表？这一时期洛阳其他类型的园林发展处于怎样的状况？是否像私家园林一样受到北宋之前影响或有新的发展？旧园是否完全废弃或另作他用？新园是否也对后世园林产生较大影响，又与私家园林有何种联系？本节将伴随着这些问题来关注北宋这一时期的园林在古代洛阳的发展状况。

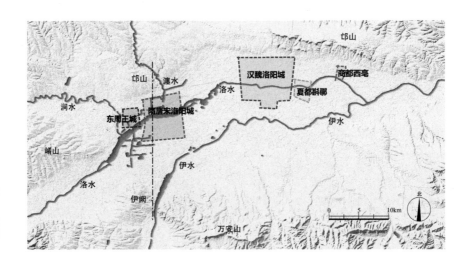

图 2-1
隋唐宋洛阳城遗址
地理位置图
（图片来源：改绘自霍宏伟《隋唐东都城空间布局之嬗变》）

2.1.1 夏商周

1. 夏代二里头遗址

　　约公元前2070年夏朝建立，经考古发掘、历史学家推测，夏代后期（公元前1850—公元前1550年）都城在洛阳偃师二里头。二里头遗址是以宫城为中心，南北、东西道路明确，居住、墓葬和生产作坊布置有序的都城城市[①]，在其中部分建筑区发现有殿堂30余座和一个建筑群[②]，宫殿由廊庑环绕着一座大房子[③]，将其对照《周礼·考工记·匠人》中记载的"夏后氏世室，堂脩二七，广四脩一"[④]，其中"世室"即"大室"[⑤]，可以看出原始宫殿的雏形，为园林的产生奠定了基础。

2. 商都西亳遗址

公元前1600年，商汤在洛阳偃师的西亳建都。考古发现商都西亳遗址中的宫殿建筑组群有明确的中轴线，为四合院式的庭园形式，开始出现囿苑、宫苑和庭院等园林类属。另有商汤与民众在"桑林"祭天祈雨的故事，其早在夏之前就有"桑林"记载，如《淮南子·本经训》中言："禽封狶于桑林"[⑥]。随之洛阳园林开始萌芽。

3. 东周王城遗址

公元前770年，洛阳为东周王都（图2-2），根据考古发掘，东周王城遗址之西呈现宫室园林之景象，内有高台建筑，"台高百丈，升之以望云色"[⑦]。"周人明堂，度九尺之筵"[⑧]（图2-3），可看出周代定城郭宫室之制，规定大小诸侯的级别，定出宫门、宫殿、明堂、辟雍等的等级，同时也确立了囿、沼、台三者的融合[⑨]。春秋战国时期是中国台苑园林的发展时期，洛阳城进行了不同程度的扩建，据记载，"成周城内的宫室建筑，所见有大庙、新造、襄宫、宣榭、滤宫、各大室等，可谓相当壮观"[⑩]。《史记·老子韩非列传》载，老子为"周守藏室之史"，"老子修道德，其学以自隐无名为务。居周久之"[⑪]，可知老子春秋时期长期生活在洛阳，曾在位于洛阳北邙山翠云峰的上清宫炼丹，创立

---

① 王铎. 洛阳古代城市与园林［M］. 呼和浩特：远方出版社，2005.
② 李振刚，郑贞富. 洛阳通史［M］. 郑州：中州古籍出版社，2001.
③ 王贵祥. 古都洛阳［M］. 北京：清华大学出版社，2012.
④ （清）惠栋撰. 周易述［M］. 北京：中华书局，2001.
⑤ 徐世昌，等. 清儒学案［M］. 北京：中华书局，2008.
⑥ 马庆洲. 淮南子今注［M］. 南京：凤凰出版社，2013.
⑦ （清）马骕撰. 绎史［M］. 北京：中华书局，2002.
⑧ 周礼注疏［M］//（清）阮元. 十三经注疏（清嘉庆刊本）. 北京：中华书局，2009.
⑨ （日）冈大路. 中国宫苑园林史考［M］. 常瀛生，译. 北京：中国农业出版社，1988.
⑩ 苏健. 洛阳古都史［M］. 北京：博文书社，1989.
⑪ （清）刘宝楠. 论语正义［M］. 经部，四书类. 北京：中华书局，1990.

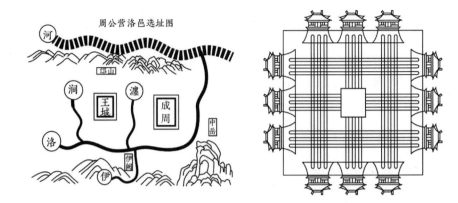

图2-2
周公营洛邑图
（图片来源：摹自清
《钦定书经图解》）

图2-3
周朝都城布局示
意图

道家学说，故上清宫被称为道教祖庭①，促进了道教在洛阳的兴起和此后宫观园林的发展。

4. 小结

自夏商周时期洛阳产生桑林、囿苑和宫室园林以来，洛阳园林类型的雏形不断被发现，这为洛阳园林的兴起奠定了基础。园林空间多为自然空间，规模宏大。园林功能主要是祭祀、生产和田猎，游观次之。

2.1.2 秦汉

1. 皇家林苑

（1）宫苑园林

秦统一中国后，置洛阳为三川郡，丞相吕不韦在成周城的基础上，扩建城池，修建南宫，西汉高祖刘邦定都洛阳时曾在南宫居住三个月。公元25年，东汉光武帝刘秀定都洛阳，建都之初为解决洛阳城的漕运和城市供水，开凿漕渠，引洛水进入洛阳形成比较完整的水系，洛阳城在成周城基础上，宫室花园苑园屡有扩建。公元60年，汉明帝又新建了北宫，并修筑御道使对应的南北宫相连，南北二宫成为皇帝的宫苑（图2-4），主要供皇帝和宫室人员日常起居。此外，洛阳的皇家园林多达十余处，城内的宫苑四处：北宫以北的濯龙园、东城的永安宫、西城的西园和南宫西南方的直里园（又称南园）。城外近郊的宫苑，见于文献记载的有十处：芉圭苑、灵昆苑、平乐苑、上林苑、鸿池、西

---

① 李振刚，郑贞富. 洛阳通史［M］. 郑州：中州古籍出版社，2001.

苑、显阳苑、鸿德苑。从张衡
《东京赋》里描写洛阳东汉园林
的盛景"濯龙芳林。九谷八溪。
芙蓉覆水。秋兰被涯。渚戏跃
鱼，渊游龟蠵。永安离宫。修
竹冬青"①，"于东则洪池清蘥，
渌水澹澹"②，可以看出濯龙园、
鸿池依托优越的地理位置和城
市环境，景色幽美，皆以水景
取胜。据《后汉书》记载，濯
龙园邻近北宫，是明帝马皇后
的常居之园，明帝在此"召诸
才人"，并曰："是以游娱之事
希尝从焉"③。《拾遗记》中"起
裸游馆千间，采绿苔而被阶，
引渠水以绕砌"④。记载着灵帝、
献帝均游于西园，又见《洛阳
古今谈》卷三记载"长利苑和游观之濯龙、灵芝、御龙等池，温明、清凉、女
皇等台，以及属于宫前眺望之楼观和游台上之台榭"⑤，说明游娱在皇家园林中
已占有突出地位。据《后汉书》记载，"车驾数幸广成苑"⑥，"校猎上林苑"⑥，
说明上林苑和广成苑是东汉帝王的狩猎场。

（2）礼制建筑

《后汉书·光武帝纪》载："起明堂、灵台、辟雍及北郊兆域"⑥。中元元
年（公元56年）汉光武帝在洛阳城南郊建明堂、灵台、辟雍，即谓"三雍"，
显示明堂制度臻以完备。根据考古发掘，东汉明堂、灵沼、辟雍遗址在今偃师
佃庄镇大郊寨村、关庄、东大郊之间的太学村、岗上村一带。"明堂"是按秦
汉学者猜想的"九室"明堂设计的。《东京赋》描写洛阳明堂"规天矩地，授

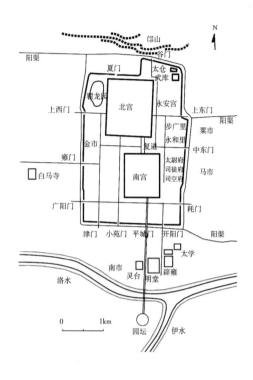

图 2-4
东汉洛阳主要宫苑
分布图

（图片来源：摹自周维
权《中国古典园林史
（第三版）》)

---

① 全后汉文 [M] // （清）严可均. 全上古三代秦汉三国六朝文. 北京：中华书局，1958.
② （宋）周邦彦. 清真集校注 [M] 集部，别集类，卷上，又. 北京：中华书局，2007：
　　131.
③ （南朝宋）范晔. 后汉书 [M]. （唐）李贤，等，注. 北京：中华书局，1965.
④ （后唐）冯贽. 云仙散录 [M]. 北京：中华书局，2008.
⑤ 李健人. 洛阳古今谈 [M]. 民国二十五年（1936年）. 郑州：中州古籍出版社，2014.
⑥ （南朝宋）范晔. 后汉书 [M]. （唐）李贤，等，注. 北京：中华书局，1965.

时顺乡；造舟清池，惟水泱泱"①，结合考古发掘，周围有引水暗渠，可以证明明堂周围是有圜水的②，其中有九个高台建筑，绝大部分空间松柏苍茫、绿树掩映。天子与群臣在高台明堂之上祭天，发布政令。其明堂在三国时期仍然存在，而为曹魏利用。《晋书·礼志》："魏文帝即位，用汉明堂而未有配"③。根据考古发掘，"灵台"之建筑形式为三层层台，北面（面向宫城）有坡道通台顶。灵台占地不足十分之一，余之为绿化空间，在此环境中观天象、悟神明，灵台是我国古代极为重要的天文观测遗址。"辟雍"的建筑遗址范围为正方形，建筑密度很低，亦是一个园林空间。辟雍专作天子讲学，是培养太子、大臣的学校，是国家文教制度的象征。

2. 私家园林

西汉时，因朝廷提倡节俭，私人营园不多见，至东汉中期以后，吏治腐败，洛阳富有的贵族官僚地主竞相营建第宅园圃。《述异记》中有张骞苜蓿园，"骞园在洛中。苜蓿本胡菜，骞始于西域得之"④，此园北魏时尚存，《洛阳伽蓝记·城北》载："大夏门东北，今为光风园，苜蓿生焉"⑤。《梁统列传》记载，"又广开园圃，采土筑山，十里九阪，深林绝涧，有若自然，冀传云：筑山以象二崤"⑥，"冀乃大起第舍，而寿亦对街为宅，殚极土木，互相夸竞。堂寝皆有阴阳奥室，连房洞户……图以云气仙灵。台阁周通，更相临望"⑦。《梁王菟园赋》记载，"修竹檀栾，夹池水，旋菟园，并驰道，临广衍，长冗故"⑧。《后汉书》卷六十四记载，"又起兔苑于河南城西，经亘数十里，发属县卒徒，缮修楼观，数年乃成"⑦"又多拓林苑，禁同王家"⑦。可以看出梁冀在洛阳的园林有四处："园圃""第舍""菟园"和"林苑"。园内建筑尤以高楼居多，这与东汉洛阳出土的绿釉陶楼、陶院（图2-5）和水榭的冥器不谋而合。足以证实梁冀园之建筑华丽，已有水景园，树木葱郁，追求皇家林苑的壮观浩大。梁冀园于东汉末年已毁，但到北魏时仍有部分遗存。《洛阳伽蓝记》载："出西

---

① （宋）司义祖. 宋大诏令集 [M]. 北京：中华书局，1962.
② 杨鸿勋. 明堂泛论——明堂的考古学研究 [C] //中国建筑学会建筑史学分会. 营造：第一辑（第一届中国建筑史学国际研讨会论文选辑）. 北京：北京出版社，文津出版社，1998：39-132.
③ （唐）房玄龄，等. 晋书 [M]. 北京：中华书局，1974.
④ （清）徐松. 汉书西域传补注 [M]. 北京：中华书局，2005.
⑤ （北魏）杨衒之. 洛阳伽蓝记校释 [M]. 北京：中华书局，2013.
⑥ （宋）司马光. 资治通鉴 [M]. （元）胡三省，音注. 北京：中华书局，1956.
⑦ （南宋）范晔. 后汉书 [M]. （唐）李贤，等，注. 北京：中华书局，1965.
⑧ （明）李濂. 汴京遗迹志 [M]. 北京：中华书局，1999.

阳门外四里，御道南有洛阳大市，周回八里。市内有女皇台，汉大将军梁冀所造，犹高五丈余……市西北有土山鱼池，亦冀之所造"①。

图 2-5
东汉洛阳出土的绿釉陶院

3. 寺庙及其他园林

自光武帝下传十二帝，佛教传入洛阳，东汉明帝时（公元58—75年）皇帝信奉，把当时的"外交部"鸿胪寺改建为白马寺，作为翻译佛经之地。《魏书·释老志》载："明帝令画工图佛像，置清凉台及显节陵上，经缄于兰台石室"②。其清凉台作为高台建筑沿用至今，被誉为"空中庭院"③。永平十四年（公元71年），汉明帝于嵩山玉柱峰下建造大法王寺。顺帝时，黄老道开始流传民间，张道陵在洛阳嵩山和北邙山修行。《后汉书·王涣传》载："延熹中，桓帝事黄老道，悉毁诸房祀"④。桓帝在宫城的濯龙宫立庙祠祀黄帝。位于嵩山在西汉、东汉相继得到修建保留至今的太室阙、少室阙、启母阙，以及由太室祠演变而来的中岳庙一直延续到北宋末年，清仍依宋金旧制又得以重修。佛寺园林、宫观园林伴随佛寺建筑和庙祠等如雨后春笋在洛阳兴起。东汉光武建武五年（公元29年）重建太学于洛阳，考古勘察洛阳太学遗址在开阳门外御道东⑤。遗址内发现大面积夯土建筑基址和绿化空间，称之为学宫园林⑥。东汉光武帝中元元年（公元56年）诏起"兆域"（坟墓之界域）。光武帝原陵今存于洛阳市孟津县白鹤乡铁谢村西南的黄河南岸，邙山之阴，俗称"刘秀坟"。原陵占地百亩，中有陵冢，古柏千余株。原陵之布局不同于帝陵的传统形制，因地制宜，依地势环境陵、祠并列。随后洛阳历代帝王均在此设立陵园，得以继承，尤其到北宋，皇陵开集中建陵园之先河。

---

① （北魏）杨衒之. 洛阳伽蓝记校释［M］. 北京：中华书局，2013.

② （北齐）魏收. 魏书［M］. 北京：中华书局，1974.

③ 洛阳市地方史志编纂委员会. 洛阳市志：第五卷［M］. 郑州：中州古籍出版社，1999.

④ （南宋）范晔. 后汉书［M］.（唐）李贤，等，注. 北京：中华书局，1965.

⑤ 中国社会科学院考古研究所洛阳工作队. 汉魏洛阳故城太学遗址新出土的汉石经残石
　　［J］. 考古，1982（4）：381-389.

⑥ 王铎. 洛阳古代城市与园林［M］. 呼和浩特：远方出版社，2005.

4. 小结

秦汉时期为园林的发展期，洛阳的皇家林苑、礼制建筑园林得到了进一步发展，私家园林悄然兴起，出现寺院建筑、学宫园林和皇家陵园。园林从皆属于帝王逐渐发展到皇亲贵族，尚未普及到庶民。与夏商周时期相比，这一时期洛阳的园林已经开始注意以水成园，园林景象多模拟自然而粗犷，园林类型呈现多样，仍依附皇家园林而形成，没有体现明显差别，其游赏功能已上升，私家苑园仿效皇家林苑，追求规模宏大，开始重视利用山、水、花木进行造园。

2.1.3 魏晋南北朝

1. 皇家园林

（1）宫苑园林

魏晋南北朝时期曹魏、西晋及北魏先后在洛阳建都，洛阳的皇家园林因政局跌宕几经废兴。魏晋洛阳城是在东汉都城的废址上兴建，大规模的营建有三次[①]。一是公元220年，曹丕废汉，迁都洛阳，"初营洛阳宫"[②]，筑陵云台、九华台，穿灵芝池、天渊池，营建宫殿苑园；二是公元227年，营筑宗庙；三是公元235年，魏明帝"大治洛阳宫，起昭阳、太极殿"[②]，大修芳林园。随后又兴立太学，修作明堂、辟雍、灵台。《水经注·谷水注》："魏明帝于洛阳城西北角筑之，谓之金墉城"[③]。考古发现它是南北相连呈"目"字形的三个小城。曹魏洛阳的城市格局为北魏洛阳继承发展，并随后影响隋唐宋洛阳城的建设。

史载"魏明帝好修宫室，制度靡丽"，新的宫城是魏明帝在东汉北宫的基础上参照邺城的宫城规制修建而成的。《魏书·明帝纪》[②]载，明帝"欲起土山于芳林园西北陬"，"又于芳林园中起陂池，楫棹越歌"，"通引谷水过九龙殿前，为玉井绮栏，蟾蜍含受，神龙吐出"，可见芳林苑是当时最美最著名的苑囿，园内种有松、各种草花，育养各种禽鸟、杂兽，园内建筑有九华台、太极殿和总章观。魏晋已有"曲水流觞"的习俗，天渊池南建有"流杯石沟，燕群臣"[④]，

① 苏健. 洛阳古都史 [M]. 北京：博文书社，1989.
②（晋）陈寿撰. 三国志 [M].（南朝宋）裴松之，注. 北京：中华书局，1982.
③（北魏）郦道元. 水经注校证 [M]. 陈桥驿，校证. 北京：中华书局，2013.
④（梁）沈约撰. 宋书 [M]. 北京：中华书局，1974.

规模宏大，歌舞升平。《河南志》卷二载："华林园内有崇光、华光、疏圃、华延、九华五殿，繁昌、建康、显昌、延祚、寿安、千禄六馆。园内更有百果园，果别作一林，林各有一堂，如桃间堂、杏间堂之类……园内有方壶、蓬莱山、曲池"[1]。西晋华林园在芳林园的基础上，新增殿、馆、堂和果树。北魏时因城市分区、里坊制度的总体规划（图2-6），强调了宫城的中心地位，同时水系建设也更加完善，引渠入园已成风尚。《洛阳伽蓝记》载："奈林西有都堂，有流觞池，堂东有扶桑海"[2]。华林园又在西晋的基础上进行重建，创立了都城宫苑群，同时继续挖海堆山，形成了以水为中心，以山为骨架的景象空间。另《洛阳伽蓝记》又载："千秋门内道北有西游园"[2]，描述了位于宫城西半部的"西游园"除园内建筑和景观类似华林园外，有"殿前九龙吐水成一海"[2]的景象。

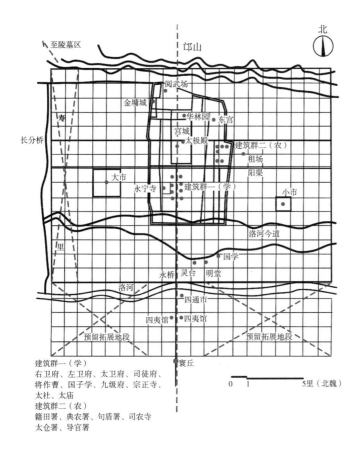

建筑群一（学）
右卫府、左卫府、太卫府、司徒府、
将作曹、国子学、九级府、宗正寺、
太社、太庙
建筑群二（农）
籍田署、典农署、句盾署、司农寺、
太仓署、导官署

图2-6
北魏洛阳规划复原图
（图片来源：摹自王贵祥《古都洛阳》）

---

① （清）徐松. 河南志 [M]. 高敏，点校. 北京：中华书局，2012.
② （北魏）杨衒之. 洛阳伽蓝记校释 [M]. 周祖谟，校释. 北京：中华书局，2010.

（2）礼制建筑

明堂，在三国时期仍然存在，为曹魏所利用。孝明帝孝昌二年（公元526年），孝明帝将其形制由东汉九室改为五室。北魏明堂在外观上与东汉明堂无显著区别。

2. 私家园林

（1）别业园林——西晋石崇的金谷园

西晋时期王侯贵族生活萎靡，争相斗富，纷纷建立了庞大的私家园林，其中位居首富石崇的金谷园千古流传。潘岳《金谷集作诗》曰："回溪萦曲阻，峻坂路威夷。绿池泛淡淡，青柳何依依……前庭树沙棠，后园植乌椑"[1]。《晋书·石苞传》载："财产丰积，室宇宏丽。后房百数"[2]。石崇《思归引序》曰："晚节更乐放逸，笃好林薮"[3]。金谷园北依邙山，傍金水，说明前后院布局各异，园内泉溪涌流，亭台错落，曲径通幽，果林成片。与东汉梁冀园相比，园内景色幽致，别有洞天，虽都有游娱功能，但更注重追求雅致。

（2）叠山理水宅园——北魏张伦宅园

北魏时期斗富之风依然盛行，受魏晋玄学及山水画的影响，又因魏晋以来寄情山水、崇尚隐逸的社会风尚的形成，于是洛阳城内各大官僚"争修宅园"，《洛阳伽蓝记》载："高台芳树，家家而筑；花林曲池，园园而有"[4]。司农官张伦宅园的园林景象则在这些私家园林中最为豪奢，以精美扬名。《洛阳伽蓝记》[5]载："庭起半丘半壑""旁与曲栋相连""泉水纤徐如浪峭""烟花露草""霜干风枝，半耸半垂，枝垂协韵。玉叶金茎，散满皆坪"。说明张伦宅园山石垒叠、流水淙淙、建筑得体、花木讲究，善用咫尺山林突出自然的山石林泉，如此精美的景象虽源于自然，但已高于自然。从"伦造景阳山，有若自然"[5]可以看出张伦对山岳已不是直接的模仿而是开始注重神似，并进行提炼，来表达自己"卜居动静之间，不以山水为忘"[5]"进不入声荣，退不为隐放"[5]的隐逸观，这一隐逸情结和审美境界随之深深影响北宋文人的审美观和文人写意园。

---

① （梁）钟嵘. 钟嵘诗品笺证稿 [M]. 王叔岷，笺证. 北京：中华书局，2007.

② （唐）房玄龄，等. 晋书 [M]. 北京：中华书局，1974.

③ （唐）寒山. 寒山诗注 附拾得诗注 [M]. 项楚，注. 北京：中华书局，2000.

④ （宋）李昉，等. 太平广记 [M]. 北京：中华书局，1961.

⑤ （北魏）杨衒之撰. 洛阳伽蓝记校释 [M]. 周祖谟，校释. 北京：中华书局，2010.

3. 寺庙园林

魏定都洛阳后，洛阳重新成为佛教和道教的中心[1]，加之舍宅为寺之风也兴起。到北魏时，孝文帝、宣武帝、孝明帝、胡灵太后等皆礼佛，贵族公卿争相附趋，将佛教活动推向极盛[1]。洛阳城内外有佛教寺院一千多所，达到极致。《洛阳伽蓝记》记载洛阳北朝的66座佛寺园林最为详尽，各具特色，较有代表性的有以下几类。

（1）以山池形胜见称的寺院

《洛阳伽蓝记》所载景明寺"前望嵩山、少室"，"青林垂影，绿水为文。形胜之地，爽垲独美"，"寺有三池，萑蒲菱藕"，说明景明寺远借嵩山，内有水池河渠，青林绿水。"房檐之外，皆是山池"[2]，环境幽美。又载宝光寺："园中有一海，号咸池"，"雷车接轸，羽盖成阴，或置酒林泉，题诗花圃，折藕浮瓜，以为兴适"[2]，寺院景物幽美，到寺游乐，不乏其例。又载大觉寺"面水背山，左朝右市是也"，"环所居之堂，上置七佛，林池飞阁，比之景明"[2]。大觉寺的山水形胜，比之景明寺，有过之而无不及。

（2）以佛寺殿堂、佛塔著称的寺院

曹魏明帝曹睿于青龙二年（公元234年），大兴土木，重建白马寺，营建宫室、台观、佛寺、园林，至西晋末被毁，北魏时又重建，《洛阳伽蓝记》中对其建筑布局未作记载，但据日本学者考证，日本飞鸟时代（公元592—708年）所建的飞鸟寺和天王寺是仿照我国的白马寺修建的，这两座佛寺均以塔为主体建筑，塔后建殿。其平面布局是由回廊围合成矩形庭院，塔在中央，塔北为佛殿，塔南为主大门，大门、塔、佛布置在南北中轴线上。永宁寺内有"僧房楼观一千余间，雕梁粉壁"[2]，有塔为九层，"架木为之，举高九十丈"[2]，是北魏胡太后于熙平元年（公元516年）重修而成的，塔成之后，太后及皇室臣僚多次登塔瞭望，以睹京都旷野山川。根据考古发掘，永宁寺塔的"青石镶边台基，面宽为38.2m"[3]，这与《水经注》所载永宁寺"浮图下基方十四丈"[4]的面积相近，是迄今为止历史文献记载和考古发掘的最大的木塔建筑，其平面布局与上述白马寺考古发掘平面相似，可以想象，在庭院和佛寺周围

① 李振刚，郑贞富. 洛阳通史［M］. 郑州：中州古籍出版社，2001.
② （北魏）杨衒之撰. 洛阳伽蓝记校释［M］. 周祖谟，校释. 北京：中华书局，2010.
③ 中国社会科学院考古研究所洛阳工作队. 北魏永宁寺塔基发掘简报［J］. 考古，1981（3）：223-224，212.
④ （北魏）郦道元. 水经注校证［M］. 陈桥驿，校证. 北京：中华书局，2013.

布置有绿化。永宁寺同时也是北魏洛阳最大，景观最为琦丽的一个皇家寺庙园林。

（3）以种植为特色的寺院

《洛阳伽蓝记》所载永明寺"庭列修竹，檐拂高松，奇花异草，骈阗阶砌"[1]，又载凝圆寺"房庑精丽，竹柏成林"[1]，景乐寺"轻条拂户，花蕊被庭"[1]，正始寺"众僧房前，高林对牖，青松绿柽，连枝交映"[1]，永明、凝圆二寺则以松竹兰菊取胜。同时《洛阳伽蓝记》多次提到寺院种植果树的繁茂情况，如"京师寺皆种杂果，而此三寺园林茂盛，莫之与争"[1]、景林寺"寺西有园，多饶奇果"[1]、法云寺"花果蔚茂"[1]。

（4）以佛会胜地、游憩为主的寺庙和京畿风景园林

北魏洛阳的佛寺在佛诞辰日举行佛会和大斋时设歌乐杂伎的盛会，十分热闹。洛阳城当时的佛会集中在景明寺，故前一日其他各寺先出佛像，然后于四月初八在此受皇帝散花。《洛阳伽蓝记》载，出佛像的大寺有长秋寺、昭仪尼寺、宝圣寺和景明寺。佛寺少林寺创建于北魏太和十九年（公元495年），数十年后，少林寺成为达摩的修禅之处。洛阳龙门石窟始建于北魏景明元年（公元500年），是一个以山水环境为景园空间的石窟寺。石窟寺除了朝拜外，也是平民游览的地区。北魏时期的嵩山已经出现了皇帝礼祭，儒家圣山名岳，佛寺云集。北魏王朝继承了前朝遗制，北魏孝文帝、宣武帝分别在京畿嵩岳胜景处修离宫。嵩岳寺四面环山，层岩苍壁，古木环翠，景物佳丽。

4. 小结

魏晋南北朝时期因政治动荡不安，但思想活跃、文化多元交织。北魏洛阳城在东汉洛阳城基础上用里坊制规划，引谷水入城，特别是"王子坊"，家家流水，户户园林，当时园林达1367座。北魏的华林园是在魏晋华林园的基础上进一步重构的，私家园林出现崇尚华丽、争奇斗富的城市私园和体现隐逸的山居别业园两种类型，后一种追求山林泉石之怡性畅情的倾向，特别是为隋唐宋洛阳文人园林的营建打下了深厚的基础。随着北魏社会崇佛的风俗兴起，出现各具特色、功能多样的寺庙园林。园林景象开始由写实转向写意，由粗犷转向精细。这一时期洛阳的皇家园林、私家园林、寺庙园林和京畿风景园林，对之后洛阳历代王朝的各种园林的发展起了承前启后的作用。

---

① （北魏）杨衒之撰. 洛阳伽蓝记校释 [M]. 周祖谟，校释. 北京：中华书局，2010.

2.1.4　隋唐五代

隋大业元年（公元605年），隋炀帝任命大匠宇文凯营建洛阳城（图2-7），次年正式迁都洛阳，之后隋唐至宋洛阳城相继沿用530余年，大约废毁于南宋绍兴十年（1140年）。这一时期皇家园林的"皇家气派"已经完全形成，可分为大内御苑、行宫御苑和离宫御苑，隋唐至宋，洛阳城是中国古代持续为都城时间最长，也是当时世界上建筑规模最大的都城之一。这一时期的园林随洛阳城的营建发展到鼎盛，直接影响了洛阳北宋时期园林的发展与变化。以下仅以代表性的园林说明这一盛况。

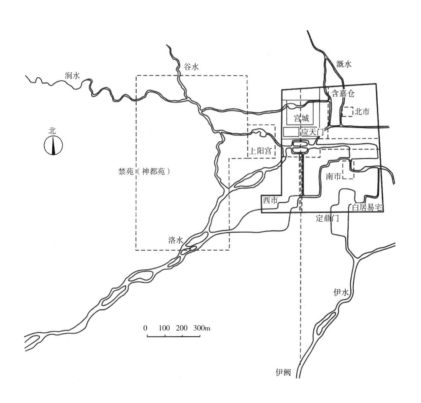

图2-7
隋唐洛阳城平面图
（图片来源：摹自周维权《中国古典园林史（第三版）》）

1. 皇家园林

（1）大内御苑：徽猷殿前大石池、陶光园、九洲池

陶光园位于隋唐洛阳城的大内北部（图2-8），是宫城大内的园林区。南有东西向长廊与大内宫殿区相隔，东抵大内东墙与东隔城相接，西抵大内西墙与西隔城相接，北与玄武城相接。《唐城阙古迹》载："城中隔城四重。最北曰

圆璧，次曰曜仪，次曰玄武，最南曰洛城"[1]，"陶光园。在徽猷、宏徽之北。东西数里。南面有长廊，即宫殿之北面也。园中有东西渠，西通于苑"[1]。"流杯殿有东西廊，殿南头两边皆有亭子以间山池。此殿上作漆渠九曲，从陶光园引水入渠，隋炀帝常於（于）此为曲水之饮，在东都"[2]。"徽猷殿。在贞观殿北。殿前有石池，东西五十步，南北四十步。池中有金花草，紫茎碧叶，丹花绿实，味酸可实"[1]。徽猷殿东有宏徽殿，陶光园中有渠、有池，其周建筑，有同心阁、丽日台、临波阁。"池有二洲，东洲有登春阁，其下为澄华殿，西洲有丽绮阁，其下为凝华殿。池北曰安福门"[2]。考古发现陶光园呈东西向长方形，东西长1040m，南北宽156m。园内除了东西的大型渠道之外，主要清理出了唐代陶光园南廊基址和大面积的花圃遗迹，其南面的长廊，呈东西向，始建于隋唐，沿用至北宋时期，内有八角建筑，直径17m，每边8m，结构精巧，为亭殿式，可见其宏伟壮丽。与文献记载中陶光园的性质相吻合。

九洲池是位于洛阳隋唐城宫城内西北隅的一座宫廷园林（图2-8），始筑于隋，唐宋时期相继沿用。《隋城阙古迹》载："九洲池。其地屈曲，象东海之九洲。居地十顷，水深丈余，中有瑶光殿。琉璃亭。在九洲池南。一柱观。在琉璃亭南"[1]。《唐城阙古迹》记载："九洲池。在仁智殿之南，归义门之西。其池屈曲，象东海之九洲，居地十顷，水深丈余，鱼鸟翔泳，花卉罗植。瑶光殿。在池中洲上。隋造。琉璃亭。在瑶光殿南。隋造。望景台。在九洲池北，高四十尺，方二十五步，大帝造。一柱观。在琉璃亭南。隋造。映日台。在九洲池之西。东有隔城，南有三堂，北有三堂，旧皆皇子、公主所居"[1]。环池为各宫室人员居住之院，池东有花光院、山斋院，花光院北有翔龙院，再北有神居院、仙居院，仙居院之西有仁智院，院有仁智殿，殿西有隋炀帝造之千步阁。池北有高十多米、宽近四十米的望景台。隔城在九洲池西，院中有两层的映日台、观天象台、百戏台等，供皇室家族居住、游乐。考古发现，九洲池遗址位于西隔城的北面，平面呈椭圆形，东西最长235m，南北最宽187m，池内数座岛屿，并在其中的三个岛屿上，各发现一座盛唐时期的方形亭式建筑基址，环九洲池发现了许多建筑遗址，还有山池，在南岸发现三座唐代基址，东西向排列，彼此以红桥相连。考古发掘出的遗迹与文献记载的洲池岛屿、殿堂庭院虽然还不能一一对应，但从分布范围、建筑规模、结构特点来观察，仍可发现这处园林的风貌与景观特色，它与东都苑和上阳宫内的建筑相比，后者的建筑布局严整，宫殿台阁、水榭朱栏既豪华又雄伟，也显古朴、幽静、淡雅。

---

[1]（清）徐松. 河南志［M］. 高敏，点校. 北京：中华书局，2012.

[2]（清）徐松. 唐两京城坊考［M］.（清）张穆，校补. 北京：中华书局，1985.

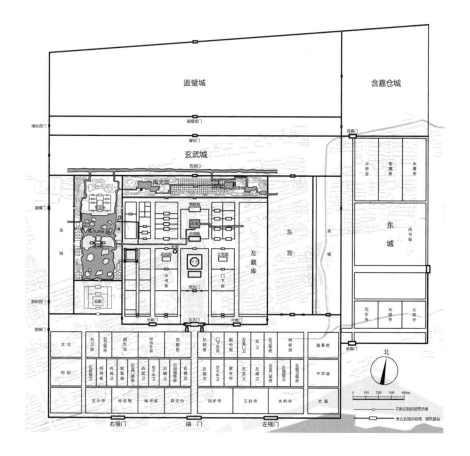

图2-8
唐洛阳宫城平面
复原示意图

（图片来源：作者自绘，参考王铎《洛阳古代城市与洛阳》、傅熹年《中国古代建筑史（第二卷）》）

可以想象九洲池的园林景象是以水域为中心，池中有岛，周围和岛上有殿阁亭台、奇花异木、芳草嘉树环绕其中。

（2）行宫御苑：西苑（神都苑）园林

隋炀帝大业元年（公元605年）于洛阳城之西开始营筑大规模的园林，谓之会通园，周长229里余。武德初改曰芳华苑，武后称神都苑，范围有所缩小，但周长仍达126里。因其在宫城之西，隋唐均又称之谓西苑（图2-9）。西苑属于大内御苑类，是一座人工山水园，在众多宫苑中最为宏伟，开皇家大型水景园之先河[①]。据《通鉴纪事本末》所载："筑西苑，周二百里。其内为海，周十余里，为方丈、蓬莱、瀛洲诸山，高出水百余尺，台观、宫殿，罗络山上，向背如神。海北有龙鳞渠，萦纡注海内。缘渠作十六院，门皆临渠，每院以四品夫人主之，堂殿楼观，穷极华丽"[②]。《河南志》中记载："每院备有堂

① 汪菊渊. 中国古代园林史（上卷）[M]. 北京：中国建筑工业出版社，2006.
② （宋）袁枢. 通鉴纪事本末 [M]. 北京：中华书局，2015.

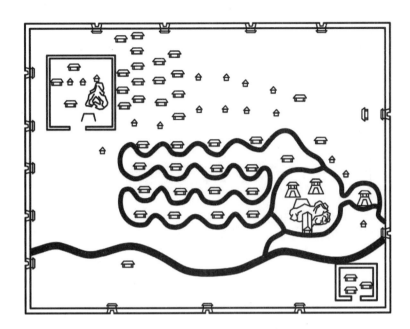

图 2-9
隋上林西苑图
（图片来源：摹自傅熹
年《中国古代建筑史
（第二卷）》）

皇之丽，阶庭并植名花奇树"①，"海东有曲水池，其间有曲水殿"①。西苑十六院总体继承了秦汉"一池三山"的山水景园模式，加以变化的是，根据山水环境，采用集锦式布局，各具特色。西苑园林充分利用谷、洛二水，建造水景园，园中十六院（图2-10）由龙鳞渠环绕，以碧水周流贯通园景，使整个园林空间景象宏大气魄，小院空间景象精美得体。因隋炀帝是个荒奢的皇帝，堂殿楼阁穷极华丽，并征天下诸州各贡草木、花果、奇禽异兽，以实苑囿。甚至宫树在秋冬凋落后，则剪丝绸彩缎为花叶，缀于枝条上，褪色之后另换新的，令其常如阳春。池沼之内也剪彩缎为荷芰菱芡，当皇帝游幸时，用冰布置池内，其华贵气魄前所未有。在自然山川的基础上加以利用、改造，配置以各色建筑物，将二者融为一体，使整个苑区的景观和功能保持高度和谐统一。

唐太宗崇俭，见西苑崇饰奢华，下令将西苑"毁之以赐居人"①，西苑便"多渐移毁"①。唐高宗、武周时期，又对西苑进行大规模的修建，西苑面积已大为缩小，水系未变，建筑物有所增损，后定名为神都苑。神都苑是一个大型郊野型皇家园林，周回126里（63公里），四面有门。据《唐两京城坊考》

---

① （清）徐松. 河南志 [M]. 高敏，点校. 北京：中华书局，2012.

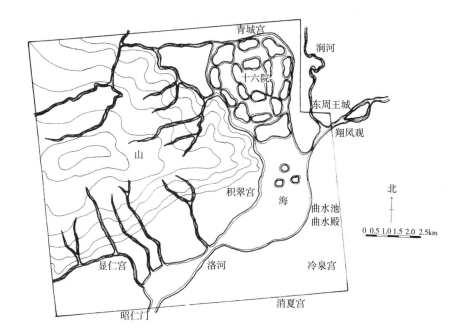

图 2-10
隋西苑平面示意图
（图片来源：引自刘晓明《中国古代园林史》）

可知，最东面有凝碧池，池中央设有龙鳞宫。凝碧池又名积翠池，唐高宗曾泛舟积翠池①。从《唐宫苑图》中可看到建筑形式多样，并依托山水空间布局。这里是隋唐两代举行大型饮宴，娱乐活动的重要场所。"显庆三年修建东都，始废洛阳宫总监，改青城宫监为东都苑北面监，明德宫监为东都苑南面监，洛阳宫农圃监为东都苑东面监，食货监为东都苑西面监"①，东都苑由总监和四面监管理苑内宫馆园池和其他修葺之事，此时的东都苑更多的是以农副生产为主，苑内仅留有避暑、休闲之用的殿堂。东都苑为隋唐两代的主要皇家园林，园内建造有大量的豪华殿阁，亭堂楼观。这里既是皇族游猎赏玩的去处，又是皇帝接见使者、宴享群臣的地方。隋唐西苑未经挖掘，但在《河南志》中附有示意图。从西苑范围内发掘的北宋砖瓦窑址及大量宋墓可以看出，北宋时期的西苑完全衰落，苑中仍有水池存在。"崇宁年，西都修大内，患苑中池水易涸。或云置牛骨池中，则水不涸。置之，果然。范时老董役，亲见之"②。

（3）离宫御苑：上阳宫园林

《旧唐书》记载："上阳宫，在宫城之西南隅。南临洛水，西距谷水，东即

---

① （清）徐松. 唐两京城坊考 [M]. （清）张穆，校补. 北京：中华书局，1985.
② （宋）邵博. 邵氏闻见后录 [M]. 李剑雄，刘德权，点校. 北京：中华书局，1983.

宫城，北连禁苑"①。从《唐东都上阳宫考》一文可以看出，考古资料和文献记载相印证，可推测上阳宫位于隋西苑旧址的东端，东邻皇城，西临谷水（今涧河），南面洛水，北靠东都苑。宫内房屋数千间，不仅是帝王平日处理朝政和居住的处所，也是作为游玩眺望的去处，建筑的功能更倾向于娱乐休憩②。因此上阳宫内的建筑并没有采用对称、行列的规整布置，而是与周边环境相融合，形成自由院落、集锦式组团建筑群布局，分布有"十院、七殿、宫、楼、台、阁、庵、观、堂、厩各一"③。其中观风殿院内又由观风门、浴日楼、丽景台、七宝阁和九洲亭等建筑布局而成，可以推测每处院落即是景观各异的园中园。上阳宫建于盛唐时期，园林景象气势宏大，水域丰盈，建筑壮丽华美，绿化尤好。可从唐代诗文中窥见一斑，如唐代宰相及诗人宗楚客在《奉和幸上阳宫侍宴应制》中描写上阳宫："紫庭金凤阙，丹禁玉鸡川。似立蓬瀛上，疑游昆阆前"④。上元中（公元674—676年）营造，"高宗晚年常居此听政焉"，也是帝王平日居住的处所。考古发现：遗址内出土的大量唐代建筑构件，既有黄、绿釉琉璃瓦，精雕的石螭首，还有金碧辉煌的铜饰和多彩的壁画②，无不显示建筑的豪华与奢侈，充分体现皇家园林的气魄。上阳宫除供游览、观赏、休憩外，还是高宗、武则天时期的重要政治活动场所。高宗晚年常居此宫听政，武后也常在此听政和宴享群臣，至神龙元年（公元705年），武则天被迫还政于中宗，后也迁居于此，直至同年十二月于仙居殿病死。此后玄宗居洛期间，也常在上阳宫听政和宴享百官。庭园的设计思想是动静结合，每个景点的建造，建筑物的配置，都是精心设计构筑的。

（4）礼制建筑

武后执政期间，为正式登基称帝作准备，决定建造明堂⑤。垂拱三年春至垂拱四年正月（公元687—688年），不到一年的时间里，在东都洛阳建成了中国历史上形象最奇特，规模最宏大的明堂。《旧唐书·礼仪志》载武则天于明堂建成以后发的诏书说："时既沿革，莫或相遵，自我作古……式展敬诚"⑥。这座明堂不再拘泥于五室、九室的形制和繁琐零碎的象征涵义，只是

---

① （后晋）刘昫，等. 旧唐书［M］. 北京：中华书局，1975.
② 姜波. 唐东都上阳宫考［J］. 考古，1998（2）：67-75.
③ 刘俊虎. 漫话隋唐东都洛阳城［M］. 郑州：河南人民出版社，2010.
④ （清）彭定求，等. 全唐诗［M］. 北京：中华书局，1960.
⑤ 杨鸿勋. 明堂泛论——明堂的考古学研究［C］//中国建筑学会建筑史学分会. 营造：第一辑（第一届中国建筑史学国际研讨会论文选辑），北京：北京出版社，文津出版社，1998：3-12.
⑥ （后晋）刘昫，等. 旧唐书［M］. 北京：中华书局，1975.

大体上按"上堂为严配之所，下堂为布政之居"[1]安排使用；只使用了三个最基本的象征数字，下层象征四时，中层象征十二辰，上层象征二十四气；又套用了最基本的象征形式，下方上圆。《旧唐书》对这座明堂的形制有简单的记述："凡高二百九十四尺，东西南北各三百尺。有三层：下层象四时，各随方色；中层法十二辰，圆盖，盖上盘九龙捧之；上层法二十四气，亦圆盖。亭中有巨木十围，上下贯通，枆、栌、撑、楬，藉以为本，亘之以铁索。盖为鹥鹭，黄金饰之，势若飞翥。刻木为瓦，夹纻漆之。明堂之下施铁渠，以为辟雍之象。号万象神宫"[1]。

根据以上推测，设想这座明堂是平面正方形的形式，十字轴线对称，每面11间，正中7间为厅堂，即"布政之居"，四隅各2间为实心假室，用以加固构架[2]。后来玄宗时，开元五年（公元717年）幸东都，更明堂为"乾元殿"；开元十年（公元722年），又恢复了"明堂"旧称。开元二十六年（公元738年），玄宗认为洛阳明堂"体式乖宜，违经荄礼，雕镂所及，穷侈极丽"[1]，遂于十月二日诏令将作大匠康晉素往东都毁明堂。开元二十七年（公元739年），"晉素以毁拆劳人，乃奏请且拆上层，卑于旧制九十五尺。又去柱心木，平座上置八角楼，楼上有八龙，腾身捧火珠。又小于旧制，周围五尺，覆以真瓦，取其永逸"[1]，这座新殿依旧叫"乾元殿"。"二十八年，佛光寺火，延烧廊舍，改新殿为'含元殿'"[3]。

2. 私家园林

唐代时洛阳私家园林之繁盛，多至千处，北宋学者李格非《洛阳名园记》后论记载："唐贞观、开元之间，公卿贵戚开馆列第于东都者，号千有馀（余）所"[4]。这时期的私家园林，尤其是文人亲自参加造园活动，将王维的"诗中有画，画中有诗"[5]的理论运用于造园，诗画与园景相融的艺术手法有了进一步提高，文人造园的特点之一是能够在有限的范围内，精于艺术构思，不追求其规模的宏丽，楼阁的重叠，山水的回环，而更注重质朴、小巧灵秀、富于诗情画意。白居易《题洛中第宅》："试问池台主，多为将相官。终身不曾到，唯展宅图看"[6]。私家园林中最著名的是白居易园、裴度园、李德裕平泉别墅三

① （后晋）刘昫，等. 旧唐书［M］. 北京：中华书局，1975.

② 王世仁. 中国古建筑探微［M］. 天津：天津古籍出版社，2004.

③ （清）徐松. 唐两京城坊考［M］.（清）张穆，校补. 北京：中华书局，1985.

④ （宋）邵博. 邵氏闻见后录［M］. 李剑雄，刘德权，点校. 北京：中华书局，1983.

⑤ （元）辛文房. 唐才子传校笺［M］. 北京：中华书局，1995.

⑥ （唐）白居易. 白居易诗集校注［M］. 谢思炜，校注. 北京：中华书局，2006.

处①，此外，还有牛僧孺的归仁园，履信坊的元稹宅，崇让坊的太仆卿分司东都韦瓘宅，所建宅第，也各有特色。

（1）白居易履道坊宅园

东都洛阳最有代表性私家园林的佳作，当属于唐代伟大的现实主义诗人白居易的宅院。白居易晚年居住在洛河南岸里坊区的履道坊，这里自然条件优越、水源丰富、林木茂盛、风景秀丽。"遂就无尘坊，仍求有水宅。东南得幽境，树老寒泉碧。池畔多竹阴，门前少人迹。未请中庶禄，且脱双骖易"②，"杨家去云远，田氏将非久。天与爱水人，终焉落吾手"②，表明诗人对此宅园甚是喜爱。后白居易又赴苏州、长安任职，58岁（公元829年）回洛阳，直至终老（公元846年），家居履道坊宅园18年，该园是白居易一生中家居时间最长的地方③。白居易因地制宜、因势利导，根据原有地形挖池、引水、堆山，筑屋、建桥、修滩，栽竹、植柳、种莲，对宅园进行精心营造，"洛下林园好自知，江南景物暗相随"②，融南北风格于一体，独具特色。履道坊宅园在园林形式的表达上则崇尚自然、精于巧变、寓情于景、清幽雅致④。诗人通过水、石、花、木、岛、桥、亭、榭的巧妙组合、配置，营造一片世外桃源，但又保持着与外界的互动。白居易曾作《七老会诗》："七人五百七十岁，拖紫纤朱垂白须。手里无金莫嗟叹，尊中有酒且欢娱"⑤。这是诗人晚年与洛中文人在园中一起诗酒唱和，切磋诗艺的真实写照。《池上篇》⑥曰："勿谓土狭，勿谓地偏。足以容膝，足以息肩"，"有叟在中，白须飘然。识分知足，外无求焉"，"时饮一杯，或吟一篇。妻孥熙熙，鸡犬闲闲。优哉游哉，吾将终老乎其间"。诗人晚年生活是"乐天知命""知足不辱"的，故"可以长久"，在此悠然度过18年，直至终老。20世纪90年代初，考古人员对白居易宅院遗址进行了全面勘探，并发掘了重点遗址。将发掘出的遗迹、出土遗物与白氏诗词相对照，大致可以看出白居易宅园的建筑特点。从宅院布局上，似为一座两进式院落。在宅院南面有一大片淤土，当为湖区，也就是白居易诗中所称的"南园"。园中有水一池，环池修路，池中筑岛，以平桥、高桥相连。并在池东建有仓库，池北建书库，池西作琴亭。并

① 李振刚，郑贞富. 洛阳通史［M］. 郑州：中州古籍出版社，2001.
② （唐）白居易. 白居易诗集校注［M］. 谢思炜，校注. 北京：中华书局，2006.
③ 王铎. 洛阳古代城市与园林［M］. 呼和浩特：远方出版社，2005.
④ 姚晓军，赵鸣. 基于白居易造园思想的洛阳"乐吟园"规划设计初探［J］. 古建园林技术，2018（2）：72-78.
⑤ （元）辛文房. 唐才子传笺证［M］. 北京：中华书局，2010.
⑥ （后晋）刘昫，等. 旧唐书［M］. 北京：中华书局，1975.

能"因下疏为沼，随高筑作台"①。因地制宜布设景点并亲自参与实践，使本来平淡无奇的自然景观，凭诗人的美学思想和艺术修养，构成一个个各具特色的园中小品，极富情趣。

（2）裴度的集贤园和午桥庄别墅庄园

唐代著名的私家园林还有集贤坊的裴度宅，宅内"筑山穿池，竹木丛萃，有风亭水榭，梯桥架阁，岛屿回环，极都城之胜概。又于午桥创别墅，花木万株，中起凉台暑馆，名曰绿野堂。引甘水贯其中，酾引脉分，映带左右"②，其景比白氏宅园更胜一筹。唐敬宗时宰相裴度在城内集贤里有宅园，城外又有午桥庄别墅庄园，园内引伊水贯其中，种花木万株，筑凉台和避暑馆，名"绿野堂"。文宗大和八年（公元834年），裴度在洛阳留守，为了"自安之计"乃治"东都立第于集贤里"③，"履道集贤来往频"②，"百余步地更相亲"②，白居易的履道坊在集贤坊东边，紧邻集贤坊，二人来往频繁，白居易因羡慕集贤园的大而好，写有不少高度赞美集贤园的诗，如《代林园戏赠》："裴侍中新修集贤宅成，池馆甚盛，数往游宴醉归自戏耳；南院今秋宴少，西坊近日往来频。假如宰相池亭好，作客何如作主人"②。又有《重戏答》："小水低亭自可亲，大池高馆不关身。林园莫妒裴家好，憎故怜新岂是人"②。而记述集贤园景物最多的诗则是《裴侍中晋公以集贤亭即事诗二十六韵见赠》②，"何如集贤第，中有平津池"，"因下张沼沚，依高筑阶基"，"前有水心亭，动荡架涟漪。后有开阖堂，寒温变天时。幽泉镜泓澄，怪石山欹危"，从以上记载可知，集贤园是以平津池为主体的水景园。湖面很大，中有三岛，偏东的叫晨光岛，另两个是杏花岛和樱桃岛，以岛上之花木命名。岛之间有桥相连，《旧唐书》本传上说"梯桥架阁"③，说的是桥两边由踏步而上，桥中间有似阁楼的敞厅。湖中岛上有湖心亭，在居中之岛上，宋时此岛称"百花洲"，言其花木之盛。在湖的四周布置有园林建筑，滨湖之北有北馆，北馆之北有开阖堂。北馆宋时称"四并堂"。

（3）牛僧孺归仁园

唐穆宗、文宗时的宰相牛僧孺于宪宗时期（公元805—公元820年）因与李德裕党争，累迁淮南节度使、东都留守，与白居易为友。牛僧孺晚年醉痴园林，在洛阳洛南里坊东南归仁坊里建自己的宅园，占有一坊之地，名为"归仁

① （唐）白居易. 白居易集 [M]. 顾学颉，校点. 北京：中华书局，1979.
② （唐）白居易. 白居易诗集校注 [M]. 谢思炜，校注. 北京：中华书局，2006.
③ （后晋）刘昫，等. 旧唐书 [M]. 北京：中华书局，1975.

园"。园中构筑水滩、鉴藏湖石①，园内的嘉木怪石大多是他在淮南搜集而来，经过数年精心营建，归仁园"馆宇清华，木竹幽邃"②，成为唐洛阳最大的私家园林，北宋时保持着唐的规模，为中书侍郎李清臣的园子。从李格非《洛阳名园记》中可知，唐时园中有一湖，湖面之大是洛城之冠，东西和南北长均逾一里，自北向南分为三部分：北部种有牡丹、芍药一千多株，中部种有百余亩翠竹，南部种植着成行的桃树、李树等。园中清渠环绕，水中砌石，形成小瀑布，有巴峡之感，有滩石。白居易在《题牛相公归仁里宅新成小滩》中写道："平生见流水，见此转留连。况此朱门内，君家新引泉"③。

（4）李德裕平泉山庄

李德裕入世后，瞩目伊洛山水风物之美，便有退居之意，唐敬宗宝历元年（公元825年），李德裕"经始平泉，追先志也"④，又遵其父的遗志在伊川购置平泉别墅，《旧唐书》卷一七四《李德裕传》载："东都于伊阙南置平泉别墅，清流翠篠，树石幽奇。初未仕时，讲学其中。及从官蒲服，出将入相，三十年不复重游，而题寄歌诗，皆铭之于石。今有《花木记》《歌诗篇录》二石存焉"②。康骈《剧谈录》卷下《李相国宅》："平泉庄去洛城三十里，卉木台榭，若造仙府，有虚槛，河引泉水，萦回穿凿，像巴峡洞庭十二峰九派迄于海门江山景物之状，"④李德裕官居相位，地位尊崇，下属及地方官都奉迎他，竞相奉献奇石珍木，故《剧谈录》有"陇石诸侯供鸟语，日南太守送花钱"④之谚。园内有山水泉流，"台榭百余所，天下奇花异草，珍松怪石，靡不毕具⑤"。

（5）卢鸿一嵩山别业

《新唐书》卷一九六《隐逸传》："卢鸿一，字颢然，其先幽州范阳人，徙洛阳。博学，善书，庐嵩山……拜谏议大夫固辞。复下制，许还山，岁给米百斛、绢五十，府县为致其家，朝廷得失，其以状闻。将行，赐隐居服，官营草堂，恩札殊渥。鸿到山中，广学庐，聚徒至五百人。及卒，帝赐万钱。鸿所居室，自号宁极云"⑥。嵩山别业是终生不仕的隐士卢鸿一所置，他选择周围比较特色的景观十处，各赋诗一首并有诗序，题曰《嵩山十志十首》。诗中对这个别业的建筑、自然环境形胜、山水风景、园林艺术和风景审美均有独到见解。

① 黄晓，刘珊珊. 唐代牛僧孺长安、洛阳园墅研究 [J]. 建筑史，2014（2）：88-102.
② （后晋）刘昫，等. 旧唐书 [M]. 北京：中华书局，1975.
③ （唐）白居易. 白居易诗集校注 [M]. 谢思炜，校注. 北京：中华书局，2006.
④ 傅璇琮. 李德裕年谱 [M]. 北京：中华书局，2013.
⑤ （宋）文彦博，文潞公诗校注 [M]. 侯小宝，校注. 太原：三晋出版社，2014.
⑥ （宋）欧阳修，宋祁. 新唐书 [M]. 北京：中华书局，1975.

如《草堂》："草堂者。盖因自然之溪阜。前当墉洫。资人力之缔构。后加茅茨。将以避燥湿。成栋宇之用。昭简易。叶乾坤之德。道可容膝休闲。谷神同道。此其所贵也。及靡者居之。则妄为剪饰。失天理矣"[1]。有关山水风景的如《枕烟庭》："枕烟庭者，盖特峰秀起，意若枕烟。秘庭凝虚，窅若仙会，即扬雄所谓爱静神游之庭是也。可以超绝纷世，永洁精神矣。及机士登焉，则寥阒懡恍，愁怀情累矣"[1]。卢鸿一不仅是诗人，而且也是颇有造诣的山水画家。嵩山别业蕴含着浓郁的诗情画意，透露出的隐逸思想体现了园林审美观念的"雅"和"俗"，是唐一代高士所开辟的人与自然相联系的山水园林空间的典型。

3. 寺庙园林

隋唐五代时期儒、释、道并重，洛阳的佛寺、道观园林亦为盛行。隋唐洛阳东都城遗址中，有不少文物古迹与当时的寺院兴建有关系，武则天在洛阳的45年里，提倡佛教，兴建了长寿寺、景福寺、大福先寺、香山寺等佛教寺观。据《唐两京城坊考》载："武德元年（公元618年）九月，（王世充）乃为周公立庙，每出兵、辄先祈祷"[2]。

（1）安国寺

安国寺始建于唐代咸通年间（公元860年—公元874年），在宣风坊（今洛阳新村），《唐两京城坊考》注，本为隋杨文思宅园，唐为宗楚客宅园。楚客流岭南，为节愍太子宅，太子升储，神龙三年为崇因尼寺，后改卫国寺，景云元年（公元711年）改安国寺。会昌中武宗灭废，后又修葺，改为僧居，"牡丹特盛"，今徙东城承福门内，为祝厘之所，内有八思巴帝师殿[3]。现存建筑有安国寺的天王殿和大雄宝殿，大雄宝殿为单檐歇山式建筑，面阔五间，进深三间。总面阔18.25m、总进深12.02m，露明宽1.18m。月台面现为土地面，阶条石、陡板石、垂带踏跺残存10%。灰瓦覆顶，飞檐翘角。

（2）白马寺

白马寺建于东汉，汉明帝永平十年（公元67年），北魏时得到发展，隋、唐重佛，隋炀帝在洛阳设无遮大会，集天下佛经于洛阳，白马寺首重。到了唐代，已经破烂衰败。武则天时期，赐田兼并，传有公私田皆为私有，《资治通

① （清）彭定求，等. 全唐诗 [M]. 北京：中华书局，1960.
② （宋）司马光. 资治通鉴 [M].（元）胡三省，音注. 北京：中华书局，1956.
③ （清）徐松. 河南志 [M]. 高敏，点校. 北京：中华书局，2012.

鉴》载，武周垂拱元年（公元685年），"太后修故白马寺，以僧怀义为寺主"①，白马寺得以重修，又征调民夫匠师，广修僧房，侈建殿阁，益筑亭台，规模浩大，山门直抵洛水边，有"跑马关山门"之说②。唐代白马寺由东汉洛阳城西，变成洛阳城东，离城区最近距离有十多里。唐高宗龙朔元年（公元661年）9月巡幸该寺，"周历殿宇，感怆久之，度僧二十人"③。后又在寺院内发现几件唐代遗物：莲花纹方砖、莲花石柱础、石佛座、石塔残段④。从唐代诗人王昌龄《东京府县诸公与綦毋潜李顾相送至白马寺宿》和唐人张继《宿白马寺》等诗中也了解到白马寺当时已经开始对外开放，说明唐代佛寺兼有世俗人寄宿、游览的功能。佛事活动的持续，不但对国内其他地区产生影响，而且体现中外文化交流。白马寺是综合性的佛教道场，显示出兼容并蓄的恢宏气势。

（3）香山寺

香山寺，创建于北魏熙平元年（公元516年），重建于唐垂拱三年（公元687年）。法藏《华严经传记》卷一载："中天竺国三藏法师婆诃罗，唐言日照，婆罗门种……以垂拱三年十二月二十七日……无疾而卒于神都魏国东寺……香花辇舆埋于龙门山阳，伊水之左"⑤。此既表明香山寺的历史、位置，又说明寺中的建筑、造像等情况。武则天称帝后，曾率群臣春游香山寺，命群臣赋诗，讴歌武周政权。《大唐传载》记述："洛东龙门香山寺上方，则天时名望春宫。则天常御石楼坐朝，文武百执事，班于外而朝焉"⑤。《唐诗纪事》云："武后游龙门，命群臣赋诗，先成者赐以锦袍。左史东方虬诗成，拜赐。坐未安，之问方后成，文理兼美，左右莫不称善，乃夺锦袍赐之"⑥。香山寺的平面布局，依地势观察，似呈"L"形，坐落在北高南低的三级台地之上，在二层台地北侧有夯土台基一处，两个台基的中心线都与主轴线相吻合。园内在第二、三台地上有"危楼"和"飞阁"。在第一台地的西部发掘了一座长方形房基，屋内地面发现石莲花佛座一件。白居易退居洛阳以后，施资重新修建香山寺，"价当六七十万"⑦。开成五年（公元840年）再修香山寺经藏堂。修复后的香山寺，

① （宋）司马光. 资治通鉴［M］.（元）胡三省，音注. 北京：中华书局，1956.
② 王铎. 洛阳古代城市与园林［M］. 呼和浩特：远方出版社，2005.
③ （后晋）刘昫，等. 旧唐书［M］. 北京：中华书局，1975.
④ 陈长安. 洛阳白马寺发现唐代遗物［J］. 中原文物，1981（1）：19-20.
⑤ （唐）白居易. 白居易文集校注［M］. 谢思炜，校注. 北京：中华书局，2011.
⑥ （元）辛文房. 唐才子传校笺［M］. 北京：中华书局，1995.
⑦ （清）董诰，等. 全唐文［M］. 北京：中华书局，1983.

"游者得息肩，观者得寓目。关塞之气色，龙潭之景象，香山之泉石，石楼之风月，与往来者耳目一时而新"①。

4. 小结

隋唐时期洛阳城因开凿运河，兴修水利，使洛水贯城，伊、洛、瀍、涧四条河流形成主要水系，河网纵横，居家流水，加之洛阳"天下之中""山岳夹峙"的地理位置，将隋唐五代洛阳城无形之中营造成了"山水都城""花园城市"。皇家园林的皇家气派已经完全形成，宫城里的皇家园林以水景为中心，又为洛南里坊区的私家园林提供了天然的造园条件。私家园林因受当时的正统思想儒家思想的影响，隐逸儒士常选择于环境精辟的山川环境里建置别业，这一时期的别业园林既没有西晋时贵族园林的设施，也没有追求魏晋时的华丽，而是趋于简朴、回归自然、意境深远。如裴度园、白居易履道坊宅园、归仁园等成为北宋名园的旧址。

2.1.5　北宋

1. 皇家园林

北宋时，"以河南为别都，宫室皆因隋唐旧，或增葺而非创造"②。洛阳定为西京，虽作为陪都，但太祖、太宗、真宗、仁宗等几位皇帝多次巡幸西京并进行修缮，欲迁都洛阳，太祖于建隆元年（公元960年）巡幸西京，5月即修西京周六庙。行政上设留守府，与河南府合署办公。"留司管掌宫钥及京城守卫、修葺、弹压之事，畿内钱谷、兵民之政皆属焉"③。西京又设四使，作坊使、内园使、洛苑使和左藏使，分别管理居民区、皇宫、皇家苑囿和藏库之事③。设"洛苑使"，史载非宫城之私园，皇家也收买之。《宋史·向拱传》载，向拱献西京长夏门（郭城南面东门）北园，"诏以五千两偿之"，向拱之子即任"洛苑使"③。《全宋文·郭崇传》载："郭崇之子郭守璘任洛苑副使"④。说明北宋时皇家园林还有相当规模，至少唐时遗留在宫城西北部九洲池等这些大的宫园还专设机构管理，但已没有了隋唐时的皇家气派。受当时政治风尚的影

---

①（唐）白居易. 白居易文集校注［M］. 谢思炜，校注. 北京：中华书局，2011.

②（清）徐松. 河南志［M］. 高敏，点校. 北京：中华书局，2012.

③（元）脱脱，等. 宋史［M］. 北京：中华书局，1985.

④ 曾枣庄，刘琳. 全宋文［M］. 上海：上海辞书出版社，合肥：安徽教育出版，2006.

响，宋代的皇家园林比中国历史上任何一个朝代更接近私家园林[1]，出现了像良岳一样风格独特的作品。东京的皇家园林只有大内和行宫御苑，没有了远离都城的离宫御苑，北宋洛阳宫城内的皇家园林也仅有大内御苑，即后苑。

2. 衙署园林

北宋洛阳当时有众多的留守官员，衙署数量不应为少数，如欧阳修的非非堂便是一例，但目前还未找到更多具体的文献来证实，因此本书以东城内考古发现的衙署庭园遗址为研究对象进行复原设计研究，该遗址是研究北宋衙署园林的一大瑰宝。东城衙署庭园遗址布局巧妙，营建讲究。庭院规模虽然不大，但布局严谨，园内建筑及景点和谐统一。

3. 私家园林

北宋洛阳又因独特的政治、经济、文化、城市等造园因素吸引了越来越多的文人墨客在郭城内安家并建造园林，同时也促进了公共园林的兴盛，北宋洛阳城在隋唐五代旧园基址上经多次修缮和再建设，出现了新的园林风貌，使各类园林得到了前所未有的发展，造园技艺、堆山理水、园艺技术等日臻成熟，园林建筑更加精致，建筑布局、园林空间趋于多样化，并出现李格非的《洛阳名园记》、欧阳修的《洛阳牡丹记》、周师厚的《洛阳花木记》等园林著作。

4. 公共园林

北宋时期洛阳城内市场的规模和市易活动的日益扩大，不仅打破了统治者人为限定的市场范围，突破了唐以来"里坊制"的禁锢，使坊墙逐渐遭到破坏，坊市的结构逐渐消失，也使古代都城渐渐具有了近古商业街道式的组成格局。在众多的商业活动中，花市的繁盛给洛阳带来了巨大的商机，促使当时洛阳城内出现专门生产、买卖牡丹的地方，天王院花园子不仅是专门种植栽培牡丹的生产性园圃，而且是花开时节人们游赏、进行买卖、定期开放的公共性园林，这一繁盛的局面也促进了园林公共性的发展。

5. 小结

北宋时洛阳园林多为隋唐之旧园而葺改，洛阳北宋时期的园林已随着历史

---

[1] 周维权. 中国古典园林史 [M]. 北京：清华大学出版社，1993.

沧桑巨变，宋代园林在我国园林发展史上处于成熟期，而北宋洛阳园林较之隋唐有更长足的发展，时有"天下名园重洛阳"①的美誉。北宋时期洛阳宫城内大内后苑的布局、东城内衙署庭院遗址的发现、郭城内的私家园林都得到了不同的发展。

2.2 兴盛背景

2.2.1 自然地理：天下之中得胜景

1. 天下之中，气候适宜

北宋洛阳居中央而应四方，东西处黄淮和秦陇之中，南北居江楚和幽燕之中。正如《管子·度地》曰"天子中而处"②，《荀子·大略》曰"欲近四旁，莫如中央。故王者必居天下之中，礼也"③，《吕氏春秋·慎势》曰"古之王者，择天下之中而立国，择国之中而立宫"④，《史记·周本纪》曰"此天下之中，四方入贡道里均"⑤，邵雍《洛阳怀古赋》曰"洛阳之为都也，地居天地之中，有中天之王气在焉"⑥，北宋学者李格非所说"洛阳处天下之中，挟崤渑之阻。当秦陇之襟喉。而赵魏之走集，盖四方必争之地也"⑦。

"河图洛书"是华夏文明的源头，《周易》哲学的"尚中"思想则是塑造中华文明的思想基础。它们所体现的"阴阳和合"的辩证法则和"天人合一"的宇宙观念，正是中国古代"择中而处"都城选址观念的根源。洛阳地形错综，呈扇形向东、东北和东南延伸，东去汉魏故城十八里，西距周王城五里，水陆交通便利，地理位置优越，通过水陆交通可通向四面八方，自古以来就是交通的咽喉之地。明儒陈健《建都论》记载，中国古代的大都会，"论时宜地势，

---

① （宋）邵雍. 伊川击壤集 [M]. 郭彧，整理. 北京：中华书局，2013.
② 黎翔凤. 管子校注 [M]. 梁运华，整理. 北京：中华书局，2004.
③ （战国）荀况. 荀子简释 [M]. 北京：中华书局，1983.
④ （清）孙诒让. 周礼正义 [M]. 王文锦，陈玉霞，点校. 北京：中华书局，2013.
⑤ （汉）司马迁. 史记 [M]. 北京：中华书局，1982.
⑥ （宋）邵伯温. 邵氏闻见录 [M]. 李剑雄，刘德权，点校. 北京：中华书局，1983.
⑦ （宋）李格非，范成大. 洛阳名园记 桂海虞衡志 [M]. 北京：文学古籍刊行社，1955.

尽善尽美，则皆不如洛阳。何也？夫建都之要，一形胜险固，二漕运便利，三居中而应四方，必三者备，而后可以言建都"①。洛阳，地处洛水之阳，北依太行，南望伏牛，西据崤函，东扼虎牢，山涣水润。"河山控戴，形胜甲于天下"②是洛阳成为"天下名都"的重要因素。由于"安史之乱"后洛阳附近的水陆交通曾遭到严重破坏，北宋时洛阳水陆交通状况不再有隋唐时期的种种限禁，而是有了较大的改善和发展，其措施有：宋初为巩固统治实施的道路修葺活动、驿传制度的改革创新、景观游览路线的开辟、导洛通汴工程、洛河漕运和伊水交通运输的恢复等③。这些措施使洛阳城内外呈现水陆交通繁忙、货运畅通的局面，促进了南北经济的交流和发展，同时也影响了洛阳园林的发展，具体体现在以下几个方面。

一是洛阳城内因纵横交错的车马通衢，呈现出"四向山河围殿阁，千家花竹间田桑"④的局面，增强了人们相互游园的便捷性，也使洛阳的皇家与私家园林的公共性更加突出。洛河漕运和伊水交通运输的恢复，为造园临水、引水提供了良好的基础条件，如："纳石竹落，以障大川，更起堤防，壅其来势，及城且五里，洛渠横前，不得绝其流而度，编木为槽，承以石趾，架而通之。向之载负者复舍陆而浮矣。官寺民舍往往支取其饶，溉注园池碾硙，为利滋博"⑤。西京留守范雍修复伊渠，使得伊水连通的坊内私园数目增多。二是两京驿路的形成，使东西京之间频繁联络，吸引了更多的官史、使臣、富商来往，络绎不绝，纷纷建园，洛阳一时出现"贵家巨室，园囿亭观之盛，实甲天下"⑥。"洛阳所谓丹州花、延州红、青州红者，皆彼土之尤杰者"⑦，便捷的交通，大量的花卉品种也开始出现跨地区移植与栽培，从而涌向洛阳。三是在南来北往的过程中，便捷的水陆交通不仅为洛阳园林造园的基本物质材料来源提供了有利的保证，而且也无形地影响了洛阳园林的造园特征。洛阳当时堪称景物最胜的富弼宅园"历四洞之北，有亭五，错列竹中"⑧，刘氏园中"楼横堂列，廊庑回缭"⑧的景物布局更趋于东京玉津园的"百亭千榭，林间水滨"⑨，

---

① 李健人. 洛阳古今谈 [M]. 郑州：中州古籍出版社，2014.

② （清）顾祖禹. 读史方舆纪要 [M]. 贺次君，施和金，点校. 北京：中华书局，2012.

③ 张祥云. 北宋西京河南府研究 [M]. 郑州：河南大学出版社，2012.

④ （宋）范纯仁. 范忠宣集 [M]. 文渊阁四库全书本.

⑤ 曾枣庄，刘琳. 全宋文 [M]. 上海：上海辞书出版社，合肥：安徽教育出版，2006.

⑥ （宋）苏轼. 栾城集 [M]. 曾枣庄，马德富，校点. 上海：上海古籍出版社，2009.

⑦ （宋）欧阳修. 欧阳修全集 [M]. 李逸安，点校. 北京：中华书局，2001.

⑧ （宋）邵博. 邵氏闻见后录 [M]. 李剑雄，刘德权，点校. 北京：中华书局，1983.

⑨ （明）李濂. 汴京遗迹志 [M]. 周宝珠，程民生，点校. 北京：中华书局，1999.

宜春苑"亭台最丽"①的精致，"逶迤衡直，闳爽深密，皆曲有奥思"②的园林空间又有江南园林灵活深邃之倾向。

北宋洛阳地处中原、九洲腹地，北亚热带向暖温带的过渡地带，可谓"山河势胜帝王宅，寒暑气和天地中"③，有"洛阳地脉花最宜，牡丹尤为天下奇"④之美誉，正如宋人李复所说"洛阳泉甘土沃，风和气舒，自昔至今，人乐居之"，此地不仅气候温和，降水丰沛，而且良好的森林植被使土壤肥沃、类型颇多，以潮土、褐土、棕壤为主；土质疏松，有排水良好的中性壤土或砂壤土，宜于奇花异木的生长。

2. 地形丰富，山水胜境

北宋洛阳城城中地势较为平坦，多为平原地区，城郊分布有山地、丘陵。"嵩高少室，天坛王屋，冈峦靡迤，四顾可抱，伊洛瀍涧，流出平地"⑤。洛河北岸地势西北高，东南低，等高线由西北向东南呈弧形扩散分布，这一地形地势决定了宫城与皇城内皇家园林的布局，既利于防御，也符合宫城建筑"居高"的要求。"交横过沟水，陂曲绕蔬畦。树偃低头避，筇高换手持"⑥，是对北宋洛阳地形地貌的形象描绘，曲折蜿蜒的路势与园林中"开径逶迤""临濠蜒蜒"的造园意匠相吻合。使洛阳园林中有了董氏西园的"屈曲甚邃，游者至此，往往相失"②的乐趣。环绕四周的嵩山、王屋山、邙山、香山、龙门山等山体，为寺观园林、书院园林、皇陵园林和邑郊风景园林等的借山造园提供了良好的自然条件。

"此行君乐否，一千五百里。未见洛阳山，先见洛阳水"⑦。北宋洛阳城以洛水为贯城，三面环水，伊、洛、瀍、涧四条河流形成主要水系（图2-11、图2-12），水网分布均衡、水量丰沛，不仅利于依水建园、引水入园，而且利于开凿水渠，营造丰富的水景形态。于是洛阳园林北宋时便出现"在邙山之麓，瀍水经其旁"②的水北胡氏园，"在伊水上流，木茂而竹盛"②的吕文穆园，"引流穿之，而径其上"②的富郑公园，"自东大渠引水注园中"②的松岛

---

① （明）李濂. 汴京遗迹志 [M]. 周宝珠，程民生，点校. 北京：中华书局，1999.
② （宋）邵博. 邵氏闻见后录 [M]. 李剑雄，刘德权，点校. 北京：中华书局，1983.
③ （宋）司马光. 司马温公集编年笺注 [M]. 李之亮，笺注. 成都：巴蜀书社，2009.
④ 冷文校订，曹法舜，董寅生，陈万绪编纂. 洛阳牡丹记 [M]. 洛阳市志编纂委员会，1983：4.
⑤ （宋）苏辙. 栾城集 [M]. 曾枣庄，马德富，校点. 上海：上海古籍出版社，1980.
⑥ （宋）邵雍. 伊川击壤集 [M] // 邵雍集. 郭彧，整理. 北京：中华书局，2010.
⑦ 唐宋人寓湘诗文集 [M]. 黄仁生，罗建伦，校点. 长沙：岳麓书社，2013.

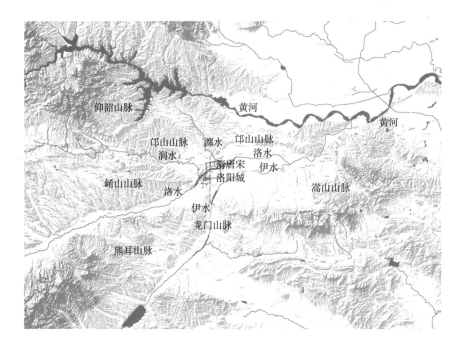

图 2-11
北宋洛阳周边山水
环境示意图

（图片来源：作者自
绘，李艺琳提供底图）

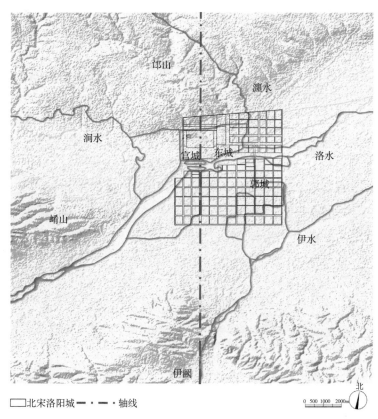

图 2-12
北宋时期洛阳城山
川形势图

（图片来源：改绘自石
自社《北宋西京洛阳
城形态分析》）

□ 北宋洛阳城 —·—·— 轴线

0 500 1000 2000m

北

园，"亦绕水而富竹木"[1]的张氏园，"引水北流，贯宇下"[2]，"疏水为五派，注沼中，若虎爪……若象鼻"[2]的独乐园。

洛阳居黄河之南，洛水之滨，周边有山脉环绕，地理位置优越，可被称为当之无愧的宝地。"河出图、洛出书，圣人则之"[3]，伏羲得"河图"而画"八卦"，夏禹拥"洛书"以制《洪范》。"河图洛书"开中华文明之先河，文明的起源与自然特征联系在了一起，"河"指黄河，"洛"指洛水。周武王时代对洛阳的风水进行了仔细的研究，他曾说："自洛汭延于伊汭，居易毋固，其有夏之居。我南望三涂，北望岳鄙，顾詹有河，粤詹雒伊，毋远天室"[4]。但武王愿未遂而身先死，周公旦辅政周成王姬诵时继承了武王的遗愿，继续营建洛邑。随后东周、东汉、曹魏和隋唐的某些时期更以洛阳为都城，使洛阳一直保持着统治者心目中"风水宝地"的地位。洛阳即洛河之阳，北宋学者邵雍描述当时的洛阳："洛中形势，邙郦山在西，邙山在北，成皋在东，以接嵩、少，阙塞直其南，属女几，连荆、华，至终南山。洛水来自西南，伊水来自南，右涧水，左瀍水"[5]。著名史学家司马光也描述道："四合连山缭绕青，三川滉漾素波明"[2]。其周围有邙山、周山、龙门山、香山、万安山、嵩山等十多座山脉环绕。"背山面水，负阴抱阳"是中国古代园林在选址上遵循的观念之一。《葬经》认为，"风水之法，得水为上，藏风次之"[6]。朝水即穴之前当面流来之水，如同特来朝拱的水流，风水认为此水特吉，洛阳的水局正属于此水局（图2-13）。宋人李思聪对洛阳城所处的山水环境，作过一段精辟的论述："洛阳龙脉发自中岳嵩山，过石峡而北去，脱变作冈龙，入首后分一支，结北邙山，托于后山，虽不高，但蜿蜒而长，顿起首阳山，远映下首，至巩县而止于黄河之中，嵩山抽中干而起皇陵山，分出一支，而至黑石关，为水口，中扩为堂局，而四山紧拱，前峰秀峙，伊洛瀍涧，汇于前龙之右界水也。"洛阳皇城、宫城位于洛阳城西北部，北倚龙脉，南面洛水，其苑园内又有蜿蜒的路径，聚散的水势，能够"藏风聚气"，成为兴建皇家宫苑的理想场所。《阳宅十书》中说："凡宅左有流水，谓之青龙；右有长道，谓之白虎，前后水池，谓之朱雀，后有丘陵，谓之玄武"[7]。洛阳的城市布局和多数私家园林也遵循了

① （宋）邵博. 邵氏闻见后录［M］. 李剑雄，刘德权，点校. 北京：中华书局，1983.
② （宋）司马光. 司马温公集编年笺注［M］. 成都：巴蜀书社，2009.
③ （梁）刘勰. 文心雕龙（附语词简释）［M］. 中华书局，2013.
④ （汉）司马迁. 史记［M］. 北京：中华书局，1982.
⑤ （宋）邵伯温. 邵氏闻见录［M］. 李剑雄，刘德权，点校. 北京：中华书局，1983.
⑥ 赵晚成，杨作龙. 古都洛阳华夏之源［M］. 郑州：河南大学出版社，2015.
⑦ 王君荣. 四库存目［M］. 北京：华龄出版社，2017.

这一理念。如苏轼《司马君实独乐园》中描述："青山在屋上，流水在屋下"[1]
的独乐园，青山即玄武，流水即朱雀；"其洁华亭者南临池，池左右翼而北，
过凉榭，复汇为大池，周回如环"[2]的环溪园，其园的前后有湖（朱雀），中有
大岛，"榭北有风月台"[2]，后又有"岩峣璀璨，亘十余里"[2]，使整个园子处
于山环水抱之中。

　　洛阳陵冢浩多，素有"生在苏杭，葬在北邙"之称，成为多朝皇陵的集中
区，北宋皇陵号称"七帝八陵"，在继承唐代的陵园制度基础上，开集中建陵
园之先河。

2.2.2　城市格局：家家流水汇成园

　　北宋洛阳城始建于隋大业元年（公元605年），历经隋、唐、五代至北宋，
相继沿用近530年，大约废毁于南宋绍兴十年（1140年），曾经是隋、唐、后
梁、后唐、后晋、后周、北宋这七个中央集权的封建王朝，以及隋唐之交割据
政权郑国等八个王朝的首都或陪都，除此之外，"安史之乱"中割据的史思明
政权，曾经也把洛阳作为政治中心。洛阳是中国古代为陪都时间最长的都城。
洛阳城为整齐划一、以里见坊的里坊建制，拥有宫城皇城偏于郭城西北部的独
特布局，在中国都城建制史上具有重要地位[3]，如渤海国的中京显德府（在今
吉林敦化市）城与东京龙原府（在今吉林珲春市）城的坊里制度是模仿洛阳的
制度，而日本的平城京、平安京等五京在城市构建、坊里、宗教建筑布局等方

---

① （宋）司马光. 司马温公集编年笺注 [M]. 李之亮，笺注. 成都：巴蜀书社，2009.
② （宋）邵博. 邵氏闻见后录 [M]. 李剑雄，刘德权，点校. 北京：中华书局，1983.
③ 石自社. 隋唐东都形制布局特点分析 [J]. 考古，2009（10）：78-85.

面也汲取了洛阳的经验，甚至将"洛阳"作为平安京的代称[①]。"安史之乱"后，由于战争不断，盛唐时期的城阙宫殿园池遭到了毁灭性的破坏，唐末五代时曾进行恢复性的建设，北宋时洛阳基本上延续了五代的旧制，虽非国都，但为防备发生突然事件，北宋历代皇帝对西京建设都很重视，北宋建国之初，许多礼制建筑仍然设在洛阳，对洛阳皇城、宫城、城郭、坊市、街衢、河道等进行多次修缮。宋人叶梦得著《岩下放言·冥》中亦有类似记载，言修缮大内时"宫室梁柱、阑槛、窗牖皆用灰布，期既迫，竭洛阳内外猪羊牛骨不充用。韩溶建议掘漏泽园人骨以代，升欣然从之"[②]。漏泽园是当时城北一个专为穷人辟的墓葬地，为崇宁二年（1103年）所设。1972年考古工作者在洛阳城北窑村发现刻有"漏泽园"墓砖[③]。又有《宋史·兵志三》载，京西都漕朱升主持西京大内时，"凡四十五指挥，一万五千一百五十人"[④]，"京西路转运使所募（兵）多至三万人"[⑤]，"以备缮完城垒之役"[④]。其时西京宫城东西"夹城内及内城北，皆左右禁军所处"[④]。故北宋洛阳是以陪都地位进行城市建设，开辟园林。其中大规模的宫殿建筑前后应该有两次：一次是宋太祖开宝八年（公元975年）至宋太宗太平兴国三年（公元978年），前后历时26个月，这比隋炀帝建隋东都多用了一倍的时间（隋炀帝建东都用了近10个月）；另一次是宋徽宗政和元年（1111年）至政和六年（1116年），前后是历时6年，修缮大内房舍数千间。考古发掘的早晚两期大规模遗址证实与宋太祖和宋徽宗这两次大规模的营建有关。

考古资料证实洛阳城唐代17处基址中有9处被北宋建筑（包括宫殿、院墙、步廊等）利用或部分利用[⑥]，经过北宋政府的多次修葺和再建设（表2-1），北宋洛阳与隋唐洛阳相比，其宫阙城郭依然巍峨，而洛南里坊区比唐时更为繁华。北宋初期，政府采用各种各样的条件扩充洛阳人口，使其形成一定的人口规模，"西北之人，勤力谨俭，今富于其乡里者，多当时所徙之民也"[⑦]。为了保证经济繁荣、活力增强，北宋王朝采取优惠政策，吸引达官贵人定居洛阳，欧阳修做洛阳推官时写《少年游》："洛阳城阙中天起，高下遍楼台。絮乱风

① 宿白. 隋唐长安城和洛阳城 [J]. 考古，1978（6）：409-425，401.

②（宋）叶梦得. 岩下放言 [M]. 文渊阁四库全书本.

③ 张新宇. 漏泽园砖铭所见北宋末年的居养院和安济坊 [J]. 考古，2009（04）.

④（元）脱脱. 宋史 [M]. 北京：中华书局，1985.

⑤ 苏健. 洛阳古都史 [M]. 博文书社，1989.

⑥ 杨清越. 隋唐洛阳城遗址的分期和空间关系的考古学研究 [D]. 北京：北京大学，2012.

⑦（宋）李焘. 续资治通鉴长编 [M]. 北京：中华书局，2004.

轻，拂鞍沾袖，归路似章街"①。苏舜钦写《游洛中内》赞美洛阳宫阙的巍峨和城市景物的美丽："洛阳宫阙郁嵯峨，千古荣华逐逝波。别殿秋高风淅沥，后园春老树婆娑。露凝碧瓦寒光满，日转觚棱暖艳多。早晚金舆此游幸，凤楼前后看山河"②。

北宋时期洛阳城修缮一览表 表2-1

修缮时间		修缮内容	文献来源
宋太祖	建隆元年（公元960年）	己酉，西京作周六庙成，遣光禄卿郭玘奉迁神主	《续资治通鉴》卷1
	建隆二年（公元961年）四月	西京留守向拱言："重修天津桥成，甃石为脚，高数丈，锐其前以疏水势，石缝以铁鼓络之，其制甚固。"降诏褒美	《宋会要辑稿·方域一三》
	建隆三年（公元962年）正月	修西京古道，峻隘处悉令坦夷；正月九日，诏西京修古道险隘处，东自洛之巩，西抵陕之湖城，悉命治之，以为坦路	《续资治通鉴长编》卷3;《宋会要辑稿·方域一〇》
	乾德元年（公元963年）	太祖将幸洛，遣庄宅使王仁珪、内供奉官李仁祚部修洛阳宫，命（焦）继勋董其役	《宋史》卷261
	开宝元年（公元968年）	太祖皇帝将西幸于洛，命修大内，督工役甚急，兼开凿济河。从嘉猷坊东出，穿掘民田，通于巩，入黄河，欲大通舟楫之利，辇运军食于洛下	《洛阳缙绅旧闻记》卷5
	开宝二年（公元969年）	西京留守向拱在河南十余年，专修园林、第舍，好声妓，日纵酒，恣所欲。政府坏废，群盗白日劫人于市，吏不能捕。上闻之怒，庚子，徙拱为安远节度使。九月乙巳朔，幸武成王庙。丁未，以左武卫上将军长社焦继勋知河南府。谕继勋曰："西洛久不治，卿无复效向拱也。"继勋视事月余，都下清肃	《续资治通鉴长编》卷10
	开宝八年（公元975年）十月	丁巳，遣使修洛阳宫室，帝始谋西幸也。宫室合九千九百九十余区；十一月丙寅，西京明堂殿成	《续资治通鉴》卷8;《宋史》卷85

① （宋）欧阳修. 欧阳修集编年笺注 [M]. 李之亮，笺注. 成都：巴蜀书社，2007.
② （清）吴之振，吕留良，吴自牧. 宋诗钞 [M]. 北京：中华书局，1986.

续表

修缮时间	修缮内容	文献来源
宋太宗 太平兴国三年（公元978年）二月	制西京新修殿名	《宋史》卷4
宋真宗 景德二年（1005年）八月十三日	以将朝陵，诏西京八作司修葺大内及诸司廨舍	《续资治通鉴长编》卷60
景德四年（1007年）二月癸酉	诏西京建太祖神御殿，置国子监、武成王庙	《宋史》卷7
大中祥符三年（1010年）七月	令西京葺后唐庄宗庙	《续资治通鉴长编》卷74
大中祥符四年（1011年）三月十四日	祀汾阴回驻跸，将赐酺，有司请改五凤楼名以彰庆宴。诏以太祖建楼，因瑞应立名，不可更也	《宋会要辑稿·方域一》
天禧元年（1017年）	西京应天禅院太祖皇帝神御殿成，为屋凡九百九十一区	《续资治通鉴》卷33
宋仁宗 元圣元年（1023年）	丙辰，以岁饥，权罢修西京太微宫、白马寺，其修永定陵家役二人者免一人……河南府太微宫成，给田五顷	《续资治通鉴长编》卷100
明道元年（1032年）	河南府重修净垢院记	乾隆《河南府志》
明道二年（1033年）正月	甲申，以侍御史孙祖德为夏州祭奠使，朱昌符道病故也。祖德，北海人，前通判西京。方冬苦寒，诏罢内外工作，而钱惟演督修天津桥，格诏不下，祖德曰："诏书可稽留耶？"卒白罢役；乙巳，诏修河南府周六庙	《续资治通鉴长编》卷112
景祐元年（1034年）九月十五日	诏知河南府李若谷计度兴筑城池；以河南府府学为国子监	《宋会要辑稿·方域一》
景祐元年（1034年）	王曾判府事，复奏加筑。于是城雉仅完	《河南志·京城门坊街隅古迹》（永乐大典本）
庆历中（1041—1048年）	造会通桥	《河南志·京城门坊街隅古迹》（永乐大典本）
皇祐元年（1049年）	夏竦、张奎重葺河南府廨。府东西皆有门，其榜钱惟演飞白书；都亭驿，前临瀍水，后对应天禅院。旧驿舍库陋，知府张奎葺之，始为宏敞，什器皆具	《河南志·京城门坊街隅古迹》（永乐大典本）

续表

	修缮时间	修缮内容	文献来源
宋仁宗	皇祐二年（1050年）	自唐末五代，鞠为荆棘。后依约旧地列坊云。坊久无榜，张奎知府事，命布列之。洛阳志云：凡一百二十坊	《河南志·京城门坊街隅古迹》
宋神宗	熙宁二年（1069年）十月十六日	京西转运司言："西京大内损坏屋宇，比旧少四千余间矣，乞于春首差中使一员，计会留守司通判检定翻修，每二间折创修之数一间。"诏令通判检定，本京修葺，转运司提举	《河南志·宋城阙古迹》（永乐大典本）
	熙宁四年（1071年）二月十一日	诏京西转运司：每年拨钱一万贯，买材木修西京大内	《河南志·宋城阙古迹》（永乐大典本）
	元丰七年（1084年）七月四日	尚书工部言："知河南府韩绛，乞修大内长春殿等，欲下转运司支岁认买木钱万辨。"	《河南志·宋城阙古迹》（永乐大典本）
宋徽宗	政和元年（1111年）十一月	重修大内，至六年九月毕工。朱胜非言："政和间，议朝谒诸陵，敕有司预为西幸之备，以蔡攸妻兄宋昇为京西都漕，修治西京大内，合屋数千间，尽以真漆为饰，工役甚大，为费不赀。而漆饰之法，骨灰为地，科买督迫，灰价日增，一斤至数千。于是四郊塚墓，悉被发掘，取人骨为灰矣。"	《宋史》卷八十五
	政和三年（1113年）十二月三日	诏："见修西京大内，窃虑乱有采伐棄木、损毁古迹去处，仰王铸觉察以闻，违者以违御笔论。"	《岩下放言》卷下（文渊阁四库全书本）
	政和四年（1114年）二月十四日	诏："西京大（京）[内] 近降指挥补饰添修，或闻官有计度，甚失本意。如实颓圮朽腐，方许整葺，不得过侈。"；政和四年八月十日，修天津桥，京西路计度都转运使宋升奏："河南府天津桥依仿赵州石桥修砌，令勒都壕寨官董士皝彩画到天津桥，作三等样制修砌图本一册进呈。"	《岩下放言》卷下（文渊阁四库全书本）；《宋会要辑稿·方域一三》

　　北宋洛阳城遗址位于今洛阳市区，地理坐标为东经112°26′~112°30′，北纬34°38′~34°41′，海拔高度为130~170m，平均海拔高度为150m。考古工作人员通过40余年的田野工作，基本厘清了隋唐宋洛阳城的平面布局，主要由郭城、

宫城、皇城、东城和含嘉仓城等部分组成。隋唐宋洛阳城的平面布局的变化是
处在动态过程中的，虽然宫城皇城的位置和规模发生了一些变化①，其城市格
局基本是对隋唐城布局的继承、恢复和发展，整体平面布局没有发生根本变
化，即主要由宫城、皇城和郭城组成。宫城偏于城市的西北隅，皇城位于宫城
正南，郭城位于宫城和皇城东面和南面（图2-14）。

《河南志》曰："京城，隋曰罗郭城，周回五十二里（27612m）"②。按照
唐大里及唐大尺计算，唐1里等于531m，1步等于5尺，1里等于360步，1尺等
于29.5cm③，按韦述记曰："东面十五里二百一十步，南面十五里七十步，西
面十二里一百二十步，北面七里二十步。周回六十九里二百一十步"②。"京城
周五十二里九十六步（27754m）"④。据考古资料记载，东墙长7312m，南墙长
7290m，北墙长6138m，西墙长6776m，周长约27516m。南北最长处7312m，

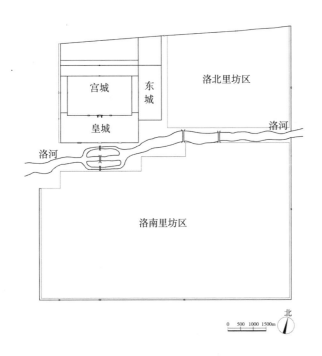

图 2-14
北宋洛阳的城市
格局

---

① 韩建华. 试论北宋西京洛阳宫城、皇城的布局及其演变 [J]. 考古. 2016（11）: 113–
　　120.
② （清）徐松. 河南志 [M]. 高敏，点校. 北京: 中华书局，2012.
③ 陈梦家. 亩制与里制 [J]. 考古，1966（1）: 36–45.
④ （元）脱脱，等. 宋史 [M]. 北京: 中华书局，1985.

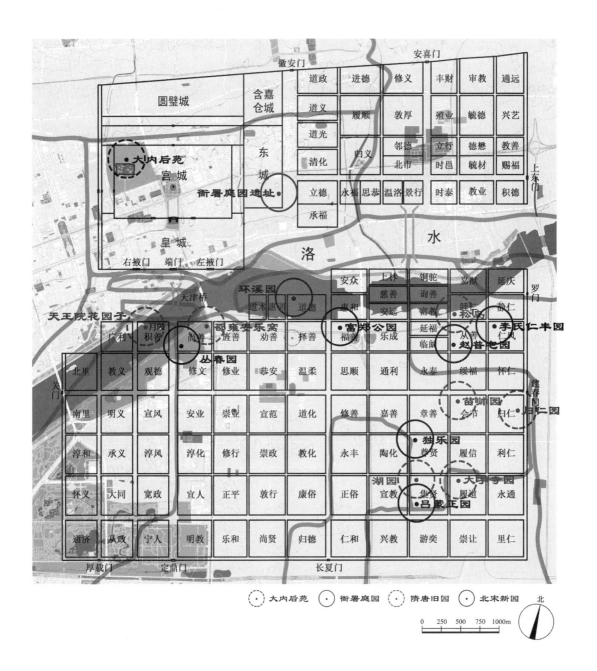

图 2-15
北宋洛阳城内主要
园林位置图

东西最宽处7290m，面积约45.3km²。北宋时期洛阳的宫城和皇城里主要分布皇家园林，东城主要分布衙署园林，郭城和其洛阳南北的里坊区主要分布私家园林、寺庙园林、公共园林和其他园林等（图2-15），考古均零星发掘规模不一的遗址。

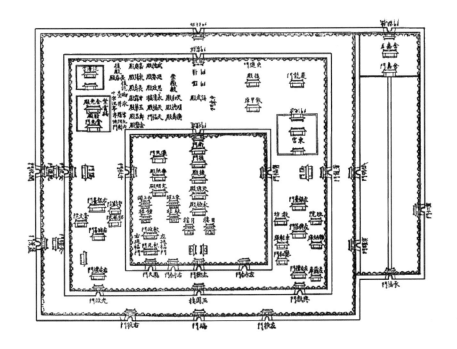

图 2-16
宋西京城图

（图片来源：引自《河南志》）

1. 宫城和皇城的布局

关于北宋西京宫城、皇城建筑群的殿阁名称、内部布局及方位等，文献记载较多，古有《河南志》《宋会要辑稿》《玉海》《宋史·地理志》等，现有学者张祥云所著《北宋西京河南府研究》一书，该书将以上文献进行归纳总结，最终画出了《北宋西京城坊示意图》[1]，但图中并没有宫城、皇城内部的具体布局。其中《宋史·地理志》的描述较之存在明显差异，而《河南志》中附有《宋西京城图》[2]，虽与相关文献也存在差异，有待商榷，但流传至今，多为世人所引用（图2-16）。因北宋洛阳城宫城、皇城的位置和规模是在隋唐洛阳城皇城、宫城的基础上发展变化的，因此隋唐洛阳城皇城、宫城的布局可间接作为其研究材料；又因北宋首都东京大内是"命有司画洛阳宫殿，按图修之"[3]建成的，研究东京大内的资料相对较为完整，故东京大内宫殿的建筑特点及布局无疑间接地为推测西京皇城、宫城的建筑布局提供了参考。

本书则将上述文献进行相互对比，以傅熹年先生和郭黛姮先生复原北宋

① 张祥云. 北宋西京河南府研究 [M]. 郑州：河南大学出版社，2012.
② （清）徐松. 河南志 [M]. 高敏，点校. 北京：中华书局，2012.
③ （元）脱脱，等. 宋史 [M]. 北京：中华书局，1985.

东京大内宫殿①②和王铎先生复原唐洛阳皇城、宫城、九洲池、陶光园平面图③的方法为基础，结合考古发掘等相关资料，重新对北宋西京宫城、皇城内建筑的相对位置、布局等方面予以探讨，后文探讨宫城内园林的具体位置、布局提供重要依据。

（1）宫城皇城的规模

唐代末年，为了达到倾天下邻诸侯的政治目的，唐昭宗迁都洛阳，花费近十年功夫大力营建宫城，到了北宋，宫城布局发生变化，东西夹城和玄武城并入皇城，原来洛阳隋唐时期南北相依的格局，改变为内外相套的格局，这种"回"字形形制布局变化对后期产生了重要影响。

西京宫城"周回九里三百步"④，"皇城，周回十八里二百五十八步"④。按陈梦家先生的推断，1宋尺等于0.31m，一步等于5尺，1里等于360步，1宋里等于558m，宋里应同于唐大里而稍长一些⑤。宫城周长折合后约5487m，皇城周长折合后为10444m。宫城的长度比隋唐时"周十三里二百四十一步"⑥明显缩小，北宋末年宋徽宗时期，宫城规模曾扩大到"广袤十六里，创廊屋四百四十间，费不可胜"④。考古实测唐洛阳宫城大内平面略呈方形，边长约宽1040m，宫城大内周长4160m，根据考古发掘，唐代大内东西墙均未发现宋代城墙遗迹，而东西隔城的城墙均有宋代城墙遗迹⑦，玄武城南墙也未发现宋代文化层及遗迹，玄武城应纳入宫城范围⑧。由于北宋末期宫城大内发生较大变化，并且存在时间较短，又因主要复原依据《河南志》约撰成于宋皇祐三年（1051年）至至和元年（1054年）敏求任职洛阳期间⑨，为了能更加突出北宋时宫城内的主要园林布局特征，北宋宫城出现早晚两期遗址的地方，均以早期考古遗址为依据进行复原。北宋时宫城由大内、东西隔城及玄武城组成，东西隔城东西长350m，周长为5560m（6102m）。"宋初西京宫皇城呈回字形布局，即宫城平面呈倒凹字形，包括隋唐洛阳城的东西夹城、玄武城以及皇城，这与《河南志》'宋西京城图'中宫城与皇城布局相同。"北宋时期皇城平面由隋唐

① 傅熹年. 中国古代建筑史［M］. 北京：中国建筑工业出版社，2001.
② 郭黛姮. 中国古代建筑史［M］. 北京：中国建筑工业出版社，2003.
③ 王铎. 洛阳古代城市与园林［M］. 呼和浩特：远方出版社，2005.
④ （元）脱脱，等. 宋史［M］. 北京：中华书局，1985.
⑤ 陈梦家. 亩制与里制［J］. 考古，1966（1）：36-45.
⑥ （清）徐松. 河南志［M］. 高敏，点校. 北京：中华书局，2012.
⑦ 韩建华. 试论北宋西京洛阳宫城、皇城的布局及其演变［J］. 考古. 2016（11）：113-120.
⑧ 王书林. 北宋西京城市考古研究［M］. 北京：文物出版社，2020.
⑨ 田青刚，宋敏求与宋代方志编纂［J］. 焦作师范高等专科学校学报，2010，26（03）：45-48.

时期的"凹"字形转变为"回"字形①，东西长2100m，南北宽2045m。北宋时期，皇城北墙西段南移。在唐代皇城北墙西段（即宫城西隔城南墙）南约75m筑北宋城墙，使之东与唐代皇城北墙中段（即宫城大内南墙）呈东西直线相接，皇城周长为8440m（8700m），这一数据与文献记载相比略有出入。

（2）宫城皇城内文献中记载的建筑

经过上述文献的相互比对，可将西京宫、皇城建筑的具体方位、布局描述如下（表2-2）。

北宋洛阳皇城、宫城内宫殿建筑一览表　　表2-2

建筑名（赐名年代）	曾用名（年代）	备注
端门	—	皇城南面正门
左掖门	—	—
右掖门	—	皇城端门之西
丽景门	—	皇城西面夹城偏南一门
开化门	—	皇城西面夹城偏北一门
金耀门	—	直对丽景门
乾通门	—	直对开化门
宾耀门	东太阳门（隋），东明门（武德中改），宾耀门（显庆五年）	皇城东面一门
启明门	—	皇城东面一门
应福门	甲马门（五代）	皇城背面一门
五凤楼（国初）	则天门（隋），应天门（唐）	宫城南面正门
兴教门	兴教门（唐）	—
光政门	光政门（唐）	—
苍龙门	重光门（隋）	—
金虎门	宝城门（隋），嘉豫门（唐）	—
拱宸门（大中祥符中）	玄武门（隋唐）	—
太极殿门（景德四年）	永泰门（隋），通天门、乾元门（唐），太极门（太平兴国）	—
左永泰门	东华门（隋），左延福门（唐）	—
右永泰门	西华门（隋），右延福门（唐）	—

① 韩建华. 试论北宋西京洛阳宫城、皇城的布局及其演变 [J]. 考古, 2016, (11): 113+120+2.

续表

建筑名（赐名年代）	曾用名（年代）	备注
太极殿（太平兴国三年）	乾阳殿（隋），乾元殿、明堂（唐初），含元殿（唐后改），朝元殿（梁），明堂（后唐），宣德殿（晋）	—
天兴殿（太平兴国三年）	太极后殿（旧曰）	—
建礼门		天兴殿后
应天门	敷政门、光范门（唐）	太极殿门之西
乾元门	千福门、乾化门（唐）	应天门北
敷政门	武成门、宣政门（唐）	乾元门北
文明殿（梁开平三年）	武成殿、宣政殿、贞观殿（唐）	敷政门北
东上合门	—	—
西上合门	—	—
鼓楼	—	在文明殿东南隅
钟楼	—	在文明殿西南隅
左延福门	—	—
右延福门	—	—
东上合门	—	—
西上合门	—	—
垂拱殿（太平兴国三年）	延英殿（唐）	文明殿北
通天门	—	—
左安礼门	会昌门（隋唐）	—
左藏库	—	—
銮和门（太平兴国三年）	车辂院门	—
车辂库	—	—
左兴善门（梁开平三年）	左银台门	左安礼门北
杂纳库	—	左兴善门东
左银台门（梁开平三年）	左章善门（唐）	—
斑院	—	杂纳库北
中书	—	应天门东
右安礼门	景运门（隋、唐）	中书西
永福门（后唐）	—	右安礼门西
三司	—	永福门西北
右兴善门（梁开平三年）	右银台门（唐）	右安礼门北
枢密院	—	右兴善门东
装戏院	—	枢密院北
崇文院	—	右兴善门西

续表

建筑名（赐名年代）	曾用名（年代）	备注
右银台门（梁开平三年）	右章善门（唐）	崇文院北
宣徽院	—	—
待漏院	—	宣徽院南
学士院	—	宣徽院北
东隔门	—	苍龙门之正西
膺福门（天祐二年）	含章门（唐）	东隔门西
西隔门	—	金虎门之正东
千秋门（天祐二年）	金銮门（唐）	西隔门东
广寿殿门	—	—
广寿殿（天成四年）	嘉庆殿（唐）	建礼门西
东门道	—	—
明德殿（太平兴国三年）	—	广寿殿北
天和殿	—	明德殿北
崇徽殿	—	天和殿北
明福门	大福门	广寿殿门西
天福殿门（晋）	—	明福门内
太清殿（太平兴国三年）	崇勋殿（唐），中兴、绛霄（后唐），天福殿（晋）	—
思政殿	—	太清殿北
延春殿	端明殿（后唐同光二年）	思政殿北
武德殿（太平兴国三年）	—	延春殿北
金銮殿门	太极殿、思政殿（唐天祐中），二仪殿（长兴中）	明福门西
金銮殿（梁开平三年）	雍和殿（梁）	—
寿昌殿（太平兴国三年）	—	金銮殿北
玉华殿	—	寿昌殿北
甘露殿	—	玉华殿北
长寿殿	—	甘露殿北
含光殿门	—	金銮殿之西
含光殿	—	—
装戏院	—	含光殿南廊
紫云楼	—	含光殿东廊后
射弓小院	—	紫云楼前
洗泽宫	—	含光殿后
御厨	—	建礼门北之东廊

续表

建筑名（赐名年代）	曾用名（年代）	备注
赐食厅	—	建礼门北
保宁门	—	—
讲武殿	兴安殿（唐天祐中、梁开平三年），文思院球场（唐）	—
淑景亭	—	西隔门西
长春殿（后唐）	—	—
后殿	—	—
十字池亭	—	后殿西
砌台	—	十字池亭南
冰井	—	—
娑罗亭	—	—
九曲池	九曲池	—
内园门	—	九曲池南，含光殿门之西
东宫	—	苍龙门之西
东池门	—	—
飞龙院	—	东池门内
军器库	—	飞龙院西
散甲殿	弓箭库、宣威殿（梁）	东宫西
夹门道	—	—

资料来源：《宋史》《河南志》《宋会要辑稿》。

（3）宫城皇城内考古遗存的建筑布局特点

一是北宋洛阳宫城内中轴线上的太极殿呈"工"字形布局，建筑群布局多样。北宋宫城内共发掘20处宫室类基址，中区考古发掘的8处基址主要由太极殿基址、宫院轩廊基址、宫院院门太极门基址组成，形成以太极殿为中心的宫院布局（图2-17）。太极殿基址位于隋代乾阳殿基址北60m，台基仅存基础部分。隋唐至北宋时期的宫城正殿，经过多次重建，太极殿的位置北移，宫殿的布局仍以太极殿为中心，四周轩廊围合形成宫院的布局形式。大内中区的形制布局隋唐至北宋则没有大的改变。宫城西区（即唐时大内西区及西隔城）北宋建筑遗迹最为密集，宫殿一般规模较大，共发掘11处基址，布局比较复杂，多为由主殿、配殿和多个天井组成的建筑群，四周以廊道相围合，天井之间亦有廊道相连通。

结合文献记载，分别可以推测北宋时期洛阳宫城中的主要建筑文明殿、玉华殿、枢密院、崇文院等建筑的位置。宫城东区（即唐时大内东区及东隔城）仅在东隔城发现一处基址。

二是考古发掘的北宋20处宫室类基址近一半是完全新建的。西隔城夹城、东隔城夹城内宋代建筑基本没有利用唐代基址。洛城内部分布着多处以宫殿为中心的建筑群，各建筑群之间又以道路、步廊等相连，布局比较紧密，且许多建筑为大型宫殿建筑，至北宋时，因许多建筑或建筑群仍然保存完好，且规模较大不易完全重建，又因洛城内布局较紧密，没有足够多用以重新构建的大面积空间，五代北宋时期宫殿院落和宫殿建筑本身都变动较大，除中轴线上的宋代殿址基本沿用唐代殿址、步廊并加以扩建改建外，大多数宋代建筑基址直接建在唐代垣墙或唐代宫殿基址上，只有少数宋代新建的夯土基址部分利用唐代基础[1]。因是陪都，城市建设基本得不到全国财力的支持，加上五代数十年的战乱造成的财力匮乏，北宋统治者不再可能建造如汉唐般规模宏巨的宫殿建筑群[2]。据考古发掘报告，在唐乾元殿（明堂）遗址上层发现了两座北宋宫殿基址，南北并列，中有长廊连属。殿基东西长133.7m，中心部位平面呈凸形，进深30.5m，北殿内有130根大柱，每根柱直径50cm。宋西京洛阳的宫殿中也出现建有后阁的殿宇，据《宋会要辑稿·方域一》记载，洛阳宫殿 **"次天兴殿，旧日太极后殿，太平兴国三年改今名，后有殿阁"**[3]。可见宋时西京宫城建筑之巍峨壮观。《宋会要辑稿·方域一》记载，命有司按西京（洛阳）宫室图修宫城。《宋史·地理志》记载："建隆三年，广皇城东北隅。命有司画洛阳宫殿，按图修之，皇居始壮丽矣"[4]。东京宫殿中有多组建筑群，但其构成模式非常相似，例如大庆殿群组（图2-18），是一组以大庆殿为核心的带廊庑建筑群，这种中央为大殿，大殿左右带挟殿，殿后有阁，周围有廊庑的建筑群是这一时期典型的宫殿建筑布局方式。

三是北宋洛阳宫城、皇城内建筑群多为宫殿院落，建筑群出现与主轴线并列的多条轴线布局。洛城内建筑群多为宫殿院落，即以宫垣或步廊为外围，内有

① 杨清越. 隋唐洛阳城遗址的分期和空间关系的考古学研究 [D]. 北京：北京大学，2012.
② 王贵祥. 中国古代都城演进探析 [J]. 美术大观，2015（8）：83-57.
③（清）徐松. 宋会要辑稿 [M]. 刘琳，刁忠民，舒大刚，尹波，等，校点. 上海：上海古籍出版社，2014.
④（元）脱脱，等. 宋史 [M]. 中华书局编辑部，点校. 北京：中华书局，1985.

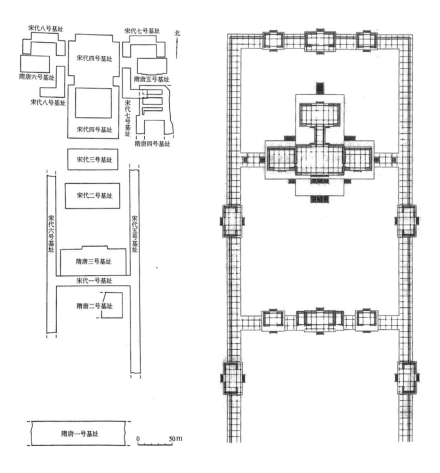

图 2-17
宫城大内中区轴线
建筑钻探遗迹分
布图
（图片来源：引自《隋
唐洛阳城1959—2001
年考古发掘报告第二
册》）

图 2-18
北宋东城宫殿大庆
殿平面
（图片来源：引自郭黛
姮《中国古代建筑史》
第三卷）

一个或多个宫殿建筑的院落，期间有通行的道路，排水沟渠等①。北宋时期的宫殿建筑基址由东向西大致可以分为南北向三组，三组建筑南北排列与轴线平行。

（4）宫城和皇城的整体布局复原

由以上考古和文献记载中的建筑方位（表2-2），可推断出西京宫城、皇城建筑的大致方位，结合目前学者的研究："唐代洛阳宫城大内之外朝—常朝—后宫—园林为从南向北的依次递进关系。但到了宋代，情况发生了一些变化，在南北分区的基础上，增加了内外分区②。"结合最新考古发掘的建筑基址和门址等位置③，运用傅熹年先生在大型宫城和宫院的布局中，分别采用大小不等的方

---

① 杨清越. 隋唐洛阳城遗址的分期和空间关系的考古学研究［D］. 北京：北京大学，2012.
② 郭黛姮. 中国古代建筑史（第三卷）宋、辽、金西夏建筑［M］. 北京：中国建筑工业出版社，2003.
③ 引自韩建华《试论北宋徽宗时期西京宫城格局》，《故宫博物院院刊》待刊稿。

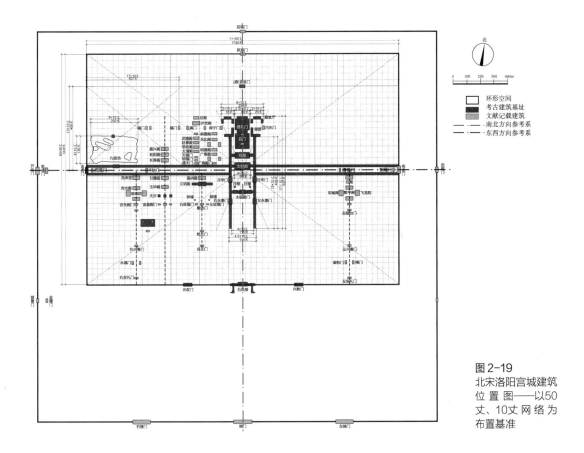

格网为布置基准的方法①，初步推断北宋洛阳宫城建筑位置分布图（图2-19）。

　　按照文献中描述宫城皇城的城门如下：西京皇城南面三门，中曰端门，东曰左掖门，西曰右掖门；北面应福门；东面宾耀门和启明门；西面金耀门和乾通门。西京宫城有六门，南面三门，正中曰五凤楼，东曰兴教门，西曰光政门。东面苍龙门，西面金虎门。北面拱宸门②。据《光明日报》刊登的最新考古报告知：玄武门遗址已初现全貌。遗址之上，唐代城门、墩台、门道路土、城垣、马道、砖铺道路等与北宋宫殿建筑基址、水渠、花坑等遗迹上下叠压。玄武门东西宽约35m，为单门道过梁式建筑结构，两侧城门墩台东西与城墙相接，城墙内侧有东西长约50m的直坡式马道。至北宋时期，玄武门被废弃③。由此可知，唐代的玄武门所在位置分布着北宋宫殿建筑基址，可推测玄

① 傅熹年. 中国古代院落布置手法初探［J］. 文物，1999（03）：66-83.
② （清）徐松. 河南志［M］. 高敏，点校. 北京：中华书局，2012.
③ 王胜昔，刘嘉仪. 千年之后，洛阳城玄武门"重见天日"［N］. 光明日报. 2021-01-15（004）.

武城在北宋时期应该为宫城的范围，拱辰门很可能随着北宋洛阳宫城中轴线建筑的位置整体北移而北移，唐代的玄武城所在的区域在北宋时是否已沦为大内后苑的一部分，还需要更完整的考古发现来证实。

北宋洛阳宫城内部大致可分为中部核心朝殿区，西、北部园林、宴殿娱乐休憩区，东部因文献记载和考古均较少，主要为各类藏库。根据建筑对称分布的原则，结合考古发掘较完善的几座建筑基址尺寸得出：在宫城中部核心区，正殿太极殿，整体平面呈"工"字形，分为前殿与后殿两部分，这也一改隋唐时期宫城正殿平面为横长方形的传统，为中国古代宫殿建筑注入了新模式，开启了中国古代宫殿建筑模式多样化的先河[1]。在宫城西部发掘的宋代建筑基址中，多为由主殿、配殿和多个天井组成的建筑群院落，并以廊道相围合，天井之间亦有廊道相连通。文明殿的开间进深大约为东西残长40m，南北残宽31m[2]，垂拱殿东西长40m，南北长20m；文明殿西侧大殿东西长36.55m，南北长18m[3]。其他未考古发掘的建筑的大致尺寸，参考考古宫殿的尺寸，也暂定为东西长40m，南北长20m，规模稍小一些的建筑按照东西长30m，南北长15m进行复原。结合北宋时洛阳建筑群分布的特点，现将宫城和皇城的整体布局复原（图2-20）。

2. 东城和郭城的布局

（1）东城

北宋时，洛阳东城呈南北向长方形，隋唐至北宋相继沿用，为洛阳监所在。东城，宫东之外城也，隋筑，唐与宋皆仍旧。北面一门，曰含嘉门，城内有洛阳监[4]。西京东城"东面一门曰宣仁，东对上东门；南面一门曰承福，今为洛阳监前门；北面一门曰含嘉，今不复有门构"[5]。这与考古发现非常吻合。东城位于整个隋唐宋洛阳城的中部偏北，宫城和皇城之东，含嘉仓之南，为衙署办公之地，相对宫城来说，建筑规模小，布局不紧密，在东城内发现的唐代基址不多，因此北宋建筑大多完全新建[6]。而北宋时期发现的门址仍袭唐旧[7]，

① 石自社. 北宋西京洛阳城形态分析：辽上京城市考古会议［C］. 赤峰，2014.
② 中国社会科学院考古研究所洛阳唐城队. 河南洛阳市唐宫中路宋代大型殿址的发掘［J］. 考古，1999（3）：37-42+103-104.
③ 中国社会科学院考古研究所. 隋唐洛阳城（1959-2001年）考古发掘报告（第二册）［M］. 文物出版社，2014.
④ （清）徐松. 河南志［M］. 高敏，点校. 北京：中华书局，1994.
⑤ （清）徐松. 宋会要辑稿［M］. 刘琳，刁忠民，舒大刚，尹波，等，校点. 上海古籍出版社，2014.
⑥ 杨清越. 隋唐洛阳城遗址的分期和空间关系的考古学研究［D］. 北京：北京大学，2012.
⑦ 叶万松，李德方，孙新科，等. 洛阳发现宋代门址［J］. 文物，1992（3）：15-18.

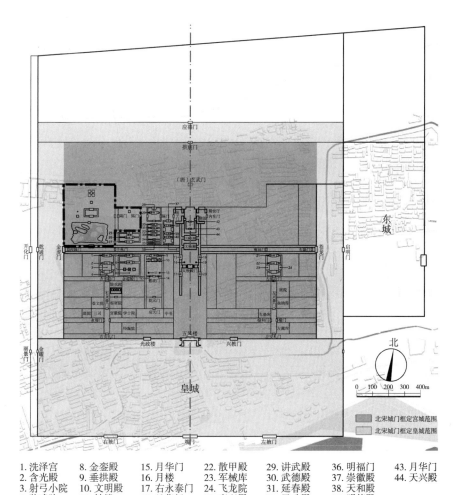

1. 洗泽宫	8. 金銮殿	15. 月华门	22. 散甲殿	29. 讲武殿	36. 明福门	43. 月华门
2. 含光殿	9. 垂拱殿	16. 月楼	23. 军械库	30. 武德殿	37. 崇徽殿	44. 天兴殿
3. 射弓小院	10. 文明殿	17. 右永泰门	24. 飞龙院	31. 延春殿	38. 天和殿	
4. 装戏院	11. 钟楼	18. 日华门	25. 嘉兴殿	32. 思政殿	39. 明德殿	
5. 甘露殿	12. 右延福门	19. 日楼	26. 乾阳殿	33. 太清殿	40. 广寿殿	
6. 玉华殿	13. 鼓楼	20. 左永泰门	27. 长寿殿	34. 天福门	41. 广寿殿门	
7. 紫云楼	14. 左延福门	21. 后殿	28. 后殿	35. 明福门	42. 建礼门	

图 2-20
北宋洛阳宫皇城平
面复原示意图

　　门址东北侧又发掘一处北宋衙署庭园遗址，揭露面积2272m²。就目前来看，在古城中发现宋代园林在全国来讲尚属首例，园林面积之大，以及保存之好，出土遗物之丰富，也是前所未有。这无疑为研究北宋衙署园林的建筑布局及整体风貌提供了典型实例。

　　（2）郭城

　　郭城平面略曲尺形，南宽北窄，隋唐至北宋，郭城城垣虽曾多次大规模营建，但其基本格局没有重大变化。郭城位于宫城和皇城东面和南面，洛水自西南向东北穿城而过，里坊区以洛河为界分为洛南里坊区和洛北里坊区，为北宋人口的主要集中区。由于城市商业的发展，北宋洛阳已将唐时集中设市的北、南、西三市开辟为居住里坊，坊内的居户大门可以直接面对街面，而不再是仅开4门的十字道（图2-21），而是从方便生活的角度出发产生的变化。依据里坊考古发掘资料，在南市南侧的南北向路和南市南侧的建春门街北侧清理出了大量的五代北宋时期的柱洞、烧灶等临街店铺遗迹。在温柔坊内，十字街南北向街五代北宋时期被池苑所占压，坊南侧建春门街北部被五代北宋时期的池苑所占，都成为私家庭院园林的一部分。唐时里坊只有七品官以上官邸宅门可以对街，宋时此项禁令已废，这也提高了郭城内园林的开放性。

隋唐时坊内为103坊，到北宋时增长到120坊[1]。"西京，唐曰洛州，后为东都、河南府，寻改为京。梁为西都，晋复为西京，国朝因之。京城周回五十二里……城内一百二十坊"[2]。对于诸坊的建设和布局，张祥云主要根据相关史料在《北宋西京河南府研究》一书中有详细描述，并附有《北宋西京城坊示意图》[3]；王书林将史料和考古相结合，在《北宋西京城市考古研究》一书中基于地形图绘制《北宋里坊分布复原图》[4]，因此本书对城坊的相同观点不再赘述。

郭城内的里坊建筑，在隋唐时依其性质的不同，大致分为7种类型：衙署、寺

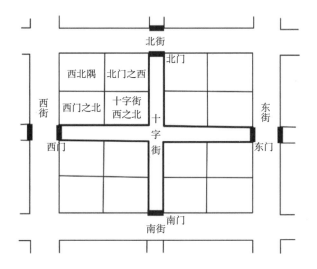

图2-21
郭城里坊制十字街
图示

（图片来源：引自王贵
祥《古都洛阳》）

---

① （清）徐松. 河南志 [M]. 高敏，点校. 北京：中华书局，2012.
② （清）徐松. 宋会要辑稿 [M]. 刘琳，刁忠民，舒大刚，尹波，等，校点. 上海：上海古籍出版社，2014.
③ 张祥云. 北宋西京河南府研究 [M]. 郑州：河南大学出版社，2012.
④ 王书林. 北宋西京城市考古研究 [M]. 北京：文物出版社，2020.

观祠庙、市肆作坊、住宅、园池、馆驿、渠堰堤桥等[①]。至北宋时仍有少量遗存，如在洛北里坊区发掘一处北宋时面积400m²的庭园建筑遗址，在洛南里坊区唐时的白居易故居遗址，局部发掘北宋时寺院和宅园遗存，另外在温柔坊也发掘两座宋代池址。坊区之间列有衙署、驿站、客店、手工作坊、宗教寺观和各类商铺及市民宅居，穿城而过的洛河，依坊而流的水系，无形加速了园林数量和类型的发展。北宋时虽然郭城区域发掘的建筑遗迹较少，但由于有着众多的人口分布，住宅相对于宫室官署无论在那个时期都可能会有较大的变化。再者从李格非《洛阳名园记》中描述的19处园林来看，真可谓"高台芳榭，家家而筑，花林曲池，园园而有"[②]，可以看出这并没有影响郭城内园林的发展，反而使园林呈现出繁荣和生机。

3. 城内水系

隋唐宋洛阳城"前直伊阙，后据中山，左瀍右涧，洛水贯其中"[③]，伊河掠城东南而北流，周围有洛水、伊水、涧水、瀍水四条大的自然河流，城内水系唐末因战争遭到破坏，后经五代北宋时的多次修复如下。

洛河南北之间，早在宋初已由西京留守向拱重修了天津桥。

北宋初期，漕河的位置已发生了改变："开宝初，太祖皇帝将西幸于洛，命修大内，督工役甚急，兼开凿济河。从嘉猷坊东出穿掘民田，通于巩，入黄河，欲大通舟楫之力，辇运军食于洛下"[④]。

洛城之南东午桥，距长夏门五里，蔡君谟为记，盖自唐已来为游观之地……午桥西南二十里，分洛堰司洛水；正南十八里，龙门堰引伊水，以大石为杠，互受二水。洛水一支自后载门入城，分诸园，复合一渠，由天门街北天津、引龙二桥之南，东至罗门；伊水一支正北入城，又一支东南入城，皆北行，分诸园，复合一渠，由长夏门以东、以北至罗门，二水皆入于漕河。所以洛中公卿士庶园宅，多有水竹花木之胜[⑤]。

元丰初，开清、汴，禁伊、洛水入城，诸园为废，花木皆枯死，故都形势遂减。四年，文潞公留守，以漕河故道湮塞，复引伊、洛水入城，入漕河，至偃师与伊、洛汇，以通漕运，隶白波辇运司，诏可之。自是由洛舟行河至京师，公私便之。洛城园圃复盛。公作亭河上，榜曰"漕河新亭"。元祐间，公

---

① 霍宏伟. 隋唐东都城空间布局之嬗变 [D]. 成都：四川大学，2009.

② （北魏）杨衒之. 洛阳伽蓝记校笺 [M]. 杨勇，校笺. 北京：中华书局，2006.

③ （宋）欧阳修，宋祁. 新唐书 [M]. 北京：中华书局，1975.

④ 张齐贤. 洛阳搢绅旧闻记 [M]. 北京：中华书局，1985：49.

⑤ （宋）邵伯温. 邵氏闻见录 [M]. 李剑雄，刘德权，点校. 北京：中华书局，1983.

还政归第，以几杖樽俎临是亭，都人士女从公游洛焉[1]。

元丰七年甲子六月二十六日，洛中大雨，伊、洛涨，坏天津桥，波浪与上阳宫墙齐。夜，西南城破，伊、洛南北合而为一，深丈余，公卿士庶第宅庐舍皆坏，唯伊水东渠有积薪塞水口，故水不入府第。韩丞相康公尹洛，抚循赈贷，无盗贼之警，人稍安。后两日，有恶少数辈声言水再至，人皆号哭，公命擒至决配之，乃定。闻于朝。筑水南新城新堤，增筑南罗城。明年夏，洛水复涨，至新城堤下，不能入，洛人德之，康公尹洛有异政也。此其大者[1]。

根据以上文献的记载和唐宋时期洛河两岸里坊的分布变化，可知洛河在西南角和东北方向有明显的北移[2]，漕渠可能与洛河合二为一[3]，漕河南移及唐代已涸绝水系等，北宋洛阳城内的水系在隋唐洛阳城的水系的基础上虽然发生了改变，但总体上仍以洛水为界，分为洛北水系和洛南水系两个系统（图2-22）。洛北水系主要是引谷水、洛水和瀍水而形成水系网；洛南水系的引水渠道由洛河上游和伊河上游引水入城，在城内流入洛河。但考古时仍能从旧时

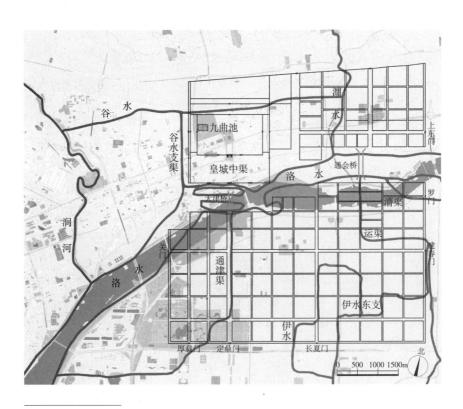

图2-22
北宋洛阳城水系复原图

（图片来源：作者改绘于王书林《北宋西京城市考古研究》）

① （宋）邵伯温. 邵氏闻见录 [M]. 李剑雄，刘德权，点校. 北京：中华书局，1983.
② 高虎，王炬. 近年来隋唐洛阳城水系考古勘探发掘简报 [J]. 洛阳考古，2016（3）：3-17.
③ 王书林. 北宋西京城市考古研究 [M]. 北京：文物出版社，2020.

的水渠河道断断续续发现宋代的遗迹，如在东城东墙东侧的宽25m，残深5~6m
的壕沟，壕沟位置与隋唐时期的泄城渠吻合，北宋时可能利用唐代洩城渠，形
成护城壕；在东城宣仁门遗址西侧，清理出宋代水渠；在东城北区偏西发掘呈
西北—东南向东西宽2.55m的宋代水渠，推断为唐时陶光园的东西向渠，流入
东城。隋代宇文恺设计的洛阳"南直伊阙之口，北倚邙山之塞，东出瀍水之
东，西出涧水之西"①，在充分考虑了水流经的区域和地势后，有计划地进行筑
渠，使得整个城市的水网四通八达。北宋洛阳城继隋唐遗址修葺而成，水系的
变化和纵横的河道形成的水网滋养着城内园中花木，形成了理想的造园环境，
故洛阳城内园林也多以水景取胜。

4. 宫城皇城的水系

隋唐洛阳城的宫城和皇城位于郭城西北隅，地势由西北向东南逐渐降低。宫
城和皇城引谷水为水源，利用地势形成了整个宫城和皇城的水系网。尽管在宫城
和皇城内发掘了大量的水渠遗迹，但这些水渠均为零散的点，且多为唐代遗迹，
还不能勾勒出北宋时期宫城和皇城完整的水系网，但这些发掘为我们归纳宫城和
皇城的水系提供了可能。宫城和皇城地处隋唐洛阳城的最高处，利用西北而来
的谷水，通过人工渠道引谷水入城，使宫城和皇城区内渠道互通，构成以谷水
为主干的水道网络。因此本书所画的水系图仅是根据现有文献、研究成果和考
古资料的整合做出的初步分析和推测，尚待新的考古发现予以解释和确认。

考古发掘的宫城和皇城的主要水渠遗迹有以下几处：一是在西夹城中北部
的南北向长为23.5m的砖砌暗渠；二是在宫城西部（唐西隔城东部）的南北向
土壁宽2m的水渠；三是在宫城中部偏西（唐大内西区）的两条南北向水渠，
残长分别为22.5m和20m；四是一条横穿皇城中部的东西向渠，可能是皇城中
渠，晚期水渠位于宋代层下，渠宽13.7~21.7m；五是在皇城西南隅（即唐东都
上阳宫遗址）西区清理出五代、北宋南北向水渠一条，经局部发掘和勘探所
知，水渠南北长50m以上，向南一直通往古洛河。皇城中渠，文献记载"渠自
宣仁门南，枝分洩城渠，南流与皇城中渠合"②。谷渠，文献记载"渠在洛水之
北，自苑内分谷水东流，至城之西南隅入洛水"。分谷渠位于宫城西墙外且与
宫城西墙平行，某种程度上担当了护城河的角色，起到防御宫城的作用。九洲
池是宫城和皇城水系的核心，通过支渠将谷水与九洲池连接起来，将谷水引入
九洲池内，经过九洲池大面积的沉淀处理，再通过支渠流向宫城和皇城内各池

① （宋）司马光. 资治通鉴［M］.（元）胡三省，音注. 北京：中华书局，1956.
② （清）徐松. 唐两京城坊考［M］. 北京：中华书局，1985.

沼中，以保证宫城和皇城用水。

北宋洛阳城继承了隋唐洛阳城良好的水系资源，拥有丰富的自然河流，并对这些河流加以改造利用，形成了发达的水网系统。不但解决了城市生活用水，而且为北宋洛阳园林的发展繁荣提供了天然条件。

2.2.3 政治经济：陪京之位聚贤才

1. 思想自由，以文治国

自周代以来，洛阳便有1600多年的建都史，共计13个王朝、103位帝王在此建都[①]，北宋时洛阳虽已不是都城，但从北宋初宋太祖"生于洛阳，乐其风土"[②]，至宋仁宗期间，帝王多次有迁都的意愿，从侧面可以看出其仍然保持着强大的吸引力，并且宋太祖多次下令修缮洛阳城、建太庙，修葺之后"宫室壮丽"[③]，"当时洛阳的皇宫，共有9900余区"[④]，使洛阳的宫室园林重新复兴。"洛阳园池多因隋唐之旧"[⑤]，隋唐、五代留下了许多废园旧址，如唐末宫城里的九洲池遗址，郭城里的归仁园、湖园、大字寺园、李氏仁丰园等，这些园林中旧有的湖溪、山石、植物一般尚在，为建造新园增添了浓厚的历史气息。

洛阳有着悠久的陪都历史，曾在商、新莽、后赵、北周、隋、唐、后梁、后晋、后汉、后周、宋、金12个朝代作为陪都[⑥]，北宋时洛阳被定为西京，政治上仍然是陪都地位，有陪都之尊贵，同时在此设置了完整的行政机构，设有留守司员、分司御史台等，随着宋太祖的"杯酒释兵权"、太宗致力加强中央集权，加之唐末洛阳被破坏严重，隋唐大运河淤塞甚重难以疏通，陪都的地位也逐步下降，这些官员虽位尊却没有实权，所谓"其留务之多闲，在宪司之尤简。最为清峻，可以优贤"[⑦]。因此洛阳就没有东京开封浓厚的政治氛围和权力的纷争，成为士大夫悠闲的乐园，吸引了大批的文人雅士慕名卜居于此，北宋时著名书法家李建中"前后三求掌西京留司御史台。尤爱洛中风土，就构园池，号曰'静居'"[⑧]，还有中书侍郎李清臣、宰相王溥、文彦博、司马光、吕

① 李久昌. 国家、空间与社会：古代洛阳都城空间演变研究［M］. 西安：三秦出版社，2007.
② （宋）陈均. 皇朝编年纲目备要［M］. 北京：中华书局，2006.
③ （宋）钱若水. 宋太宗皇帝实录校注［M］. 北京：中华书局，2012.
④ （宋）章如愚. 群书考索［M］. 文渊阁四库全书.
⑤ （宋）邵伯温. 邵氏闻见录［M］. 刘琳，刁忠民，舒大刚，尹波，等，校点. 北京：中华书局，1983.
⑥ 李久昌. 古代洛阳所置陪都及其时间考［J］. 三门峡职业技术学院学报，2007（01）：28-33.
⑦ （宋）欧阳修. 欧阳修集编年笺注［M］. 成都：巴蜀书社，2007.
⑧ （元）脱脱，等. 宋史［M］. 北京：中华书局，1985.

蒙正、文学家邵雍等，均在此筑园幽居。思想的自由开放，使园林风格不拘一格，各有特色，推动北宋洛阳的私家园林发展到鼎盛阶段。

为了防止唐末以来武将专横跋扈的弊端重现，宋太祖有意重用文臣掌握军政大权，后继的宋太宗继续采取拟制武将，提升文官地位的政策，"与士大夫治天下"[①]的格局逐渐形成。宋太宗曾对宰相李妨等说："天下广大，卿等与朕共理，当各竭公忠，以副任用"[②]。宋代文人的生存条件似乎颇为优越，尤其宋代官员，俸禄优厚而生活无忧[③]。"……而且士大夫生活待遇颇为优渥舒适，即使不受贿赂不刮地皮，也吃用无忧，就连堪称清廉自觉的王禹偁，也承认'月俸虽无余，晨炊且相继。薪刍未缺供，酒肴亦能备'，更不必说天天吃鸡舌汤的吕蒙正和夜夜拥妓豪饮的宋祁。长久以来，'寒士'们的人生向往，在宋代有了更大的得到实现的可能"[④]。但洛阳的地产相当昂贵，"洛中地内多宿藏，凡置第宅未经掘者，例出掘钱。张文孝左丞始以数千缗买洛大第，价已定，又求掘钱甚多，文孝必欲得之。累增至千余缗方售，人皆以为妄费。及营建庐舍，土中得一石匣，不甚大……发匣，得共金数百两。鬻之，金价正如买第之直，厮掘钱亦在其数，不差一钱"[⑤]，张文孝即张观，仁宗朝官至尚书左丞。据《宋史》卷二百九十二本传载，张观之父张居业喜洛阳风物，故张观必为之买宅于此[⑥]。而据吴处厚《青箱杂记》又可知，此宅原为真宗朝宰相吕蒙正所有，真宗亦曾驻跸于此，"文穆有大第在洛中，真宗祠汾时，车驾幸止其厅，后人不敢复坐，围以栏楯，设御榻焉。即今张文孝公宅是也"[⑥]，自是非同小可。

宋太祖曾鼓励石守信"多积金，市田宅以遗子孙，歌儿舞女以终天年"[⑦]。这种用物质享受笼络官员的做法在整个宋代都没有改变。虽然这一政策使得北宋中后期出现了官员冗滥等不良局面，"居其官不知其职者，十常八九"[⑦]，但却使官府衙署和私家宅园数量的大幅增长，以至于最后出现"天下之治乱，候于洛阳之盛衰可知，洛阳之盛衰，候于园圃之废兴而得"[⑧]的局面。在级别相同的前提下，地方官经济状况优于京朝官，"西都事繁，中分邦

① （宋）钱若水. 宋太宗皇帝实录校注 [M]. 范学辉，校注. 北京：中华书局，2012.

② （宋）李焘. 续资治通鉴长编 [M]. 北京：中华书局，2004.

③ 叶烨. 北宋文人的经济生活 [M]. 南昌：百花洲文艺出版社，2008.

④ 章培恒，骆玉明. 中国文学史（中）[M]. 上海：复旦大学出版社，1996.

⑤ （宋）沈括. 梦溪笔谈 [M]. 金良年，点校. 北京：中华书局，2015.

⑥ （宋）吴处厚. 青箱杂记 [M]. 李裕民，点校. 北京：中华书局，1985.

⑦ （元）脱脱，等. 宋史 [M]. 北京：中华书局，1985.

⑧ （宋）邵博. 邵氏闻见后录 [M]. 李剑雄，刘德权，点校. 北京：中华书局，1983.

政，留守禄厚，十倍宰臣"①，"且三千贯之俸金，数百家之赋调"①，但由此条亦可知，洛阳大宅价值在数千贯，并不亚于都城东京。不过洛阳置业虽贵，由于北宋时期西京留守官员的俸禄优厚为建造私家宅园提供了良好的物质保障，当时权贵多在此有园林，正如赵普、吕蒙正、文彦博、富弼、司马光等人均在此营建名园，从司马光《看花》一诗"洛阳相望尽名园，墙外花盛墙里看"②中即可见一斑。

北宋历时168年，局势大体平稳，社会生活安定，但国家并没有完全得到统一，北宋初年实施高度中央集权化的政治策略，"守内虚外""重文轻武"就成了"祖宗之法"，这一高度集权化导致冗官冗费不断增加，加速了北宋后期积贫积弱局面的形成，边患不断，已无复汉唐之雄风，同时也使得"革新"、"变法"、修攘、和战的论争始终不休。忧患意识一直存在，大批士大夫怀揣着忧国忧民的政治抱负隐居在洛，游离政治而寄情于山水游乐，如"终生不仕"、隐居洛中安乐窝的邵雍和因反对熙宁新政被贬在洛中独乐园的司马光等文人志士，他们虽不问政事，但却时刻关心国家安危、百姓苍生，经常一起游园吟诗表达内心的忧国忧民之情，邵雍在诗中感叹道："既有非常乐，须防不次忧。谁能保终始，长作国公侯？"③，司马光在游安乐窝时咏道："灵台无事日休休，安乐由来不外求……我以著书为职业，为君偷暇上高楼"②。范仲淹的"先天下之忧而忧，后天下之乐而乐"的政治理念充分反映出当时文人志士对内忧外患的国情的焦虑。这种忧患意识固然能够激发有志之士奋发图强、匡复河山的行动，同时也能影响园林，使其形成景物简单朴素、建筑规模小，但不乏内蕴的风格，如司马光宅园内"堂卑不受有美夯，地僻宁遭景华拓"④。这一时期洛阳名园的规模也随之缩小，且呈现出衰败的景象，如繁华一时的天王院花园子"则复为丘墟，破垣遗灶相望矣"⑤，欧阳修笔下洛北园圃也是"依依半荒苑，行处独闻蝉"⑥。欧阳修在当时严重的"敌国外患"状况下于仁宗康定元年（1040年）写下《正统论》三首，从其诗词中我们能了解到他借游园排遣内心的愁闷。正如欧阳修所言："洛阳古郡邑，万户美风烟。荒凉见宫阙，表里壮河山。相将日无事，上马若鸿翩。出门尽垂柳，信步即名园"⑥。

"以文臣治国"的统治政策促进了北宋社会的稳定发展。"官职差遣"的制

① 曾枣庄，刘琳. 全宋文 [M]. 上海：上海辞书出版社，合肥：安徽教育出版，2006.
②（宋）司马光. 司马温公集编年笺注 [M]. 李之亮，笺注. 成都：巴蜀书社，2009.
③（宋）邵雍. 伊川击壤集 [M]. 郭彧，整理. 北京：中华书局，2013.
④（宋）宗泽. 宗泽集 [M]. 黄碧华，徐和雍，点校. 杭州：浙江古籍出版社，2012.
⑤（宋）邵博. 邵氏闻见后录 [M]. 李剑雄，刘德权，点校. 北京：中华书局，1983.
⑥（宋）欧阳修 [M]. 李逸安，点校. 北京：中华书局，2001.

度使北宋时期地方官员的调任极为频繁，如北宋文人官吏王禹偁曾先后在成武、长洲、解州、东京、滁州、扬州、黄州、蕲州等地担任官职。还有北宋著名政治家、文学家欧阳修，通过科举考试被授西京留守推官，后又回东京，又任职于滁州、扬州、颍州，期间时常与友人在园林中作诗词歌赋，为当地百姓修建公共园林。向拱在地方任官几十年，由东京留守开封府事判官到扬州再到淮阳，担任河南尹十余年，专心营建园林住宅。北宋名臣王拱辰，历任吏、户、礼、兵、刑五部尚书，曾任相州刺史、开封知府、大名府知府、北京留守、西京留守、北都留守、南都留守等职，又曾任永兴路、河东路、秦凤路、定州路、梓州路、大名府等路安抚史，还曾任秦、并、浪、毫、郑、定等州知州，在西京留守时营建有大型水景园——环溪园。另有出身洛阳的高官富弼、赵普、文彦博、吕蒙正、张齐贤、董俨、刘元瑜等，几乎都在故乡筑有私园，其中以富弼告老还乡后的富郑公园"景物最胜"，这应该与富弼游走各地之后纳多地名园之精华有一定关联，园林发展也越加成熟。

2. 地广人稀，林木丰富

北宋时，洛阳属河南府洛阳郡，隶属于京西北路。洛阳城池为隋唐之旧，洛阳平面近于方形，面积约 45.3km²，宋徽宗崇宁年间（1102—1106年），洛阳共有12.7767万户人家，总人口数为23.3280万人[1]，史载"自东都至淮泗，缘汴河州县，自经寇难，百姓凋残，地阔人稀，多有盗贼"[2]。可以看出此时洛阳城是个地广人稀的园林城市，造园用地很少受到束缚。北宋的户等划分中，主户共分五等，各等并无统一的土地占有标准。以一等户而言，多则上百顷，少则三四顷。北宋时实行的"不抑兼并""田制不立"的土地政策和租佃制度是北宋经济繁荣的关键所在，于是出现了土地交易频繁，大量土地被地主兼并的现象[3]，"贫富无定势。田宅无定主。有钱则买。无钱则卖"[4]，这与之前直接赐予田地有很大不同，为官僚豪势之家兼并土地大开方便之门。这就逐渐加大了土地买卖的自由度，神宗熙宁年间（1068—1077年），又放手让不断繁衍之中的赵氏宗室参与土地兼并，"袒免以下，许随处置产，其出官即置田宅，一如

---

① 王贵祥. 古都洛阳 [M]. 清华大学出版社, 2012.
② (清) 董诰, 等. 全唐文 [M]. 北京: 中华书局, 1983.
③ 何忠礼. 宋代政治史 [M]. 浙江大学出版社, 2007.
④ (清) 王梓材, 冯云濠. 宋元学案补遗 [M]. 沈芝盈, 梁运华, 点校. 北京: 中华书局, 2012.

外官之法"①。京师开封的寸土寸金，官员们常出外租房②，宋王禹偁《李氏园亭记》载："重城之中，双阙之下，尺地寸土。与金同价，其来旧矣……非勋戚世家，居无隙地"③。相比于以上状况，在洛阳宽松的土地制度和政策下，他们拥有相应的土地而各自开辟园林，或许这也是吸引更多的官宦文人选择居洛的原因之一，因此园林的面积相对差异也比较大，如有占地二十亩的"独乐园"，也有"园尽此一坊"（一里坊约375亩）的归仁园等。

西京洛阳具有悠久的农林木业发展历史，早在仰韶文化时期即有稻作遗存④，成为其经济的基础。五代时洛阳几经战乱破坏，"都城灰烬，满目荆榛"⑤，后由张全义招纳百姓，发展生产，几年之后便"京畿无闲田，编户五六万"⑤，到北宋初，洛阳的"土地褊薄，迫于营养"⑥，"田利之入率无一钟之亩。人稀，土不膏腴"⑦之后，宋太祖采取移民政策，一直持续到宋仁宗时期，这一政策为不仅为洛阳的经济作物的发展提供了人力物力，而且带来了很大的经济效益，出现"垦田颇广，民多致富"，"村落桑榆晚，田家禾黍秋"的局面。刘蒙在《菊谱》中说："若种园蔬肥沃之处……则单叶而变为千叶亦有之矣"⑧，洛阳以得天独厚的自然地理条件，植被丰茂，林木、果木、花木业发展迅速，"牧地之中，树木数千万株"③，北宋时有"洛阳花木夸天下"之称，广栽樱桃、梨、桃、牡丹、菊花、梅花、竹、桑树等，欧阳修言："洛最多竹，樊圃棋错"⑦，《洛阳名园记》所描述的19个园林中，有一半以上（12个）的园子都呈现直接用竹营造的不同园林景象。

丰富的农林牧业使该地区成为天然的林地、果木、花木和药物资源宝库，如某山因"山多药草，美而称之曰'堂'，号'药堂峰'"，"亦犹王屋之有药柜峰也"⑨。不仅山中自然药物众多，洛阳私家宅园中也有大量的药物种植，如司马光在独乐园"沼东治地为百有二十畦，杂莳草药，辨其名物而揭之……夹道如步廊，皆以蔓药覆之，四周植木药为藩援，命之曰采药圃"⑩，正是这种大

① （清）黄以周，等. 续资治通鉴长编拾补 [M]. 顾吉辰，点校. 中华书局，2004.
② 韩凯凯. 宋代官员群体租房现象探析 [J]. 邢台学院学报，2016（1）：116-120，124.
③ 曾枣庄，刘琳 [M]. 上海：上海辞书出版社，合肥：安徽教育出版，2006.
④ 魏兴涛，孔昭宸，刘长江. 三门峡南交口遗址仰韶文化稻作遗存的发现及其意义 [J]. 农业考古，2000（3）：77-79.
⑤ （宋）薛居正，等 [M]. 中华书局，1976.
⑥ （元）脱脱，等. 宋史 [M]. 北京：中华书局，1985.
⑦ （宋）欧阳修. 欧阳修全集 [M]. 李逸安，点校. 北京：中华书局，2001.
⑧ （宋）刘蒙，等. 菊谱 [M]. 杨波，注释. 郑州：中州古籍出版，2015.
⑨ （清）陈梦雷. 古今图书集成 [M]. 蒋廷锡，校订. 北京：中华书局，1985.
⑩ （宋）司马光. 司马温公集编年笺注 [M]. 李之亮，笺注. 成都：巴蜀书社，2009.

自然的赐予和人工辛勤栽培，使西京地区成为重要的药材资源基地，并且很多药物成为商品，桔梗、桑白皮、莞花、大戟等还成为上贡名品。花木、药材的生产和销售，不仅使洛阳的经济异军突起，而且为园林中建造房屋、种植花木提供了重要的原材料，降低了成本，并且使所建园林的风格更具地方性特征和内涵，别具一格。"备称其园圃之胜。至言花木、洛中园圃、有至千种者。欧阳修之牡丹记、周师厚之洛阳花木记、固已言之群矣"①，园林的进步又反作用于林木果业的发展，不断推动着花木、林业的兴旺。

2.2.4　市井文化：民俗节庆重花会

1. 热闹繁华的花市活动

北宋时期，西京的商税数额为67548.547贯·文，仅次于位居河南省内第一的开封府的147380.434贯·文②可以说是省内的第二大商业中心，再加上此时洛阳草市镇的设置促进了商业的发展，市场的规模和市易活动的日益扩大，打破了统治者人为限定的市场范围，突破了唐以来"里坊制"的禁锢，坊墙逐渐遭到破坏，坊市的结构逐渐消失。洛阳作为陪都也跟随都城开封的步伐，有了夜市的供应，于是随意开铺，沿街叫卖之风一时兴起，文彦博在《游花市示之珍（慕容）》中描写夜晚的洛阳花市："去年春夜游花市，今日重来事宛然。列市千灯争闪烁，长廊万蕊斗鲜妍……人道洛阳为乐国，醉归恍若梦钧天"③，花卉的商品化使花卉进入了皇宫园圃、平民百姓的宅园里，园林对花卉的需求也促进了商品的消费，"洛阳路上相逢著，尽是经商买卖人"④，"姚黄一接头，直钱五千，秋时立券买之……魏花初出时，接头亦钱五千，今尚直一千"⑤，一支姚黄、魏花竟卖到五千文，由此可以看出洛阳当时物价不菲。"凡本城中赖花以生者，毕家于此"⑥，当时洛阳城内有专门生产、买卖牡丹的公共园林天王院花园子，这一繁盛的局面也增强了园林的公共性。

2. 安舒淳朴的民风民俗

《诗经》曰："十里不同风，百里不同俗。"苏轼亦曰："洛阳古多士，风俗

① 李健人. 洛阳古今谈［M］. 中州古籍出版社，2014.
② 程民生. 河南经济简史［M］. 北京：中国社会出版社，2005.
③（宋）文彦博. 文潞公诗校注［M］. 太原：三晋出版社，2014.
④ 释智愚. 颂古一百首［M］. 北京大学古文献研究所，1998.
⑤（宋）司马光. 司马温公集编年笺注［M］. 李之亮，校. 成都：巴蜀书社，2009.
⑥（宋）邵伯温. 邵氏闻见录［M］. 李剑雄，刘德权，点校. 北京：中华书局，1983.

犹尔雅"①。北宋洛阳位于河洛地区，作为陪都之地，独特的自然风光，特殊的政治、文化环境，形成了安舒的民风、淳朴的民俗。司马光论述说："世俗之情，安于所习，骇所未见，固其常也"①。民俗民风不仅是礼乐教化的广阔天地和强大载体，更是伦理道德最滋润的成长土壤。周公极力主张以礼正俗，以礼乐精神规范民俗。同时，周公还主张礼乐教化的通俗性，要"平易近民"。正如《洛阳县志·地理·风俗》中载："周之政宽，故其俗和柔而宽缓"②。《晋书》亦言："周礼：'河南曰豫州。'豫者舒也，言禀中和之气，性理安舒也"③。邵伯温认为洛阳"风俗尚名教，虽公卿家不敢事形势，人随贫富自乐，于货利不急也"，此地民风不重商、利，而重礼教，民心淳朴。《宋史·地理志》记载西京地区风俗状况说："洛邑为天地之中，民性安舒，而多衣冠旧族"④。可以看出洛阳人大都性情和缓，生活节奏较慢，洛阳荟萃了众多文人志士、达官富豪，邵雍有诗《履道留题吟》："何代无人振德辉，众贤今日会西畿。太平文物风流事，更胜元和全盛时"⑤，是对当时洛阳名流云集的盛况最好的诠释。洛阳号称"衣冠渊薮"，"洛阳衣冠之渊薮，王公将相之园第，鳞次栉比"⑥，"西都缙绅之渊薮，贤而有文者，肩随踵接"⑥，"太宗迁晋、云、朔之民于京、洛、郑、汝之地，恳田颇广，民多致富，亦由俭啬而然乎"，洛阳的贵族世家和士大夫有历代相传的贵族、北宋初从山西移民的豪族、皇家宗室、告老还乡的士大夫及后代，还有西京留守人员，经常在洛阳宴游酬唱。元丰年间，文彦博"慕唐白乐天九老会，乃集洛中公卿大夫年德高者为耆英会"，后司马光效仿"耆英会"又组织"真率会"，这些名门豪族及举办的城市文化活动也无形之中影响并提高了洛阳的整体居民素质，营造出浓郁的城市文化氛围。洛阳的文人雅集之事由来已久，文献记载早在西晋时期石崇的金谷园便曾是文人雅集的重要场所。纯以文事出现的雅集大概应当以白居易晚年在洛阳香山组织的"九老社"为开端，及于宋代以钱惟演为首的洛阳西昆雅集，诗酒酬唱成为雅集的主要节目。

北宋时期在全国节庆民俗、娱乐发展的推动下，洛阳的节庆民俗在社会生活中异常瞩目，民间节日众多，贯穿全年，有"圣节"、官定的重要节日、节

① （宋）司马光. 司马温公集编年笺注 [M]. 李之亮，校. 成都：巴蜀书社，2009.
② （清）魏襄修. 中国地方志集成 [M]. 上海：上海书店出版社，2013.
③ （唐）房玄龄，等. 晋书 [M]. 北京：中华书局，1974.
④ （元）脱脱，等. 宋史 [M]. 北京：中华书局，1985.
⑤ （宋）邵雍. 邵雍集 [M]. 郭彧，整理. 北京：中华书局，2010.
⑥ 曾枣庄，刘琳. 全宋文 [M]. 上海：上海辞书出版社，合肥：安徽教育出版，2006.

气性节日和特有节庆——牡丹花会①。早在唐代时，洛阳民间赏花已形成地方风俗，刘禹锡在诗中赞誉"惟有牡丹真国色，花开时节动京城"，与白居易留守洛阳时相似，"西京闹于市，东洛闲如社"②，到北宋时达到极盛，苏辙有诗："城中三月花事起，肩舆遍入公侯家，浅红深紫相媚好，重楼多叶争矜夸"③。除了赏花、咏花、插花、赠花之风俗，洛阳当时的元宵节、上元节、寒食节和端午节也颇得人们喜爱，有"人间佳节唯寒食"④"地美民俗乐"等美誉。洛阳的诸多园林中大都有花圃，每值时令佳节，郡圃、州圃衙署园林，一些文人私家园林，寺庙园林也开始定期向居民开放。洛阳山水奇绝，花气蒙蒙，修身养性，著名史学家程民生先生曾把洛阳比喻为淡雅的月亮，况周颐《蕙风词话》有"南人得江山之秀，北人以冰霜为清"⑤之说，可谓一方水土养一方人，不同地域的人在艺术中所表现的性格、情趣差异与千百年来自然的熏陶有着密切的关系。洛阳独特的自然地理环境和闲适的社会环境，加之安舒的民风、淳朴的民俗造就了洛阳人淡泊安舒的心境，同时为园林的成长注入了丰厚的精神土壤，"拟求幽僻地，安置疏慵身"⑥，园林便成了文人士大夫和平民百姓追求的生活理想与园居之乐。

2.3 小结

洛阳古代园林生成于先秦时期，发展于秦汉时期，转折于魏晋南北朝时期，鼎盛于隋唐宋时期，转型于金元明清时期。通过以上对洛阳古代园林发展演变的研究可以看到，魏晋时期洛阳园林的特征不仅传承了秦汉以来皇家园林的一些特点，同时也具备了后代园林的大部分特色；隋唐时期是洛阳城市发展的鼎盛时期，这一时期的洛阳，无论在皇家园林建设，还是在私家园林的营造上，都直接推动了北宋洛阳园林的发展；由于政治地位和时代的变迁塑造的社

---

① 龚亚萍. 北宋西京地区节庆娱乐活动研究 [D]. 开封：河南大学，2010.

② （唐）白居易. 白居易诗集校注 [M]. 谢思炜，校注. 北京：中华书局，2006.

③ （宋）苏辙. 苏辙集 [M]. 陈宏天，高秀芳，点校. 北京：中华书局，1990.

④ （宋）邵雍. 伊川击壤集 [M]. 郭彧，整理. 北京：中华书局，2013.

⑤ 辛更儒. 辛弃疾资料汇编 [M]. 北京：中华书局，2005.

⑥ （清）彭定永，等. 全唐诗 [M]. 北京：中华书局，1960.

会和文化的新特色，同隋唐相比，北宋时洛阳的园林在这一循序渐进的发展过程中呈现出新的造园特点，如园林开始出现单一主题、以花木池台为主和园林风格多样等特点。这一特点虽然未对北宋以后金元明清时期洛阳的园林特征产生过多影响，但是却更多地影响了后世其他地区园林的发展。而北宋以后金元明清时期园林随着朝代的更迭渐渐逝去的昔日的辉煌，园林的性质和类型也发生了变化。李格非《洛阳名园记》中"洛阳名公卿园林，为天下第一"，"园圃之兴废者，洛阳盛衰之候也。且天下之治乱，候于洛阳之盛衰而知；洛阳之盛衰，候于园圃之兴废而得"，北宋洛阳园林的兴衰变化从某种程度上反映着北宋王朝的兴衰变化，而洛阳园林发展的变化又在很大程度上代表着洛阳的盛衰面貌。

洛阳园林的产生及其特点的形成很大程度上取决于其所处的造园环境。自然地理环境、交通条件、气候土壤对文化特质的形成和发展起着重要作用，城市空间的结构和形态特征是园林属性的最基本的要素之一。洛阳以丰沛的水利资源，广阔的平原，发达的农业经济，河山拱戴的优良地势，独特的城市形制布局，四方入贡道里均的地理位置，进守皆可自如的战略地位，沟通全国的完善的水陆交通网络，确保京师物资供应的漕运中心作为历来建都的优势资源，从而使北宋洛阳园林在中国地理和历史上占据重要位置。

第 3 章 北宋洛阳城宫城大内后苑

北宋时洛阳为陪都，皇城、宫城的宫殿建筑经多次修葺，虽已缺少了隋唐时华丽雄伟的皇家气派，但"宋别都亦因唐东都旧制，广袤稍损，而城中增筑宫室，颇盛于隋唐。志称九千九百九十余区是也"①，体现出新的特点和风格。经文献和考古核实，洛阳隋唐时的行宫御苑西苑（神都苑）到北宋时完全衰落②；唐时的离宫御苑上阳宫到北宋时已无遗迹可寻③；北宋时帝王大臣在西京大内的园林活动主要集中在大内后苑即隋唐时期遗留的九洲池，为宫城内的园林。

3.1 营建背景

3.1.1 营建沿革

大内后苑中九曲池④始筑于隋，隋唐时期有九洲池、陶光园（图3-1），经文献和考古推测，后苑建立在唐末五代基础上，北宋时期相继沿用。

《隋城阙古迹》载："九洲池。其地屈曲，象东海之九洲。居地十顷，水深丈余，中有瑶光殿。琉璃亭。在九洲池南。一柱观。在琉璃亭南"①。

《唐城阙古迹》载："陶光园。在徽猷、宏徽之北。东西数里。南面有长廊，即宫殿之北面也。园中有东西渠，西通于苑"①。

"其北则达九洲池，在仁智殿南、归义门西，其池屈曲，象东海之九洲，居地十顷，水深丈余，鸟鱼翔泳，花卉罗植。池之洲，殿曰瑶光，隋造。武后杀僧怀义于瑶光殿前树下。亭曰琉璃，隋造，在瑶光殿南。观曰一柱，隋造，在琉璃亭南。环池者曰花光院、曰山斋院、在池东。《河南志图》：云二院并在仙居院北。按北为南之误。曰翔龙院、在花光院北。曰神居院、在翔龙院北。曰仙居院、在安福殿西。曰仁智院、在仙居院西。殿

---

① （清）徐松. 河南志 [M]. 高敏，点校. 北京：中华书局，2012.
② 霍宏伟. 隋唐东都城空间布局之嬗变 [D]. 成都：四川大学，2009.
③ 端木山. 上阳宫唐代园林遗址的初步考析 [J]. 中国园林，2013（12）：121-126.
④ 北宋时九曲池，又名九江池，即隋唐时的九洲池，文中统一用九曲池。

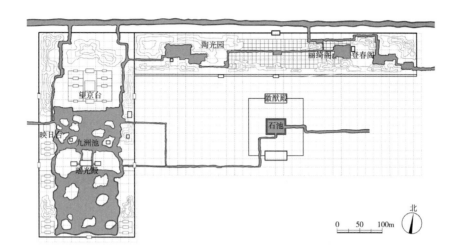

图 3-1
唐代洛阳宫城九
洲池、陶光园平
面复原示意图

西有千步阁，隋炀帝造。南有归义门。曰望景台，在池北，高四十尺，方二十五步，大帝造"[1]。

　　唐末广明元年（公元880年）黄巢起义攻陷东都时，留守刘允章叛变依附黄巢，带百官迎贼东都，"巢已陷东都，留守刘允章以百官迎贼。巢入，劳问而已，里间晏然"[2]。这种未动干戈的攻陷，城池自然未遭到严重破坏[3]。唐末光启元年（公元885年），蔡州秦宗权遣将孙儒攻击河南尹、东都留守李罕之，李罕之兵少食尽、弃城，秦宗权"据京月余，焚烧宫阙，剽掠居民"[4]，之后洛阳连续几年遭战乱破坏，"都城灰烬，满目荆榛"[4]。唐末五代时张全义等曾对其进行恢复性的建设，"命全义缮治洛阳宫城，累年方集"[3]。因此洛阳宫城的建筑相对来说破坏较少，朱温建梁后长期居住在宫城内，后唐又略加修复[4]，后北宋建立西京，宫城大内又经多次修缮（表2-1），后苑内长春殿于元丰七年（1084年）七月初四得以修葺[5]，修葺之后，大内后苑呈现出新的园林景象。

　　将以上文献记载和考古发掘与隋唐描述的九洲池和陶光园相对比可以看出，九洲池和陶光园中隋唐时期描述的亭、台、观、殿已不复存在，但九洲池依然存在。北宋时大内后苑主要构成要素有亭、台、井、廊、殿、池和花木等。

① （清）徐松. 唐两京城坊考 [M]. （清）张穆，校补. 北京：中华书局，1985.

② （宋）欧阳修，宋祁. 新唐书 [M]. 北京：中华书局，1994.

③ 王铎. 洛阳古代城市与园林 [M]. 呼和浩特：远方出版社，2005.

④ （宋）薛居正，等. 旧五代史 [M]. 北京：中华书局，1976.

⑤ （清）徐松. 宋会要辑稿 [M]. 刘琳，刁忠民，舒大刚，尹波，等，校点. 上海：上海古籍出版社，2014.

3.1.2　基址定位

大内后苑位于北宋洛阳宫城西北部,九曲池遗址位于宫城内西部偏中北部,即今洛阳玻璃集团厂区西北隅。西京宫城内地势呈西高东低,等高线由160m逐渐递减至130m,从西北向东南呈弧形分布,宫城位于西北隅居高临下,不仅符合宫城"居高"的营建原则,体现皇权的"至高无上",而且利于安全防御[①]。洛阳皇城、宫城位于洛阳城西北部,北倚龙脉,南面洛水,其苑园内又有蜿蜒的路径,聚散的水势,能够"藏风聚气",成为兴建皇家宫苑的理想场所。大内后苑位于宫城的西北方,这应该与北宋帝王崇尚道教、信奉风水有一定的关系。西北方在《易经》中为乾卦,代表京都、大郡、形胜之地、高亢之所。《易·说卦》中认为"乾为天、为圜(圆)、为君、为父"。

园林的选址相地,首先要考虑水,大内后苑南北皆有水,十字池位于大内后苑偏西北,南有九曲池,其东南为出水口。北宋时盛行的风水堪舆术中,以北为坎位,《象辞》说:"坎为水,水长流不滞,是坎卦的卦象。君子观此卦象,从而尊尚德行,取法于细水长流之象。"《周易》中"风水之法,得水为上,藏风次之"。九曲池的北面有砌台(台即山的象征)、冰井、娑罗亭等景物。又如宋徽宗兴造的艮岳,在园东北隅"艮"卦位置筑山,名之曰"万岁山";又从园西北方引景龙江水入园,汇于园中最大的水池——雁池之中,再由东南角流出园外。

3.2 复原设计依据及参考

大内后苑的复原设计研究所依据的主要资料是《宋史》《河南志》中的文字记载,据考古发掘报告,北宋颁行的重要建筑规范《营造法式》,宋元绘画呈现的图像信息和宋代古迹遗存,主要对这些相关资料进行梳理和解读。首先根据文献描述的方位、考古发掘报告,运用傅熹年先生复原大型建筑群组布置时所采用的方格网方法,布置园林景物的大体位置;总体布局、建筑形象、山

---

① 石自社. 隋唐东都形制布局特点分析 [J]. 考古, 2009 (10): 78-85.

石和植物的复原主要依据宋元绘画中所呈现的园林景象；单体建筑复原的比例主要依据《营造法式》，宋代遗构作为参考；并结合当时帝王的园林活动和园林文化进行复原。以上材料共同成为本章下一节复原设计研究的基础。

3.2.1　文献记载

隔门相对西隔门，门西淑景亭位。又有隔门，以西入后院，内有长春殿。后唐同光二年建。殿有柱廊。后殿以西即十字池亭。其南砌台、冰井、娑罗亭。贮奇石处，世传是李德裕醒酒石。按，五代通录：德裕孙敬义，本名延古，居平泉旧墅。唐光化初，洛中监军取其石，置之家园。敬义泣谓张全义，请石于监军。监军忿然曰：黄巢贼后，谁家园池完复，岂独平泉有石哉！全义尝被巢命，以为诟己，即奏毙之，得石，徙置于此。其石以水沃之，有林木自然之状。今谓之娑罗石，盖以树名之，亭宇覆焉。前有九江池，一名九曲池。梁太祖沈杀九王之处。□□□□□□倾侧，堕于池中，宫女侍官持扶登岸，□□□□□□□也。其南有内园门。在含光殿门之西①。

拱宸门内西偏有保宁门，门内有讲武殿，北又有殿相对。内园有长春殿、淑景亭、十字亭、九江池、砌台、娑罗亭②。

建礼门北之东廊曰内东门，其北即北隔门。门南之西廊曰保宁门，门西有隔门。门内面南有讲武殿，唐曰文思毬场，梁以行从殿为兴安殿毬场，后改今名。殿后有柱廊，有后殿。（无名。）隔门，相对西隔门。门西淑景亭，又有隔门。以西入后苑，内有长春殿，后唐建石殿，有柱廊。后殿以西即十字池亭，其南砌台、冰井。娑娑罗亭，贮奇石处。世传是李德裕醒酒石，以水沃之，有林木自然之状，谓之娑罗石，故以名亭。前有九江池，一名九曲池③。

3.2.2　考古报告

1. 九曲池

北宋九江池，又名九曲池，位于大内后苑的西南。隋唐时为九洲池，因"其地屈曲象东海之九洲"而得名，居地十顷。20世纪80年代所确定的九洲池

①（清）徐松. 河南志［M］. 高敏，点校. 北京：中华书局，2012.
②（元）脱脱，等. 宋史［M］. 北京：中华书局，1985.
③（清）徐松. 宋会要辑稿［M］. 刘琳，刁忠民，舒大刚，尹波，等，校点. 上海：上海古籍出版社，2014.

平面呈椭圆形，东西最长235m，南北最宽187m，"九洲池规模远不如隋唐，面积大大缩小。池岸继续沿用隋唐时期九洲池的北岸和东西两岸，南岸在20世纪80年代曾经发现过一段……与宋代千步廊建筑平行。池平面总体近长方形，池岸为自然土壁，南岸为东西向的千步长廊建筑，可能是体量较大的临池建筑。池中有岛，但数量不明，多为淤土堆积而成"①。在池内已探出圆形或椭圆形的小岛数座（图3-2），被发掘的九洲池中数个岛屿上的建筑遗迹中未发现有宋代层，说明北宋时岛上建筑已毁，但池中仍筑有小岛4座（图3-3）。

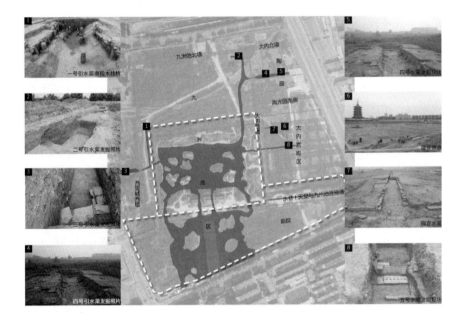

图 3-2
2015年考古新发现唐代瑶光殿南侧九洲池水域

（图片来源：奥雅设计，九洲池造园手记 https://www.sohu.com/a/418902283_675504）

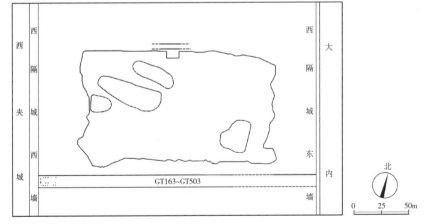

图 3-3
北宋时洛阳宫城九曲池遗迹分布图

（图片来源：根据韩建华《试论北宋徽宗时期西京宫城格局》改绘）

---

① 韩建华. 唐宋洛阳宫城御苑九洲池初探 [J]. 中国国家博物馆馆刊，2018（04）：35-48.

2. 九曲池南侧廊庑

在大内后苑考古发掘出的唐代九洲池及周边唐代遗迹有水道、池岸、岛屿、基址等，其中7条水道遗迹中有4条均有宋代层，被发掘的池岸、岛屿也均存在宋代层，8座基址中除了3座分布在岛屿上的基址外，其余5座均有宋代层，而且在九洲池唐代四号基址之上分别清理出宋代早、晚期遗迹（图3-4）。在早期的遗迹中，在九洲池南侧发现东西长124.3m、南北宽17.5m的基址1座，在宋代一号基址北侧，发现有东西向两排的方坑。晚期遗迹中，在宋代一号基址南侧发现宋代一号街道，在宋代一号基址层下，发现南北向4道隔墙。在出水口距九曲池南岸约27.3m处发掘出南廊庑，充当桥梁的作用。早期遗迹在宋代一号基址北侧，有东西向两排方坑。南排共35个，北排共8个，共计43个方坑，其中7个为砌砖方坑，其余方坑四壁均无砌砖，但个别方坑底部有铺砖印痕。晚期遗迹宋代一号街道在宋代一号基址南侧，呈东西向。东西两端皆出探方，发掘部分东西长124m，南北宽2.2～2.9m，厚0.1～0.15m。另有隔墙4道，开口宋代层下，均南北向，夯筑，仅存基础。自西向东，编为一至四号隔墙（图3-5）。

图3-4
北宋时洛阳宫城九曲池南廊考古遗迹现场

（图片来源：引自《隋唐洛阳城1959—2001年考古发掘报告第四册》）

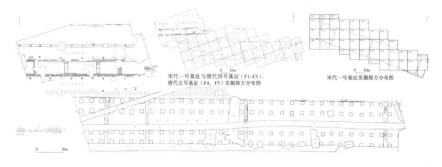

图3-5
北宋时洛阳宫城九曲池南廊考古探方分布图

（图片来源：中国社会科学院考古研究所洛阳分站提供）

北宋时期，在唐代四号基址之上修建廊庑，说明在宋代时唐代水道彻底废弃，九洲池的南岸发生很大变化。中国科学院考古研究所洛阳发掘队1960年以来对九洲池遗址进行过多次、大规模的勘查和发掘工作，初步搞清了九洲池的形制布局和分布范围，并对池内部分岛屿及其上建筑基址进行了发掘。在池址周边及沿岸附近，还发掘出数座唐宋时期的建筑遗址。20世纪90年代以来，在九洲池南的西隔城内考古发现并发掘大面积隋唐宋时期的淤土，淤土周边也有环绕的岛屿、建筑基址，建筑形式多样，另外还有池岸护坡等遗迹。九洲池南侧有大面积的水域、岛屿、基址、引水渠等，在此范围内曾进行过多次发掘，遗迹均为唐代，是九洲池向南的延伸，应为隋唐九洲池的一部分，北宋时九洲池南岸已被南廊取代，九洲池南侧水池已不存在。

3. 陶光园

唐代陶光园是宫城大内的核心，位于宫城中部。平面呈方形，边长1040m。南有东西向长廊与大内宫殿区相隔，东抵大内东墙与东隔城相接，西抵大内西墙与西隔城相接，北与玄武城相接。遗址位于今洛阳市起重机北院、唐宫路煤场北部和商业联合仓库北部。北宋时，陶光园平面仍呈东西向长方形，东西长1040m，南北宽156m[①]。

在陶光园区内发掘清理出了唐代陶光园南廊基址和园内大面积的花圃遗迹、东西向水渠，与文献记载唐代时陶光园的位置和性质相吻合。陶光园遗址经实际勘察和局部发掘，宋代南廊基础夯土在唐代南廊基础夯土间距5.8m基础上有所内收，间距4m。长廊呈东西向，始建于隋唐，沿用至北宋时期。园中发掘的东西向水渠和大面积的花圃遗迹均有宋代层，此外在陶光园南部还清理出多处零散的夯土遗迹和宋代磉墩等建筑遗迹，由于破坏严重，均不能辨其形制和性质。

据笔者调研所知，近期正在进行这一研究的考古工作者在此发掘出大量的宋代建筑遗迹[②]，可推断北宋时陶光园已沦为宫殿区。由于文献描述的景象较少，目前考古发掘也不完整，尤其北宋遗存甚少，现整理出大内后苑的北宋遗迹主要有九曲池、4座岛屿（图3-3）、一座水榭基址等[③]，完整复原出北宋洛阳皇家园林的真实景象也不合实际，作者只能依据现有的相关研究状况，仅对大内后苑进行复原，并尽可能地寻找其园林布局及特点。

---

① 中国社会科学院考古研究所. 隋唐洛阳城1959—2001年考古发掘报告 [M]. 北京：文物出版社，2014.

② 目前此资料由中国社会科学院考古研究所洛阳所唐城队正在整理，尚未发表。

③ 韩建华《试论北宋徽宗时期西京宫城格局》，《故宫博物院院刊》待刊稿。

3.2.3　建筑规范

《营造法式》是北宋政府为了管理宫室、坛庙、官署、府第等建筑的设计、结构、用料和施工的"规范",颁行于北宋崇宁二年(1103年)。梁思成先生在《〈营造法式〉注释》序中写道:"《营造法式》是北宋官订的建筑设计、施工的专书。它的性质略似于今天的设计手册加上建筑规范"①。它是宋哲宗、徽宗朝(1086—1125年)将作监李诫所编修,共三十四卷。大内后苑的遗迹根据考古发现有北宋早晚两期,因此《营造法式》主要作为复原单体建筑比例的依据。潘谷西和何建中先生在《〈营造法式〉解读》中写道:"房屋的深、广、高三者直接影响立面,按照《法式》大木作制度又可剖析为八个因素"②。本书根据这八个因素复原单体建筑的立面设计,具体设计要素及顺序如下。

1. 建筑类别和正面间数

大内后苑的主体建筑类型有殿、亭、廊庑和台。殿相当于殿阁式,亭和廊庑则按照余屋复原。其中廊庑的开间和进深则依据考古数据。

根据《〈营造法式〉解读》中"间数和建筑物的类别是有联系的:殿有三间至十三间;厅堂有三间至七间;余屋、廊屋,都是殿阁和厅堂的配房,间数根据需要决定";另根据《明皇避暑宫图》等宋代宫廷楼阁界画中的描绘、"法式用材等级"和宋代遗构,大内后苑的殿亭均不超过三开间。

2. 间广和进深

《营造法式》未对间广和柱高作具体规定,只在卷4《总铺作次序》的注释中有如下一段文字:"若逐间皆用双补间,则每间之广丈尺皆同。如只心间用双补间者,假如心间用一丈五尺,则次间用一丈之类。或间广不匀,即每补间铺作一朵不得过一尺"③。《〈营造法式〉解读》里也没有作出详细的规定,本书主要参考了傅熹年先生的《中国古代建筑外观设计手法初探》④和徐腾的《〈明皇避暑宫图〉复原研究》⑤,对于间广均匀的殿堂,常用的当心间广尺寸取12尺和18尺之间,间广不匀的殿堂在此基础上增减。

① 梁思成.《营造法式》注释 [M]. 北京:生活·读书·新知三联书店,2013.
② 潘谷西,何建中.《营造法式》解读 [M]. 南京:东南大学出版社,2007.
③ (宋)李诫. 营造法式(手绘彩图版)[M]. 重庆:重庆出版社,2018.
④ 傅熹年. 中国古代建筑外观设计手法初探 [J]. 文物. 2001(01):74-89+1.
⑤ 徐腾.《明皇避暑宫图》复原研究 [D]. 北京:清华大学,2016.

进深的大小又维系于椽距（架深）大小，参考《〈营造法式〉解读》中的两种方法，一是根据殿阁、厅堂、余屋三类房屋用椽及架深推算（表3-1）；二是根据平棋的尺寸推算。"《法式》卷5'造梁之日'曰：'凡平棋枋，在梁背上，广厚并如材，长随间广，每架下平棋枋一道'。指出了平棋的大小与间、深的关系。又有卷八'造殿内平棋之制'规定：'每段以长一丈四尺，广五尺五寸为率，其名件广厚，若间、架虽长广，更不加减。'"①由此可以得知，宋代一般殿屋以广14尺，架深5.5尺为常见尺寸。根据这一规律，袁琳在《宋代城市形态和官署建筑制度研究》中根据潘先生的方法得出重檐厅堂、十架椽屋为60尺、八架椽屋为48尺、六架椽屋为36尺、四架椽屋为24尺②。大内后苑的椽架根据《营造法式》规定三间殿堂可以使用四椽架或六椽架，因此殿亭进深取24尺和36尺之间。

殿阁、厅堂、余屋三类房屋用椽及架深推算　　　　　表3-1

用材等级	分°值（寸）	殿阁		厅堂		余屋	
		椽径（寸）9~10分°	架深（尺）≤7.5尺（125分°）	椽径（寸）7~8分°	架深（尺）≤6尺（120分°）	椽径（寸）9~10分°	架深（尺）≤6尺（120分°）
一	0.6	5.4~6	≤7.5	—	—	—	—
二	0.55	4.95~5.5	6.9	—	—	—	—
三	0.5	4.5~5	6.3	3.5~4	≤6	3~3.5	≤6
四	0.48	4.32~4.8	6.0	3.36~3.84	5.8	3.5~4	5.8
五	0.44	3.96~4.4	5.5	3.08~3.52	5.3	3.5~4	5.3
六	0.4	3.6~4	5.0	2.8~3.2	4.8	3.5~4	4.8
七	0.35	3.15~3.5	4.4	2.45~2.8	4.2	3.5~4	4.2
八	0.3	2.7~3	3.8	2.1~2.4	3.6	3.5~4	3.6
注		殿阁、亭榭用一至八等材		厅堂最高用三等材		余屋中的廊庑比殿阁减两等，故最高为第三等材	

资料来源：潘谷西等《〈营造法式〉解读》。

3. 檐柱高度和屋顶样式

从《明皇避暑宫图》及类似的宫廷楼阁界画中可以看出，宫廷的建筑级别较高，有重檐庑殿顶和重檐歇山顶，因洛阳大内后苑内的殿堂位置偏于宫城西北隅，其级别应低于东京宫城和洛阳宫城中轴线的殿堂，所以采用重檐歇山顶，而亭则根据它们的功能和位置选用重檐攒尖顶、重檐歇山顶和重檐十字脊歇山顶三种形式，廊庑选用单檐悬山顶。

---

① 潘谷西，何建中.《营造法式》解读 [M]. 南京：东南大学出版社，2007.
② 袁琳. 宋代城市形态和官署建筑制度研究 [M]. 北京：中国建筑工业出版社，2013.

《营造法式》未对檐柱高度及屋架高度作出规定，"殿阁柱高"能从唐宋建筑遗例中归纳出柱径与柱高之比为1/7~1/10，再按《营造法式》卷5"用柱之制"推算出柱高，酌情选定尺寸。根据《〈营造法式〉解读》中所总结的柱径尺寸，殿阁为42~45分°，厅堂为36分°，余屋为21~30分°，可知柱高尺寸，殿阁为292~450分°，亭堂为252~360分°，余屋为147~300分°。按照《营造法式》中对材分°尺寸进行换算（表3-2），则殿阁柱高为13~19尺，厅堂的柱高为10~14尺，余屋的柱高为4~9尺，实际复原按"柱高不越间之广"[①]及取整方便原则，大内后苑内建筑柱高取10~15尺。

材分°尺寸换算表　　　　　　　　　　表3-2

用材等级	分°值（寸）	换算数值（mm）
四等材	0.48	15
五等材	0.44	14
六等材	0.4	10

资料来源：潘谷西等《〈营造法式〉解读》。

4. 铺作和材等

铺作根据宋画中宫廷建筑的铺作数综合判定，按照规律布置即可，根据《〈营造法式〉解读》，一般为"殿阁用4~8铺作，计心造，多用上、下昂，用材大"。根据"《营造法式》用材等级"表（表3-3），殿堂使用四等材，门殿使用五等材，廊子、亭榭使用六等材。

《营造法式》用材等级　　　　　　　表3-3

用材等级	断面尺寸	使用范围
一等材	9寸×6寸	殿身九至十一间用之；副阶及殿挟屋比殿身减一等；廊屋（两梠）又减一等
二等材	8.25寸×5.5寸	殿身五间至七间用之。副阶、挟屋、廊庑同上减一等
三等材	7.5寸×5寸	殿身三间至五间用之；厅堂七间用之
四等材	7.2寸×4.8寸	殿身三间，厅堂五间用之
五等材	6.6寸×4.4寸	殿身小三间，厅堂大三间用之
六等材	6寸×4寸	亭榭或小厅堂用之
七等材	5.25寸×3.5寸	小殿及亭榭等用之
八等材	4.5寸×3寸	殿内藻井，或小亭榭施铺作多者用之

资料来源：潘谷西等《〈营造法式〉解读》。

---

① 梁思成. 梁思成全集（第七卷）[M]. 北京：中国建筑工业出版社，2001.

5. 其他构件

根据表3-1,大内后苑殿堂柱径按43分°设计,接近2.1尺和1.8尺的模数即四等材2.081尺,五等材1.941尺。台基高度为"基高于材五倍",即四等材对应3.6尺,五等材对应3.3尺,六等材对应3尺。踏道宽度随房屋间广。踏步高5寸,宽1尺。两边副子各宽1.8尺。钩阑,是指石栏杆,在《营造法式》中有两种:重台钩阑华丽,高4尺,有上下二重花板;单台钩阑简约,高3.5尺,有花板一重。

鸱吻,根据"凡公宇,栋施瓦兽、门设桀栢,诸州正牙门及城门并,施鸱尾,不得施拒鹊。六品以上宅舍,许作乌头门"[1],大内后苑单体建筑的鸱吻多参考宋画。更多构件及小木作等,在此不作深入的复原设计研究。

综上,在还原大内后苑单体建筑时采用统一的数据(表3-4)和长度、面积换算数据表(表3-5)。本书采用宋代营造尺(简称"宋尺")作为复原研究的尺度单位,即1宋尺=0.3091m。

北宋洛阳宫城大内后苑设计参数表 表3-4

	殿堂	余屋(亭、廊屋等)
屋顶样式	重檐九脊顶、厦两头造	重檐九脊顶、重檐攒尖顶、重檐十字九脊顶、九脊顶、厦两头造
正面间数	三间	余屋、廊屋的间数根据需要决定
间广	16尺左右	13尺左右
屋架深	6.4尺左右	5尺
柱高	柱高不越间广	
用材等级	四等材、五等材	六等材
铺作	单杪三下昂七铺作、单杪单下昂六铺作斗栱	单杪双下昂六铺作、单斗只替及斗口跳、柱梁作

资料来源:潘谷西等《〈营造法式〉解读》。

长度及面积单位换算表 表3-5

时代	尺长(m)	一里步数	一步尺数	一里尺数	里长(m)
宋	0.3091	360	5	1800	556.38
元	0.315	240		1200	378

资料来源:闻人军《中国古代里亩制度概述》。

---

[1] (元)脱脱,等. 宋史 [M]. 北京:中华书局,1985.

3.2.4　绘画图像

鉴于目前尚未有直接描绘大内后苑的图像信息，则在复原设计中参考部分宋元时期宫廷界画、宫观山水画和壁画中的相关园林景象，复原过程中园林的整体意象、建筑群落布局及建筑的等级、屋顶样式、铺作布置情况和具体构件如门窗、鸱尾与兽头的形状以此为依据。绘画作为古人造园的表现形式，既能够标志营建技术水平的高低，又能反映园林外在的艺术性（意境、布局与样式）的表现形态[①]。由于南北宋绘画是中国绘画艺术发展的高峰，绘画作品比比皆是，此次研究主要选取创作时间、作者生平及画面布局与北宋洛阳园林相关度较高的绘画，与大内后苑较为贴切的宫廷界画有北宋佚名《金明池争标图》、郭忠恕的《明皇避暑宫图》，南宋赵伯驹的《阿阁图》和《蓬莱仙馆图》、李嵩的《朝回环佩图》《高阁焚香图》《汉宫乞巧图》及《水殿招凉图》，元代李容瑾的《汉苑图》、王振鹏的《宝津竞渡图》、夏永的《滕王阁图》，明代安正文的《黄鹤楼图》；山水画有北宋王希孟的《千里江山图》、李成的《晴峦萧寺图》，南宋赵伯驹的《江山秋色图》、赵伯骕的《万松金阙图》；壁画有敦煌榆林窟第三窟北壁西夏《西方净土变》壁画和山西繁峙岩山寺文殊殿壁画《海市蜃楼图》等。下文根据参考绘画中的主要园林元素进行分类，仅对重点依据进行说明。

1.　描绘主体水景的龙舟图

以《金明池争标图》（图3-6）为主要参考依据，原因有以下几点。其一，该图相比于其他宋代绘画所描绘的宫苑园林更具真实性，且多处景象与大内后苑较为吻合。此图现藏于天津博物馆，所绘的金明池图景、主要建筑及地理位置与宋代孟元老在《东京梦华录》中所述的历史信息几乎吻合，金明池位于东京城北，始凿于宋太平兴国元年（公元976年），初作训练水军之用，后经北宋历代帝王多次增缮改造，功能逐渐变为水上娱乐表演[②]，尤其到艺术造诣不凡的宋徽宗时，金明池完全成为一座匠心独具、气势不凡的瀛洲仙苑。其宫墙四面开有三道门，门顶建有宝津楼，金明池中筑十字平台，台上建有一座十字脊重檐的水殿，形成湖心岛，这与大内后苑九曲池中的岛屿相吻合；水殿前有与水殿面积大小相当的月台。池岸四周遍植垂柳，间有凉亭、船坞、殿阁。画中建筑布局多样，多为一字形、丁字形、十字形等布局，屋顶样式多为重檐歇山顶、重檐十字脊歇山顶、单檐歇山顶、单檐

① 陈军. 透镜中的宋代建筑 [M]. 武汉：华中科技大学出版社，2015.
② 周宝珠. 金明池水戏与《金明池争标图》[J]. 中州学刊，1984（1）：87-91.

悬山顶等。其二，此图描绘的金明池是当时唯一拥有广阔水域、以水景为中心的皇家御苑，水体呈方形，这与当时东京其他皇家御苑出现的几何形水面相似，如艮岳里的大方沼、玉锦园里的方池和圆池等，且洛阳大内后苑里同样分布着几何形水面——十字池。这都与洛阳以水景——九曲池为主的大内后苑相吻合，九曲池承隋唐之旧，前文提到过北宋东京是"命有司画洛阳宫殿，按图修之"[1]，十字池亭虽然没有考证出具体的营建时间，但两者在园林的营建方面应有互相借鉴之处，因此借鉴金明池的环水布局较为理想。经考古发掘可知，金明池为南北向，呈近方形，东西长约1240m，南北宽1230m，周长4940m[2]，与《东京梦华录》的记载"周围约九里三十步，池西直径七里许"[3]基本相吻合，其面积是大内后苑内九曲池的50倍之多，这不仅得益于金明池的地理位置，而且也便于举行盛大的水上娱乐活动，同时增强了园林的公共性。从侧面可推测出洛阳大内后苑园林地位、功能与金明池的异同。

　　与《金明池争标图》同一题材的相传还有元人王振鹏所作的《宝津竞渡图》（图3-7）、《龙池竞渡图》（图3-8）和现藏于故宫博物院的《龙舟夺标图》

① （元）脱脱，等. 宋史 [M]. 北京：中华书局，1985.
② 丘刚，李合群. 北宋东京金明池的营建布局与初步勘探 [J]. 郑州：河南大学学报（社会科学版），1998（1）：15-17.
③ （宋）孟元老. 东京梦华录注 [M]. 邓之诚，注. 北京：中华书局，1982.

图 3-7
（元）王振鹏《宝津竞渡图》卷

（图片来源：引自《宫室楼阁之美：界画特展》）

图 3-8
（元）王振鹏《龙池竞渡图》卷局部

（图片来源：引自彭莱《中国山水画通鉴·界画楼阁》）

图 3-9
（元）佚名《龙舟夺标图》卷

（图片来源：引自故宫博物院官网，故宫博物院藏）

（图3-9），这三幅作品的内容构思大抵相同，但《宝津竞渡图》的艺术性更强，画中场面更宏大，其虽为元人所作，但画中场景为北宋金明池争标演习水军景象，且对金明池中建筑物描绘淋漓尽致，卷左主殿屋顶也为十字脊重檐歇山式，为大内后苑的十字池亭提供了相应参考。

2. 表现山石形象的宫观山水

北宋时的界画楼阁与新兴的水墨山水技法相结合，将富丽精巧的宫观山水艺术推向了高峰。山水画中常有楼阁镶嵌其中，有时也独立成景；楼阁或以山水为背景，渲染出恢弘缥缈的意境，或以山石为配景，营造幽雅的景致。这里仅说明以仙山楼阁、人物故事相结合，反映贵族的审美趣味和精神向往的宫观山水画，最杰出的作品是王希孟的《千里江山图》（图3-10），将宫观、住宅、园林、寺庙等景物刻画得细致入微，在一片巍峨壮观的江山中呈现了当时建筑的真实样式。王希孟的画风由南宋"二赵"发扬光大，"二赵"即赵伯驹、赵伯骕兄弟，同是活跃于宫廷的贵族画家。传赵伯驹的《阿阁图》（图3-11）描绘了建在广阔高台上的宫室建筑群，苑中建筑傍依松岗池水，间植各式杂树花卉，景物繁密，远处云山密布。现藏于故宫博物院的《仙山楼阁图》（图3-12），是一幅模拟"二赵"风格的宫观山水，以青绿重色描绘山水、建筑和石木。诸如此类苑外有群山密布、苑内有山石水木的宫观山水画有多幅，如北宋郭忠恕的《明皇避暑宫图》、李成的《晴峦萧寺图》，南宋马远的《台榭侍读图》，和元人的《建章宫图》（图3-13）等。另宋徽宗赵佶的《祥龙石图》（图3-14）中仅有一块太湖奇石，石顶端生有异草几株，成为皇家花园的点缀；宋徽宗将此类奇石异草的出现，视为大宋国运之祥兆，赞之"挺然为瑞"，竭尽全力绘之[1]。从这些宫观山水画中可以看出山石结合建筑、水池、花木、人物等元素共同组织画面，园林讲究有水有山，大内后苑因以水景为主体，且池中有岛，可推测应有山石与园中水体、建筑和植物共同造景。

图 3-10
（北宋）王希孟《千里江山图》局部
（图片来源：引自《宋画全集》第一卷第二册，故宫博物院藏）

图 3-11
（南宋）赵伯驹《阿阁图》
（图片来源：引自《宫室楼阁之美：界画特展》）

图 3-12
（宋）佚名《仙山楼阁图》
（图片来源：引自《宋画全集》第一卷第七册，故宫博物院藏）

---

① 赵佶祥龙石图卷［Z/OL］.［https://www.dpm.org.cn/collection/paint/231655.html?hl=%E7%A5%A5%E9%BE%99%E7%9F%B3%E5%9B%BE］.

图 3-13
（元）佚名《建章宫图》

（图片来源：引自《宫室楼阁之美：界画特展》）

图 3-14
（北宋）赵佶《祥龙石图》卷

（图片来源：引自《宋画全集》第七卷第二册，故宫博物院藏）

3. 突出建筑形制的宫廷楼阁

《明皇避暑宫图》（图3-15）现藏于日本大阪国立美术馆，本书以该作品为主要参考依据，原因有以下几点。其一，此图作者为北宋洛阳籍画家郭忠恕，从《宋史·文苑传》中可知：郭忠恕七岁即能诵读九经，博学多才，善文章，精书法；曾任文官，勘定四书五经，"多游岐、雍、京、洛间"[1]。有学者根据他的传记评价："他是一个放浪不羁、玩世疾俗的高士与博学之士，他一生的身世沉浮与传奇经历为他的艺术生涯平添了些许奇异的色彩"[2]。从其阅历可以推断他所描绘的景象会更真实。其二，郭忠恕擅长界画，"尤善画，所图屋室重复之状，颇极精妙"[2]，多为世人推崇，且精通建筑设计，北宋僧人文莹《玉壶清话》中记载他曾指出当时著名建筑师喻皓在设计开封宝塔时的错误，他对界画的贡献可谓"前无古人，后无来者"。其作品被北宋刘道醇评为神品，在《圣朝名画评》中评价其"为屋木楼观，一时之绝也。上下折算，一斜百随，咸取砖木诸匠本法，略不相背。其气势高爽，户牖深秘，尽合唐格，尤有可观"[3]。其三，《明皇避暑宫图》描绘的景象最贴近大

① （元）脱脱，等. 宋史 [M]. 北京：中华书局，1985.
② 彭莱. 中国山水画通鉴：界画楼阁 [M]. 上海：上海书画出版社，2006.
③ （明）杨慎. 升庵诗话新笺证 [M]. 王大厚，笺证. 北京：中华书局，2008.

内后苑的建筑类型和当时皇家园林意境。经考证，此图所绘极有可能是唐代帝王避暑的九成宫，全幅采用鸟瞰式绘图，描绘出宏伟壮丽的宫室建筑群，包含的主要建筑类型有殿堂、廊庑、门、楼阁和亭榭五种，这也涵盖了在大内后苑中考证出的殿、亭、廊。整幅画气势非凡，层层楼台，回廊环抱，巍峨楼阁上的斗栱飞檐，歇山抱厦，细密精工，折算精确，参差错落，玲珑剔透。楼旁山石环抱，林木掩映，天边远岫杳渺。既繁复精致，又富丽堂皇。徐腾在《〈明皇避暑宫图〉复原研究》一文中写道："形制如此完整的建筑绘画几乎是界画历史上的孤例"[1]。该画既体现了界画中矩度森严的建筑刻画，也表现出山水画中意趣幽远的山石树木，这种造诣不仅来自于郭忠恕早年苦练的功力，也得益于他"俊伟奇特之气，辅以博文强学之姿"的涵养，自然能体现超凡的艺术境界。画面中呈现出的屋顶样式主要有重檐歇山顶，重檐十字脊歇山顶和重檐攒尖顶等，与《金明池争标图》描绘的屋顶形式相一致，同时期绘画呈现出众多的"十字脊顶"建筑样式，该类屋顶样式为大内后苑内十字池亭形制提供了重要依据；该屋顶样式承袭着汉唐宫苑的遗风，建有高台建筑。透射出宋代皇家宫苑建筑的壮丽精美和尊贵气势，从而营造出超凡脱俗的园林意境。

《明皇避暑宫图》的画本，曾多被后代的画家模仿临习，元代画家李容瑾的《汉苑图》（图3-16）便是此图的摹本之一，总体布局与此画相类似，虽为

图3-15
（北宋）郭忠恕
（传）《明皇避暑宫图》

（图片来源：引自《宋画全集》第七卷第二册，日本大阪市立美术馆藏）

图3-16
（元）李容瑾《汉苑图》

（图片来源：引自薛永年等《故宫画谱：界画》）

---

[1] 徐腾.《明皇避暑宫图》复原研究［D］. 北京：清华大学，2016.

元人所绘，但是画中的宫观楼阁的布局组合却是宋元形制，建筑群落比《明皇避暑宫图》更清晰，在此便不再赘述。南宋的绘画侧重于写实和意境融合于一体的表现，景物趋于边角式和局部的描绘；元代的绘画出现程式化的特征，楼阁界画的图式有了一定规律。因为南宋和元代绘画是在北宋绘画的基础上传承而来的，因此作为复原的辅助参考依据。

4. 体现植物配置的宫廷界画

北宋宫廷界画多以全景式的构图描绘宏伟壮丽的场景，而南宋宫廷界画大多采用一角半边式构图表现诗情画意的意境[①]。这两种界画形式从不同视角给我们提供了多样的植物类型和配置方法，这些植物配置多是一种或几种花木品种的搭配，且与画面中的景物建筑、山石、水体形成孤植、对植、盆植、列植、群植等配置方式，如北宋郭忠恕《明皇避暑宫图》里植物多为高大古木，如松、柏、槐、梧桐等；《金明池争标图》植物多为杨、柳等；南宋赵伯驹《汉宫图》[②]（图3-17）、宋佚名《层楼春眺图》（图3-18）、《汉宫秋图》（图3-19）中树木葱郁；宋佚名《宫苑图》（图3-20）中庭中排列盆荷、门前两株大树，有石制花坛。在宋画中出现了很多栽植在槛中的花木盆景，如宋佚名《醴泉清暑图》（图3-21）等。这与《宣和画谱》中记载的对木本植物松、柏、杨、柳、梧桐、梅、枫等有较多吻合，其中尤以松、梅等的描绘最多。"谓万年枝者，冬青也。玉树者，槐也。宫苑中多此二木，特易以美名。冬青又名冻青，贵其有岁寒不改之节"[③]，可见冬青和槐树多种于宫苑中。大内后苑中有树干笔直、

图3-17
（南宋）赵伯驹《汉宫图》

（图片来源：引自傅伯星《宋画中的南宋建筑》）

图3-18
（宋）佚名《层楼春眺图》

（图片来源：引自《宋画全集》第一卷第七册，故宫博物院藏）

① 王雪丹. 宋代界画研究 [D]. 重庆：西南师范大学，2002.
② 傅伯星. 宋画中的南宋建筑 [M]. 杭州：两泠印社出版社，2011.
③（宋）邵博. 邵氏闻见后录 [M]. 李剑雄，刘德权，点校. 北京：中华书局，1983.

图 3-19
（宋）佚名《汉宫秋图》

（图片来源：引自网络，个人私藏）

图 3-20
（宋）佚名《宫苑图》

（图片来源：引自傅伯星《宋画中的南宋建筑》，美国克里夫兰艺术博物馆藏）

图 3-21
（宋）佚名《醴泉清暑图》局部

（图片来源：引自傅伯星《宋画中的南宋建筑》）

高大挺拔的娑罗树，属梧桐科，也有姿态万千、万紫千红的牡丹、梅、竹、菊、莲等名花名木，文献记载和宋代宫廷界画描绘的花木配置方式为复原大内后苑植物景象提供了重要的参考依据。

3.2.5 古迹遗存

北宋后期，由于政治腐败，宫廷生活日趋奢靡，助长了宋徽宗"丰亨豫大"的建筑审美观，建造出很多豪华精丽的宫殿、苑囿和府第、官署、寺观等，留存至今且与北宋洛阳大内后苑的空间布局和建筑形制较为相近的有山西太原晋祠的圣母殿，河北正定隆兴寺的摩尼殿和河南开封的龙亭；另有同一时期日本池苑遗址。除了考古发掘的九洲池南廊有相关平面尺寸外，在史料文献中没有找到其他单体建筑尺寸的记载，设计时主要参考了宋代建筑遗构的比例尺寸、建筑形制等。

1. 建筑遗构

（1）山西太原晋祠
山西太原晋祠已有1500多年的历史，著名的建筑学家林徽因和梁思成先生

曾形容晋祠布置是集宫苑、庙观和私家园亭的多重特色于一体的园林①。

　　据说晋祠最早是为了纪念周武王次子晋侯唐叔虞的皇家祠堂；北齐时转变为离宫御苑；北宋天圣年间（1023—1031年）在祠内为唐叔虞之母邑姜建造了圣母殿②，明清时成为祈雨的公共游览圣地③。以晋祠作为复原大内后苑的参考依据有以下几个缘由：一是从历史的角度看，晋祠是集皇家、寺庙、私家和公共园林为一体园林，虽在北宋年间作为皇家寺庙园林，但在之前已有离宫御苑的历史，其园林性质与大内后苑较为贴近；二是晋祠中现存圣母殿（图3-22）的建筑形制（表3-6）仍保存着北宋建筑的特征，重檐歇山顶七开间大殿，斗栱形制多样，与宋《营造法式》吻合，始建于北宋天圣年间（1023—1032年）的圣母殿和鱼沼飞梁为本书复原大内后苑的建筑和十字池提供了参考；三是北宋时晋祠内中轴线上的建筑群位于晋祠的西北部，形成"山—水—祠—城"的空间格局模式与大内后苑一致，中轴线上的建筑群（图3-23）上台、殿、池的布局方式也为本书复原设计大内后苑的平面布局提供了参考。

圣母殿建筑尺寸　　　　　　　　　　　　　　表3-6

开间	面阔七间，进深六间，总间66尺。心间16尺，次间13尺，梢间12尺；副阶周匝，副阶10尺
材分	身内四等材，副阶五等材
屋顶	重檐九脊
进深	八架椽屋，48尺；副阶10尺
柱高	下檐柱高12.75尺

资料来源：陈明达《营造法式大木作研究（上集）》。

---

① 梁思成. 梁思成文集（一）[M]. 北京：中国建筑工业出版社，1982.
② 王巍. 中国考古学大辞典 [M]. 上海：上海辞书出版社，2014.
③ 赵茜，李素英. 晋祠兴建之山水形胜考 [J]. 中国园林，2017，33（8）：119-123.

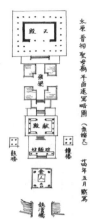

图 3-22
山西晋祠圣母殿

图 3-23
山西晋祠中轴线建
筑布局图

（图片来源：引自梁思
成《中国古建筑调查
报告（下）》）

（2）河北正定隆兴寺摩尼殿

摩尼殿（图3-24）建于北宋皇佑四年（1052年），面阔七间，进深七间，总面积为1400m²（表3-7）。殿平面呈十字形（图3-25），这种做法常可见于宋画《黄鹤楼图》（图3-26）、《滕王阁图》（图3-27）等，洋溢着宋代崭新的美学韵致，但实物却很难得[1]。整体造型高低错落、玲珑有致。檐下斗栱宏大而敦实，分布疏朗，配置复杂，主要结构仍与宋《营造法式》相近[2]。而在敦煌榆林窟第三窟北壁西夏《西方净土变》壁画（图3-28）中有一座十字殿宇与摩尼殿的造型非常相似（仅少两开间），这成为西夏受北宋建筑文化影响之绝佳证据[3]。另山西繁峙岩山寺壁画中也出现类似的殿宇（图3-29）。摩尼殿的平面布局是大内后苑内十字池亭的重要参考，也为大内后苑内殿亭的屋顶样式及其建筑形制提供了参考。

	摩尼殿建筑尺寸	表3-7

开间	正中面阔五间，进深五间，总面78尺。四面各出抱厦，心间18尺，次间16尺，梢间14尺；副阶一间14尺；抱厦心间18尺
材分	身内四等材，抱厦五等材
屋顶	重檐九脊；抱厦单檐九脊顶
进深	八架橡屋，58.5尺
柱高	下檐柱高12.25尺

资料来源：陈明达《营造法式大木作研究（上集）》。

---

① 梁思成. 图像中国建筑史［M］. 梁从诫，译. 天津：百花文艺出版社，2001.

② 樊子林，刘有恒，聂连顺. 隆兴寺［J］. 文物春秋，1989（3）：93-96.

③ 王南. 营造天书［M］. 北京：新星出版社，2016.

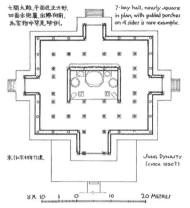

七间大殿,平面近正方形,
四面出抱厦,出際向前,
为实物中罕见珍例。

7-bay hall, nearly square
in plan, with gabled porches
on 4 sides is rare example.

宋(北宋初建?)建

JUNG DYNASTY
(CIRCA 1030?)

宋尺 10 5 0   10   20 METRES

(3)河南开封龙亭、延福宫遗址

现存的开封龙亭(图3-30)在中原地区知名度很高,名谓"龙亭",其实
不是亭,而是一座清代的高台建筑。龙亭公园的古建筑可上溯至唐德宗所建的
藩镇衙署。五代时改建为皇宫,北宋时的皇城(包括皇宫)亦在此,被称为大
内[1]。北宋东京大内御苑延福宫遗址现位于龙亭公园北门附近,当时宋徽宗在

---

[1] 左满常. 河南古建筑(下册)[M]. 北京:中国建筑工业出版社,2015.

图 3-30
河南开封龙亭

图 3-31
北宋东京大内御苑
延福宫遗址

延福宫内叠石为山，凿池为海，高阁达110尺，池子宽有400尺，对后来营建艮岳产生了一定影响，现遗址只留下土坡（图3-31）。

高台建筑是春秋至魏晋时期的建筑风尚，秦汉之际高台建筑达到空前的高度，魏晋之际，发展为完全木结构，隋唐宋时发展较为成熟，随后渐渐退出历史舞台。因此大内后苑内的砌台、十字池亭以龙亭大殿和延福宫遗址为参考。

2. 池苑遗址

日本造园的发展亦明显地分为前后两大阶段，即相应于唐文化影响的日本古代（奈良及平安时代）造园发展阶段，以及相应于宋元文化影响的日本中世（镰仓及室町时代）造园发展阶段[1]。寝殿造是日本平安时代（公元794—1192年）的贵族住宅形式，中央面南建寝殿，其左右背后设对屋，用廊（渡殿）连接寝殿和对屋，寝殿南庭隔池筑山、临池设钓殿。宅第四周筑墙垣，东西开门。南庭和门之间设中门以供出入。寝殿、对屋周围挂蔀户（格子后贴木板用以防风雨的门），殿舍四隅设有妻门（寝殿造殿舍四隅所设出入口）。寝殿造式庭园，屋宇之前为池，池前有山[2]，其布局与《江南园林志》中"園"字图解相同[3]。初期寝殿造住宅与庭园的构成，是以寝殿为中心，左右对称配置的端整格局。在发展演变中，这一中国风格的对称配置形式逐渐转向较自由的非对称性的配置形式。考古发掘有：建造于奈良时代（8世纪）的宫殿庭园遗址平安京迹左京三条二坊六坪宫迹庭园、平安京迹左京三条二坊二坪庭园遗构；

① 张十庆. 中国江南禅宗寺园建筑［M］. 武汉：湖北教育出版社，2002.
② 汪勃. 中日宫城池苑比较研究——6世纪后期到10世纪初期［D］. 中国社会科学院博士后报告，2004.
③ 童寯. 江南园林志［M］. 北京：中国建筑工业出版社，1984.

平安时代前期（公元9世纪）平安京迹左京四条一坊一町庭园遗构、平安京迹
左京九条二坊十三町庭园遗构和平安京迹右京三条二坊十六町庭园遗构；平安
时代中后期（10世纪初—1192年）平安京迹左京六条三坊十町庭园遗构、平安
京迹左京六条四坊十一町庭园遗构和平安京迹右京三条一坊六町庭园遗构等。
主要遗存有池、洲滨、景石、导水沟、岩岛等[1]。

　　其中这一时期的寝殿造式庭园，以藤原时代、藤原氏一族的宅邸庭园中东
三条殿具有相当的代表意义。东三条殿始创于平安朝前期，烧失后再建，藤原
时期其寝殿造庭园的构成形式及其复原如图3-32。从发展的趋势而言，这一
构成形式表现的是寝殿造的成熟形态，即对称的配置形式已被打破，中心建筑
寝殿的一侧趋于衰退，重心偏移，形成非对称的构成形式，仍保留有早期寝殿
构成的特色[2]，如平安望族藤原氏的邸宅"东三条殿"的复原图[3]，为本书复原
大内后苑提供了参考依据和借鉴。

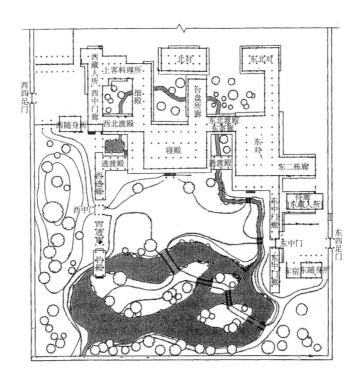

图 3-32
平安京东三条殿寝
殿造庭园复原

（图片来源：引自张十
庆《〈作庭记〉译注与
研究》）

① 汪勃. 中日宫城池苑比较研究——6世纪后期到10世纪初期 [D]. 中国社会科学院博士后
　　报告, 2004.
② 张十庆. 作庭记译注与研究 [M]. 天津：天津大学出版社, 2004.
③ 周维权. 日本古典园林 [M] //建筑史论文集. 北京：清华大学出版社, 1988：88-98.

3.3 复原设计

3.3.1 复原范围

1. 隔门及淑景亭应为大内后苑的范围

据《河南志》记载，北宋时后苑内主要景物有长春殿、十字池亭、砌台、冰井、娑罗亭、娑罗石、九曲池。《宋史·地理志》中则把淑景亭也列为后苑的景物之一，《河南志》和《宋会要辑稿》中"隔门相对西隔门，门西淑景亭位。又有隔门，以西入后院"，可知后苑门东有亭，亭东西有隔门，北宋宫城中的主要宫殿组群都设有隔门，隔门应是门屋的形式，用来分隔内外空间，也被用作宫殿室内空间的扩展；隔门内或外均可能会与东西廊相连[1]。"四年三月八日，车驾驻西京，命从臣射于后苑淑景亭"[2]，这里直接描述后苑淑景亭，由此可推隔门及淑景亭也应为后苑的范围。

2. 大内后苑的总体范围

根据作者《北宋洛阳宫城平面复原示意图》（图2-17）推测，后苑平面形状大致呈右"凸"形（图3-33），西侧长方形东西向350m，南北向460m；东侧侧长方形东西向173m，南北向141m。《京都杂录》："西京大内九曲池，其南有内园门，在含光殿门之西"[1]。经考古勘探和发掘，九曲池遗址位于大内后苑偏西南，北部距玄武城南250m处，池岸东距西隔城东墙246m，南距西隔城南墙587.3m。北宋时九曲池平面呈近长方形，东西长约250m，南北宽约130m，面积约为3.3hm²，池中有4个岛屿，岛内建筑已废弃，已没有隋唐时"居地十顷，水深丈余"的规模。内园门即大内后苑南园门，考古发现九曲池南侧有宋代南廊，东距西隔城东墙180m，南距西隔城南墙560m。后苑总面积大约为18.5hm²，是北宋东京的后苑面积3.2hm²[2][3]的5倍之多，这也不足为奇，因北宋时洛阳宫城

---

① 李若水. 南宋临安城北内慈福宫建筑组群复原初探——兼论南宋宫殿中的朵殿、挟屋和隔门配置 [J]. 中国建筑史论汇刊，2015（01）：15-16.
② （清）徐松. 宋会要辑稿 [M]. 刘琳，刁忠民，舒大刚，尹波，等，校点. 上海：上海古籍出版社，2014.
③ 永昕群. 两宋园林史研究 [D]. 天津：天津大学，2003.

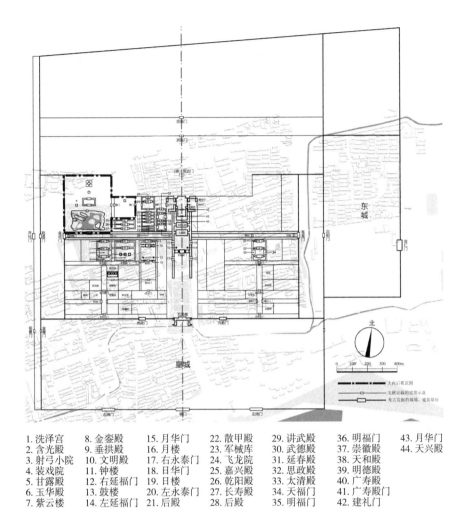

1. 洗泽宫　　8. 金銮殿　　15. 月华门　　22. 散甲殿　　29. 讲武殿　　36. 明福门　　43. 月华门
2. 含光殿　　9. 垂拱殿　　16. 月楼　　　23. 军械库　　30. 武德殿　　37. 崇徽殿　　44. 天兴殿
3. 射弓小院　10. 文明殿　17. 右永泰门　24. 飞龙院　　31. 延春殿　　38. 天和殿
4. 装戏院　　11. 钟楼　　18. 日华门　　25. 嘉兴殿　　32. 思政殿　　39. 明德殿
5. 甘露殿　　12. 右延福门　19. 日楼　　26. 乾阳殿　　33. 太清殿　　40. 广寿殿
6. 玉华殿　　13. 鼓楼　　20. 左永泰门　27. 长寿殿　　34. 天福门　　41. 广寿殿门
7. 紫云楼　　14. 左延福门　21. 后殿　　28. 后殿　　　35. 明福门　　42. 建礼门

图 3-33
北宋洛阳宫城大内
后苑总体范围复原
示意图

周回九里三百步，本就比东京大内周回五里①规模大近一倍，加之北宋东京当时有更多的行宫御苑，而君臣在洛阳园林的活动主要集中在大内后苑。

3.3.2　总体布局

根据《宋会要辑稿》和《河南志》描述："隔门相对西隔门，门西淑景亭位。又有隔门，以西入后院，内有长春殿。后唐同光二年建。殿有柱廊。后殿以西即十字池亭。其南砌台、冰井、娑罗亭。贮奇石处，世传是李德裕醒酒石……

① （清）徐松. 宋会要辑稿［M］. 刘琳，习忠民，舒大刚，尹波，等，校点. 上海：上海古籍出版社，2014.

前有九江池，一名九曲池"①。以及上文的考古依据②（图3-34）、当时建苑的社会文化背景、园林活动、苑中各个景物的综合分析、推测出的园林风格和手法，在这些研究的基础上，推测各个景物的形态、位置（图3-35），然后根据前文分析的宋画中的水体、山石布局和植物配置艺术画出大内后苑较为完整的山水布局和植物配置想象图（图3-36），将苑中各个景物以九曲池和十字池为几何中心，组合在一起，最终尝试画出大内后苑总体平面布局复原图（图3-37）。

傅熹年先生对隋唐洛阳东都宫城进行分析，认为"大内方350丈……隋建洛阳大内时，极可能是利用方50丈的网络为基准的"③，此外，他还指出"古代在规划院落时，是以丈为单位的，而且大型的多以5丈或10丈为单位；主体建筑采用'择中'的做法，即置于院落的几何中心位置"⑤。北宋洛阳城整体布局沿袭隋唐旧制，宫城仍按50丈的网络进行布局，在大内中、西区发现的遗址中，按宋尺约长0.31m④，分别画方5丈和10丈网络在平面图上核验，发现它所用为10丈网络：大内中区主殿院东西占8格，南北占13格，西区殿院建筑东西占4格，南北占3格，九曲池东西占8格，南北占4格。由于现存的中国古代建筑典籍中并没有关于皇家宫殿建筑群落规划、形制和布局等方面的资料和制度规定，要想探明其建筑群落关系，尤其是园林整体的布局，从单个景象反推整体布局似乎是唯一可行的路径。

根据文献描述（表3-8）和《河南志》中的宋西京城图中有大内后苑各景物的示意图（图3-35），《河南志》保存了大量宋本原文，虽然现有图文与考古有所偏差，但所附图纸从图像学的角度记录了城市格局，目前仍是研究宋洛阳城不可或缺的文献材料⑤。大内后苑的景物中，九曲池是文献中和考古并存的景物，作为后苑南部的几何中心，其次根据景物方位的描述，推测目前池北岸清理出的水榭基址为绿漪亭的位置，再次形制描述最为详尽的是十字池和十字池亭，十字池和九曲池的形态、尺寸和位置已确定，至于亭的大小，池北岸清理出水榭基址一座，呈方形，夯筑，四周包砖，大约东西长13m，南北宽

① （清）徐松. 河南志 [M]. 高敏，点校. 北京：中华书局，2012.

② 中国社会科学院考古研究所. 隋唐洛阳城1959—2001年考古发掘报告 [M]. 北京：文物出版社，2014.

③ 傅熹年. 中国古代院落布置手法初探 [J]. 文物，1999（03）：66-83.

④ 来源：闻人军《中国古代里亩制度概述》文中1宋尺=0.3091m。闻人军. 中国古代里亩制度概述 [J]. 杭州大学学报（哲学社会科学版）. 1989，（03）：125-128.

⑤ 王书林. 左图右史 图史相因——《河南志》对唐宋洛阳城研究价值的再认识 [J]. 中国地方志. 2019，（04）：33-41+124.

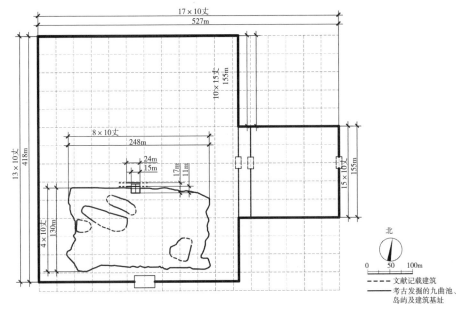

图 3-34
北宋洛阳宫城大
内后苑考古遗迹
分布图

（图片来源：根据《隋
唐洛阳城1959—2001
年考古发掘报告第三
册》绘制）

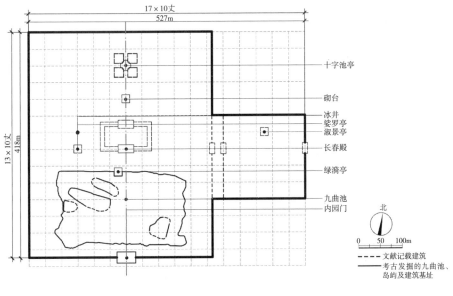

图 3-35
北宋洛阳宫城大内
后苑文献描述景物
位置示意图

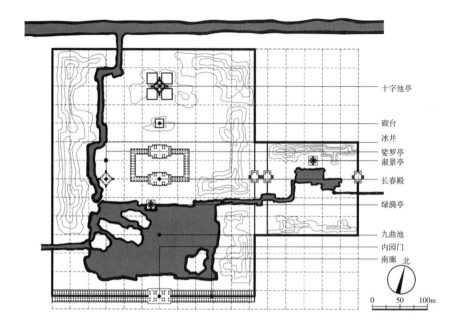

十字池亭
砌台
冰井
娑罗亭
淑景亭
长春殿
绿漪亭
九曲池
内园门
南廊
北
0 50 100m

图 3-36
北宋洛阳宫城大
内后苑山水布局
示意图

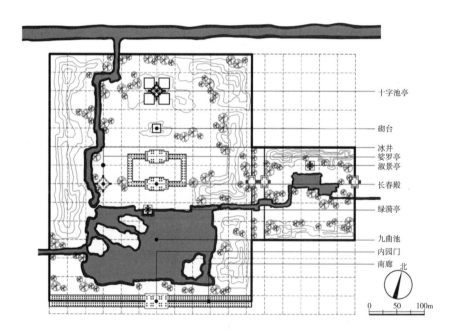

十字池亭
砌台
冰井
娑罗亭
淑景亭
长春殿
绿漪亭
九曲池
内园门
南廊
北
0 50 100m

图 3-37
北宋洛阳宫城大内
后苑总体平面复原
示意图

8m①，按照《营造法式》规定，亭榭的殿身使用六等材，即材广6寸、材厚4寸；标准攒档125份合宋尺5尺，总面阔和进深3丈，合约10m。综上推测出大内后苑内亭的边长应为8~10m之间，十字池亭位于中轴线的正北端，形制应比衙署内的稍大，所以推测为10m。

文献中描述大内后苑景物位置一览表　　　　　表3-8

景物	位置	文献记载	文献来源
淑景亭	西隔门西	隔门相对西隔门，门西淑景亭位	元《河南志》；元《宋史》史部，纪传类；《宋会要辑稿》
长春殿	隔门以西后院内	以西入后院，内有长春殿	
后殿	讲武殿后	殿后有柱廊，有后殿	
十字池亭	后殿西	后殿以西即十字池亭	
砌台	十字池亭南	其南砌台，冰井	
冰井	十字池亭南	其南砌台，冰井	
娑罗亭	九曲池后	其南砌台、冰井、娑罗亭	
绿漪亭	娑罗亭前	"有亭名绿漪，原批：'绿漪亭。移前'"	
九曲池	娑罗亭前	前有九河池，一名九曲池	
内园门	九曲池南	其南有内园门	

　　后苑中被描述的八处建筑，亭占了一半以上，对于亭，计成说"亭有安式，基立无凭"②，"造式无定，自三角、四角、五角、梅花、六角、横圭、八角至十字，随意合宜则制，惟地图可略式也"②。就是说亭之安置，各有定式，选地立基，并无准则，都随自己的意思，并适应地形来建筑。对廊的营造之法，计成曾说："廊者，庑出一步也，宜曲宜长则胜。古之曲廊，俱曲尺曲。今予所构曲廊，之字曲者，随形而弯，依势而曲。"可以看出，计成更主张随形依势造廊，亭、廊等建筑随水形、环境、意境而建。除此之外，长春殿的布局则参考了宫城建筑布局的尺度，东西40m，南北宽20m，以廊庑围合而成，以此类推苑中建筑皆"因地而选型，因境以成景"，植物均因其境类聚成景，也因景不同而境异。

　　西京的大内后苑总体是以水景为主，以建筑、花木辅水的构园布局，平面呈右"凸"形，聚中有散，随势造景，采用中轴设水的方法，将全园分为东西两部分，西部以贯穿九曲池中部南北向为主轴线，可分为南北两个景区，南北均有水，北部水景以规整的几何形方池围合成十字池，池上建有亭。池亭

① 中国社会科学院考古研究所洛阳唐城考古队提供：2021年（最新）考古发现北宋九曲池内清理出四座岛屿，池北岸清理出一建筑基址大约东西长30m，南北宽15m。
② （明）计成. 园冶注释［M］. 陈植，注释. 北京：中国建筑工业出版社，1988.

以南分布有砌台、冰井、长春殿，一池一亭，一台一井一殿，园林形态一方一圆，即规整的几何形态，结合上文的景物分析得知，北部水景主要体现道家意境；南部水景以自然的驳岸环绕成九曲池，池中有岛，九曲池以北有娑罗亭，娑罗亭前有绿漪亭，亭周围有竹有水，有娑罗石，有娑罗树，"以水沃之，有林木自然之状"，南部空间视野较北部稍远，水池较开阔，南临长廊，北有亭林，曲折而富于变化，以南有廊庑，廊庑以南即内园门，主要体现佛家意境。东部分布有淑景亭和隔门，淑景亭为赏花、宴射之所，主要体现儒家意境。

3.3.3 建筑单体

1. 长春殿

长春殿，建于后唐同光二年（公元924年），位于后苑以南，《宋会要辑稿》中记载："《京都杂录》：西京大内后苑南有长春殿，后唐建名"[1]。淑景亭隔门以西，后唐时建有石殿，有柱廊，后殿以西为十字亭。"门西淑景亭位。又有隔门，以西入后院，内有长春殿。后唐同光二年建。殿有柱廊。后殿以西即十字池亭，其南砌台、冰井"[2]。"大中祥符四年三月八日，车驾驻西京，命从臣射于后苑淑景亭，移宴长春殿。帝作《赏花》《开宴》诗"[1]。可知长春殿主要作为帝王及皇室人员的宴集活动场所。

长春殿的复原设计，建筑的屋顶样式等形象主要是参考《明皇避暑宫图》里出现的临水前殿（图3-38）和《金明池争标图》中的临水殿（图3-39），其平立面复原设计（表3-9、图3-40）的具体尺寸主要根据《营造法式》和现存遗构晋祠圣母殿的数据。

北宋洛阳大内后苑长春殿设计参数表　　　　表3-9

开间	长春殿三开间，总间44尺，心间18尺，次间13尺；左右耳房面阔为两开间，15尺；副阶周匝
材分	身内四等材，耳房五等材
屋顶	重檐九脊
进深	长春殿六架椽屋，44尺；左右耳房四架，18尺
柱高	檐柱高15尺，内柱高30尺

① （清）徐松. 宋会要辑稿 [M]. 刘琳，刁忠民，舒大刚，尹波，等，校点. 上海：上海古籍出版社，2014.
② （清）徐松. 河南志 [M]. 高敏，点校. 北京：中华书局，2012.

图 3-38
（北宋）郭忠恕
（传）《明皇避暑宫
图》局部

（图片来源：引自《宋
画全集》第七卷第二
册，日本大阪市立美
术馆藏）

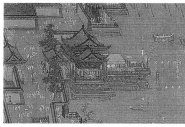

图 3-39
（北宋）佚名《金
明池争标图》局部

（图片来源：引自《宋
画全集》第五卷第一
册，天津博物馆藏）

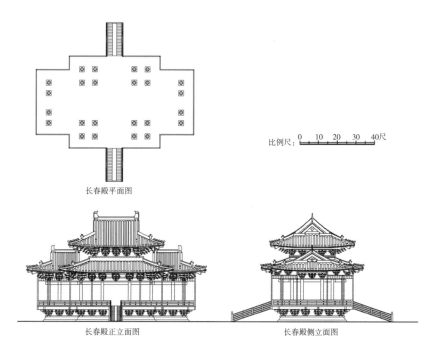

长春殿平面图

比例尺：0　10　20　30　40尺

长春殿正立面图　　　　　　长春殿侧立面图

图 3-40
北宋洛阳大内后苑
长春殿平立面图

2. 淑景亭

　　淑景在古代指美景，多指春景。我们可以从唐宋诗句中看到相关描写。唐代诗人张季略有诗《小苑春望宫池柳色》："青葱当淑景，隐映媚新晴"[①]。杜甫《紫宸殿退朝口号》："香飘合殿春风转，花覆千宫淑景移"[②]。北宋诗人柳永《凤归云》："更可惜、淑景亭台，暑天枕簟。霜月夜凉，雪霰朝飞，一岁风光，尽堪随分，俊游清宴"[③]。北宋文学家欧阳修《洛阳牡丹记·花释名第二》："姚黄者，千叶黄花，出于民姚氏家。此花之出，于今未十年。姚氏居白司马坡，其

① （清）彭定求，等. 全唐诗 [M]. 北京：中华书局，1960.
② 顾国瑞，陆尊梧. 唐代诗词语词典故词典 [M]. 北京：社会科学文献出版社，1992.
③ 唐圭璋. 全宋词 [M]. 北京：中华书局，1965.

地属河阳。然花不传河阳,传洛阳。洛阳亦不甚多,一岁不过数朵。牛黄亦千叶,出于民牛氏家,比姚黄差小。真宗祀汾阳,还过洛阳,留宴淑景亭,牛氏献此花,名遂著。甘草黄,单叶,色如甘草。洛人善别花,见其树知为某花云"[①]。

"大中祥符元年(1008年)四年三月八日,车驾驻西京,命从臣射于后苑淑景亭,移宴长春殿。帝作《赏花》《开宴》诗"[②]。说明淑景亭之地为宋真宗与大臣宴射之所。射礼是《周礼》六艺"礼、乐、射、御、书、数"[③]之一,属于儒家礼仪文化。由射礼发展的宴射在宋代园林中属于娱乐性质的活动[④],北宋时期君臣百姓赏花爱花的社会风气又极为盛行,可推测淑景亭主要为帝王大臣宴射、赏花之地,为儒家意境。

关于淑景亭的位置有文献记载:"建礼门北之东廊曰内东门,其北即北隔门。门南之西廊曰保宁门,门西有隔门。门内面南有讲武殿,唐曰文思球场,梁以行从殿为兴安殿球场,后改今名。殿后有柱廊,有后殿(无名)。隔门,相对西隔门。门西淑景亭,又有隔门"[⑤]。淑景亭为帝王大臣赏花、射礼游憩之地,那么周围应留有较大空间供帝王射礼之用,才能够满足当时君臣宴射活动的需求,结合《北宋洛阳宫城大内后苑总体范围复原示意图》(图3-33)可知,淑景亭大致应位于讲武殿西隔门以西(图3-37)。

考虑到淑景亭的位置和功能,推测其应为面积较大的殿亭,在众多的宋代宫廷楼阁绘画中,可以看到较大殿亭的屋顶样式多为重檐九脊顶,从中选取与这一殿亭的建筑形式相似度较高的两幅作品作为淑景亭平立面复原设计(表3-10、图3-43)的参考依据,分别是《明皇避暑宫图》中后院一殿亭(图3-41)和宋佚名辽宁博物馆藏《仙山楼阁图》(图3-42)。

北宋洛阳大内后苑淑景亭设计参数表　　　　　　　　　表3-10

开间	三开间,总间21.5尺,心间11.5尺,次间5尺
材分	六等材
屋顶	重檐九脊
进深	六架椽屋,18尺
柱高	柱高10尺

① (宋)欧阳修. 欧阳修全集[M]. 李逸安,点校. 北京:中华书局,2001.
② (清)徐松. 宋会要辑稿[M]. 刘琳,刁忠民,舒大刚,尹波,等,校点. 上海:上海古籍出版社,2014.
③ (宋)王安石. 周官新义[M]. 上海:上海书店出版社,2012.
④ 何晓静. 作为园林意象化表征的宋代"宴射"[J]. 上海:同济大学学报(社会科学版),2016,27(6):79-87.
⑤ (清)徐松. 宋会要辑稿[M]. 刘琳,刁忠民,舒大刚,尹波,等,点校. 上海:上海古籍出版社,2014.

图 3-41
（北宋）郭忠恕
（传）《明皇避暑
宫图》局部

（图片来源：引自《宋
画全集》第七卷第二
册，日本大阪市立美
术馆藏）

图 3-42
（宋）佚名《仙山
楼阁图》局部

（图片来源：引自《宋
画全集》第三卷第二
册，辽宁博物馆藏）

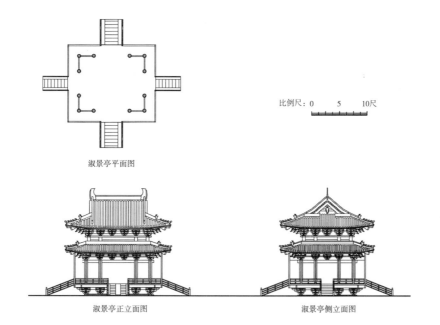

比例尺：0　　5　　10尺

淑景亭平面图

淑景亭正立面图　　　　　　　淑景亭侧立面图

图 3-43
北宋洛阳大内后苑
淑景亭平立面图

3. 十字池亭

　　十字池亭大致位于大内后苑之西北，长春殿内后殿以西（图3-37）。
后苑中的十字池亭在五代后蜀已有模仿，据王明清《挥麈录》余话卷一，
后蜀"兵部尚书珪题亭子诗，其一联曰：'十字水中分岛屿，数重花外建楼
台'"[①]。建造十字池亭时估计是在方形水池中设类似于晋祠圣母殿前的飞梁
（图3-45），正中设亭，这是当时流行的一种造园手法。鲍沁星在《杭州自

---

① 程毅中. 宋人诗话外编 [M]. 王秀梅，等，编录. 中华书局，2017.

南宋以来的园林传统理法研究》①中所探讨的南宋临安出现方池现象也渊源于此，也谈到方池似乎是北宋皇家园林中一种流行的理水方式。位于北宋东京四郊的"四园苑"中，瑞圣园金明池都是以方形水面为中心，艮岳中的"大方沼"也是规则的方形水面。"唐宋以后的理气派则以阴阳之气说和八卦学说为核心内容，这显然是与当时兴起的宋明理学大谈特谈《周易》阴阳八卦紧密相关的"②。北宋时多位皇帝都信奉道教，洛阳宋初理学的发展，更是促进了当时风水术的发展。造园也不例外，东京艮岳的建造与风水术关系至深③。十字池亭在洛阳宫苑园林中应该也受到道教和风水术的影响，将建筑设在四周有水处，仿佛自己就置身在水上，被水环绕，从而引发神游之趣。由此推断十字池亭即四周为方形水池，中央为建在高台之上的十字亭组合而成的规则式园林形态，为道家意境。

根据文献、绘画图像及现存遗构综合推测十字池亭平面形制应为十字形，屋顶样式为重檐十字脊屋顶；根据当时的理学和宗教等对园林文化产生的影响，加之大内后苑西北高东南低的地形特点、宫廷界画和壁画中出现的高台建筑以及现存东京开封大内御苑高台建筑龙亭，可推测十字池亭应建在高台之上，不仅利于宫殿的防御，而且便于帝王君臣登临观景。宫廷界画中的高台建筑除了《金明池争标图》和《明皇避暑宫图》中的建筑外，还有《阿阁图》《台榭侍读图》（图3-44）中的建筑等；与之类似的建筑平面形制为十字形的典型实例为隆兴寺的摩尼殿，绘画中的建筑有宋佚名《滕王阁图》（图3-27）中的主体建筑，其为重檐九脊，四面出抱厦；类似的水池平面形制的建筑有晋祠的鱼沼飞梁（图3-45）。北宋的建筑体量较唐代缩小，但有趋向繁复、巧丽的倾向，在宋代洛阳皇城东区出土的陶房屋模型（图3-46）的宫廷楼阁界画反映了这一特点，尤为典型的便是重檐十字脊顶的殿亭，如《金明池争标图》中的水心殿（图3-47），《明皇避暑宫图》入口处的水榭（图3-48），《朝回环佩图》（图3-49）《水殿招凉图》（图3-50）中的殿亭、水榭，《观潮图》（图3-51）中的殿亭等。这些均为十字池亭复原设计（表3-11、图3-52~图3-54）提供了参考依据。

---

① 鲍沁星. 杭州自南宋以来的园林传统理法研究——以恭圣仁烈宅园林遗址为切入点 [D].
   北京：北京林业大学，2012.
② 刘沛林. 风水：中国人的环境观 [M]. 上海：上海三联书店，1995.
③ 永昕群. 两宋园林史研究 [D]. 天津：天津大学，2003.

北宋洛阳大内后苑十字池亭设计参数表 表3-11

开间	三开间，总间28尺，四面各出抱厦。心间12尺，次间8尺；抱厦心间11尺
材分	六等材
屋顶	重檐十字脊
进深	六架椽屋，28尺
柱高	柱高11尺

图 3-44
（南宋）马远《台榭侍读图》

（图片来源：引自傅伯星《宋画中的南宋建筑》）

图 3-45
山西晋祠的鱼沼飞梁

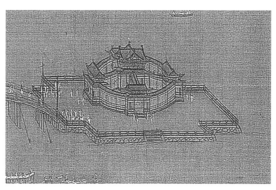

图 3-46
宋代洛阳皇城东区出土的陶房屋模型

（图片来源：引自《隋唐洛阳城1959—2001年考古发掘报告第四册》）

图 3-47
（北宋）佚名《金明池争标图》局部

（图片来源：引自《宋画全集》第五卷第一册，天津博物馆藏）

图 3-48
（北宋）郭忠恕（传）《明皇避暑宫图》局部

（图片来源：引自《宋画全集》第七卷第二册，日本大阪市立美术馆藏）

图 3-49
（南宋）李嵩《朝回环佩图》

（图片来源：引自傅伯星《宋画中的南宋建筑》）

图 3-50
（南宋）李嵩《水
殿招凉图》

（图片来源：引自傅伯
星《宋画中的南宋建
筑》）

图 3-51
（宋）佚名《观潮
图》

（图片来源：引自《宋
画全集》第六卷第一
册，美国波士顿艺术
博物馆藏）

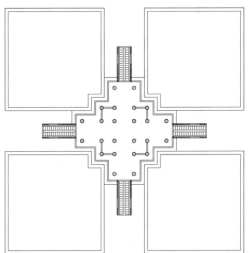

图 3-52
北宋洛阳大内后苑
十字池亭平面图

比例尺：

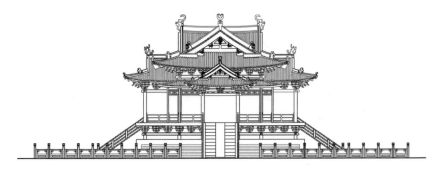

图 3-53
北宋洛阳大内后苑
十字池亭立面图

比例尺： 0 10 20 30 40尺

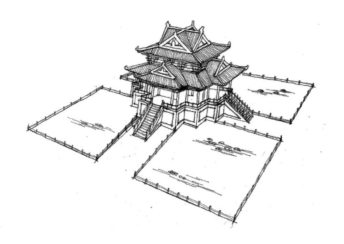

图 3-54
北宋洛阳大内后
苑十字池亭透视
示意图

4. 砌台

砌台，古代王侯之家所建的登临观赏之台，应为园林建筑中台的一种形式。台作为园林雏形中的建筑物，"是山的象征"，功能有：（1）登高观天象、通神明；（2）察看四面八方；（3）游玩；（4）防洪。另外，凡是由帝王所建而成的台，还用来体现自己身份的高贵。因此高台建筑充分显示了为统治者服务的功能和价值。而砌台在唐代诗歌中常出现。白居易《宴周皓大夫光福宅》诗曰："何处风光最可怜？妓堂阶下砌台前"[①]；杨汝士《建节后偶作》诗曰："抛却弓刀上砌台，上方台榭与云开"[②]。"而当筵歌数（明抄本数作大）曲。曲罢，觉胸中甚热，戏于砌台乘高而下"[③]。到宋代，（宋）高承在《事物纪原》卷8《官室居处部·砌台》："杨文公《谈苑》曰：今擦擦台，王公家作之，以为林观之景。（唐）张仲素诗曰：'骋望临春阁，登高下砌台'，即知唐来有之也"[④]。可以看出台通神的含义未减，同时游览的作用上升。"台，四方而观者"，"四方而高曰台"，郭忠恕《明皇避暑宫图》中有避暑宫中眺望风景的露台（图3-55）；马和之《女孝经图》中有殿前的月台（图3-56）；《瑶台步月图》中有赏月闲谈的高台[③]（图3-57）；传为南宋马远所作的《雕台望云图》（图3-58）。宋画中的这些台多是用砖砌筑而成。张家骥先生考证说，台本身的形式，大多是用土堆成四方形[⑤]。与之类似的还有《焚香祝圣图》（图3-59）、《汉宫乞巧图》（图3-60）中的高台等。

① （唐）白居易. 白居易诗集校注［M］. 谢思炜，校注. 北京：中华书局，2006.
② （宋）钱易. 南部新书［M］. 北京：中华书局，2002.
③ （宋）李昉，等编. 太平广记，卷219［M］. 北京：中华书局，1961.
④ 孙书安. 中国博物别名大辞典［M］. 北京：北京出版社，2000.
⑤ 张家骥. 中国造园艺术史［M］. 太原：山西人民出版社，2004.

图 3-55
（北宋）郭忠恕
（传）《明皇避暑宫
图》局部
（图片来源：引自《宋
画全集》第七卷第二
册，日本大阪市立美
术馆藏）

图 3-56
（南宋）马和之《女
孝经图》局部
（图片来源：引自网络）

图 3-57
（宋）佚名《瑶台
步月图》
（图片来源：引自《宋
画全集》第一卷第五
册，故宫博物院藏）

图 3-58
（南宋）马远（传）
《雕台望云图》
（图片来源：引自《宋
画全集》第六卷第一
册，美国波士顿艺术
博物馆藏）

图 3-59
（南宋）李嵩《焚
香祝圣图》
（图片来源：引自《宫
室楼阁之美：界画特
展》）

图 3-60
（南宋）李嵩《汉
宫乞巧图》
（图片来源：引自傅伯
星《宋画中的南宋建
筑》，故宫博物院藏）

洛阳宫室园林中自东周时便有高台建筑，秦汉时"高台榭，美宫室"①，礼制建筑有灵台，发展至隋唐时九洲池内有望景台、映日台，观天象台、百戏台。北宋时洛阳园林中常筑有台，为更好地观景，借园外景，"洛城距山不远，而林薄茂密，常苦不得见，乃于园中筑台构屋其上"②。宫中的台很可能为高台，《说文解字》曰："高，崇也，象台观高之形"③。作为受命于天、万民之上帝王身份的象征，台与高台建筑提供了一个可与其身份相称的崇高形象，提示着对宫苑乃至国土不可旁落的拥有④。站在砌台（图3-37）之上可见后苑内北有十字池亭，南有婆罗亭、九曲池，宫外其南直伊阙，北望邙山。宫内外南北皆有美景可观，砌台应为望景而筑，同时"以高为贵"突出皇权贵族之地位，因此砌台也应呈规则的几何方形，体现道家意境。

台的形制，根据上文描述应建在土坡之上，台的营建也与以南的十字池亭相对应，不仅凸显君臣的尊位，而且便于帝王在苑望景。在这些文献和宋画的基础上，设定砌台为正方形，宽约55尺，高约18尺，推测画出砌台的平立面复原设计示意图（图3-61）。

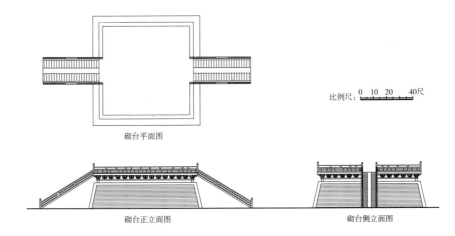

比例尺 0 10 20 40尺

砌台平面图

砌台正立面图　　砌台侧立面图

图3-61
北宋洛阳大内后苑砌台平立面图

① （宋）王钦若，等. 册府元龟 [M]. 周勋初，等，校订. 南京：凤凰出版社，2006.
② （宋）司马光. 司马温公集编年笺注 [M]. 李之亮，笺注. 成都：巴蜀书社，2009.
③ 王平，李建廷.《说文解字》标点整理本 [M]. 上海：上海书店出版社，2016.
④ 赵鹏. 天人之际、山水之间——空间意识与中国古代园林风格的流变 [D]. 北京：北京林业大学，1998.

5. 冰井

冰井自西周起已有之，多作为藏冰之所，称为凌阴、凌室、冰井、冰窖等[①]。秦汉时冰井上有建筑物[②]，曹操时兴建冰井台，据《邺中记》载：冰井台"有屋一百四十间，上有冰室，室有数井，井深十五丈，藏冰及石墨"[③]。此类建筑当时可能是为了避暑而建。唐代时洛阳上阳宫内便有冰井，"上阳宫在皇城之西南……又有露菊亭、互春、妃嫔、仙抒、冰井等院散布其内"[④]。据《唐会要》载："二月十祭……开冰井、祭司寒之神，祭东冰井、西冰井"[⑤]。可知唐时宫廷之冰井分为东、西两处，唐洛阳作为藏冰礼仪空间有受道教影响而形成的采冰区或祭祀圣地[⑥]。

《宋朝会要》曰："建隆三年，置冰井务，隶皇城司也"[⑦]。北宋王安石曰："卖冰乃四园苑，非市易务"[⑧]。北宋时期专设冰井务，冰的收藏、颁赐附带着皇家的神圣庄重与象征意义[⑨]，由此可见朝廷对冰井的重视程度。宋时有诗："朝台望断归岐路，冰井频窥爽发肤"[⑩]。《全宋诗》陈师道《魏衍见过》一诗："暑雨不作凉，爽风祇自高……洒然堕冰井，起粟竖寒毛"[⑪]。东京皇家"四园苑"园内也有冰井，可见，北宋时不仅冰井的冰用于荐献、颁赐、饮食、买卖，而且冰井也成为消暑的一种方法和场所，这与当时"乐城"西京极度追求娱乐享受的社会风尚是分不开的。以冰驱暑，除了直接使用冰外，还可建冰井台、冰殿、冰床等以降低环境温度。

"后殿以西即十字池亭。其南砌台、冰井、娑罗亭……前有九江池（九曲池）"[⑫]，北宋西京大内后苑内的冰井，位于砌台以南，娑罗亭以北，后苑偏东有长春殿，冰井一般都设在皇家园林比较偏僻的角落，那么冰井可能位于砌台偏西南位置（图3-37），井为阴，井卦水居木上，表示树木得水滋润，为欣欣

① 3n3n. 清凉一夏 历史上的冰井与冰厨 [J]. 大众考古，2013（2）：46–49.

② 孟晖. 冰井台上的凉殿 [J]. 缤纷，2010（8）：138–139.

③（晋）陆翙. 邺中记 [M]. 文渊阁四库全书. 1986.

④（唐）李林甫，等. 唐六典 [M]. 陈仲夫，点校. 北京：中华书局，2014.

⑤（宋）王溥. 唐会要 [M]. 上海：上海古籍出版社，2006.

⑥ 贾鸿源. 唐代藏冰礼仪空间浅议 [J]. 陕西历史博物馆刊，2014（12）.

⑦（宋）高承撰. 事物纪原 [M].（明）李果，订. 金圆，许沛藻，点校. 北京：中华书局，1989.

⑧（宋）李焘. 续资治通鉴长编 [M]. 北京：中华书局，2004.

⑨ 刘向培. 宋代冰政述论 [J]. 广东技术师范学院学报，2014（12）：21–26+37.

⑩（宋）陈师道. 后山诗注补笺 [M]. 中华书局，1995.

⑪（元）陈世隆. 宋诗拾遗（第1册）[M]. 徐敏霞，校点. 沈阳：辽宁教育出版社，2000.

⑫（宋）徐松. 河南志 [M]. 高敏，点校. 北京：中华书局，2012.

向荣水润草木之象。关于冰井的形态，从考古遗迹上看，在陕西的春秋秦国永都城址内发现的凌阴遗址平面略呈方形，河南新郑战国时期都城遗址内发现的冰井遗址为长方形竖井形，洛阳汉魏故城内发掘的圆形建筑遗址初步被研究者判定为冰井，汉长安城长乐宫发掘的凌室遗址也为长方形[①]。另有广西梧州八景之一"冰井泉香"的"冰井"，呈圆形，宽五尺、深丈余，据史料记载，此景内有寺院，花草、亭台楼阁，景色清幽。在宋时曾被诗人任诏写道："驱车出东门，弭节访冰井。寺古栋宇倾，碑折苔藓屏。源泉池中生，莹净可监影。命僧旋汲之，入口胜霜冷。试烹白云茶，碗面雪花映。清冷涤烦襟，润泽荣瓶绠。可以濯我缨，悠然脱尘境"[②]。诗人以此抒发自己的志向，体现了道家天人合一的自然观。可见冰井的形状有圆有方，后苑内的冰井位于砌台和娑罗亭之间，砌台和娑罗亭都为方形，冰井处于两者之间，为西南位，早在《易经》中就有类似的观念，坤为阴，西南位，根据道家文化里的"一阴一阳""天圆地方"之说，古代藏冰还有一层用意，就是抑阴助阳[③]，此冰井应为圆形较适宜。

可推测冰井在北宋时一方面已成为园林的构景要素之一，被皇家用来消暑娱乐；另一方面也象征着皇权的庄严神圣，体现道教意境。

6. 娑罗亭、绿漪亭

娑罗亭中"娑"原作"婆"，"《京都杂录》：西京大内长春殿有柱廊，后殿以西即十字池亭，其南砌台冰井。娑罗亭，贮奇石处，世传是李德裕醒酒石，以水沃之，有林木自然之状，谓之娑罗石，故以名亭"[④]。可根据亭名和文献推断，亭周围应该种有娑罗树，"绿漪亭移此"按指移于娑罗亭之前。"绿漪亭"，"有亭名绿漪，原批：'绿漪亭。移前'"[④]。"绿漪"取《诗经·淇奥》中"绿竹猗猗"句意，"漪"通"猗"。漪的意思是水波纹，风吹水面形成的波纹，也指岸边。可推断此景有水有竹。由此推断，娑罗亭前有绿漪亭（图3-27），其位置很可能为亭周围有竹有水，有娑罗石，有娑罗树，绿漪亭、娑罗亭应在九曲池前不远处，体现佛家意境。

《明皇避暑宫图》中有一凉亭（图3-62）临崖而立，水石相伴，前后林木簇拥，仿佛佛音萦绕，该图所营造园林意境与文献描述较为一致，因此建筑形

---

① 3n3n. 清凉一夏 历史上的冰井与冰厨 [J]. 大众考古，2013（2）：46-49.

② 马曙明，任林豪. 台州历代郡守辑考 [M]. 上海：上海古籍出版社，2016.

③ 杜文玉. 唐代冰井使考略 [J]. 唐史论丛，2017，（2）：75-83.

④ （清）徐松. 宋会要辑稿 [M]. 刘琳，习忠民，舒大刚，尹波，等，校点. 上海：上海古籍出版社，2014.

象以该图作为主要参考依据，图中的凉亭为重檐攒尖顶，与大内后苑其他建筑的屋顶样式不同，类似的屋顶样式有南宋马麟《秉烛夜游图》（图3-63）中的殿亭。类似的还有南宋李嵩《水末孤亭图》（图3-64），北宋张先《十咏图》（图3-65），宋佚名《蓬瀛仙馆图》（图3-66）、《雪阁临江图》（图3-67）等，还有繁峙岩山寺文殊殿西壁壁画中的亭榭。绿漪亭临九曲池而设，而宋画《纳凉观瀑图》（图3-68）中绘清溪一湾，溪畔水阁掩映在翠树秀竹之中，与绿漪亭的周围有竹有水，"以水沃之，有林木自然之状"的景象较吻合。绿漪亭平立面复原设计中的建筑形制采用与淑景亭相同的形制（表3-10、图3-43）。这些画中有的攒尖方亭虽为单檐，但这些图像中的攒尖方亭多建于水边，与娑罗亭的园林意境颇为相似，其屋顶样式和景象仍为娑罗亭的复原设计（表3-12、图3-69）提供了很好的参考。

屋面的举高根据结构形式的不同而有高低之分[①]。何建中先生写道："大型的亭子乃至斗尖顶的殿阁，则可按举折之制作出屋面。其下可用其他诸如抹

---

① 徐腾.《明皇避暑宫图》复原研究 [D]. 北京：清华大学，2016.

图 3-66
（宋）佚名《蓬瀛
仙馆图》局部

（图片来源：引自《宋
画全集》第一卷第七
册，故宫博物馆藏）

图 3-67
（宋）佚名《雪阁
临江图》局部

（图片来源：引自《宋
画全集》第六卷第一
册，美国波士顿艺术
博物馆藏）

图 3-68
（宋）佚名《纳凉
观瀑图》

（图片来源：引自《宋
画全集》第一卷第七
册）

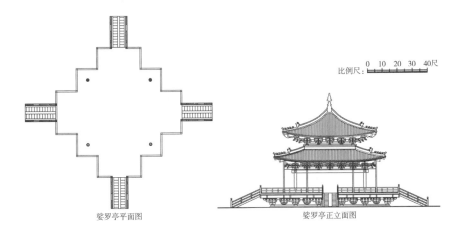

比例尺：

娑罗亭平面图　　　　　娑罗亭正立面图

图 3-69
北宋洛阳大内后苑
娑罗亭平立面图

北宋洛阳大内后苑娑罗亭设计参数表　　　　　表3-12

开间	单开间，心间30尺，副阶周匝
材分	六等材
屋顶	重檐攒尖
进深	四架椽屋，50尺，30尺，副阶二架10尺
柱高	柱高10尺

角梁、趴梁等法承托"[①]。因此本书采用殿阁的举折之制来设计娑罗亭的屋面高度。

7. 廊庑

考古发掘中，在九洲池唐代基址之上清理出早期宋代遗迹[②]，以东西向一号基址为主体，在其北侧有两排排列整齐的方坑，在其南侧有晚期道路，在一号基址上还清理出晚期的隔墙。

早期遗迹在九洲池南侧，东距西隔城东墙180m，南距西隔城南墙560m。宋代一号基址叠压在唐代四号基址之上，残存遗迹主要有基址夯土、磉墩（图3-5）。一号基址开口在宋代层下，东西向，平面呈长方形，东西均不到边，发掘部分东西长124.3m，南北宽17.5m。基址上清理出116个磉墩，东西向4排，南北向33列。排距由南向北依次为3.5～4.1m、7.7～8.15m、3.6～4.1m。磉墩规格彼此不同。其中基址西部的磉墩较大，边长1.65～1.7m；基址东部的磉墩较小，边长1.1～1.12m。可知考古发现东西廊庑至少有33间，廊庑的屋顶形式参考《阿阁图》（图3-11）、《明皇避暑宫图》（图3-15）和《宫苑图》（图3-20）等，可能为两面坡屋顶即单檐悬山顶，宋时称"不厦两头造"。而现存的北海静心斋罨画轩西有回廊35间，说明北宋时由廊庑围合形成的建筑群落已有相当规模。

北宋时期，在唐代四号基址之上修建廊庑，说明在宋代时唐代水道彻底废弃，九洲池的南岸发生很大变化。宋代等级较高的庭院多用廊围合，廊的进深稍大，可供实用，故称"廊庑"。如《明皇避暑宫图》（图3-70）中的每进院落，均用廊庑，庭院前方正中建门楼，门楼两旁接廊，廊转而向后围成院落。

① 何建中.《营造法式》斗尖亭橑檐角梁的应用——苏南小亭的启发 [J]. 古建园林技术，1998（2）: 14-16.

② 中国社会科学院考古研究所. 隋唐洛阳城1959—2001年考古发掘报告 [M]. 北京: 文物出版社，2014.

图 3-70
（北宋）郭忠恕
（传）《明皇避暑宫
图》局部

（图片来源：引自《宋
画全集》第七卷第二
册，日本大阪市立美
术馆藏）

此廊庑的位置正好处于九曲池东南出水口处，这种廊庑的营建同时也遵从古代风水理论，多选址于"水口"处，即水流的入口与出口[①]。据考古资料、宋画及功能，复原设计大内后苑的廊庑平立面（表3-13、图3-71）。

北宋洛阳大内后苑廊庑设计参数表　　　　　　　　表3-13

开间	单开间，总间401尺，心间12尺
材分	六等材
屋顶	不厦两头造
进深	三间，六架椽屋，48尺
柱高	柱高11尺

廊庑平面图

比例尺：0　10　20　30　40尺

廊庑正立面图

图 3-71
北宋洛阳大内后
苑廊庑平立面图

① 朱青，赵鸣. 浅议中国古典园林中的廊桥与亭桥 [J]. 古建园林技术，2017（1）：28-33.

8. 门

大内后苑的门共有四处：西边有三个隔门，即"隔门相对西隔门，门西淑景亭位。又有隔门，以西入后院"[①]；南边有一大门，是由大内后苑的整体范围推测而得。

大门的建筑外形参考《明皇避暑宫图》里的大门（图3-72），材等应比大内后苑现唯一的大殿——长春殿低一材等，为五等材，三个隔门的建筑外形均参考《明皇避暑宫图》中的隔门（图3-72、图3-73），材等也为五等材。大门和隔门的平立面复原设计（表3-14、图3-74、表3-15、图3-75）如下。

图 3-72
（北宋）郭忠恕
（传）《明皇避暑宫图》局部

（图片来源：引自《宋画全集》第七卷第二册，日本大阪市立美术馆藏）

图 3-73
（北宋）郭忠恕
（传）《明皇避暑宫图》局部

（图片来源：引自《宋画全集》第七卷第二册，日本大阪市立美术馆藏）

---

① （清）徐松. 河南志 [M]. 高敏，点校. 北京：中华书局，2012.

北宋洛阳大内后苑大门设计参数表	表3-14
开间	三开间，总间33尺，心间11尺，次间11尺；左右耳房面阔为两开间16.5尺；副阶周匝
材分	身内五等材，耳房五等材
屋顶	重檐九脊
进深	四架椽屋，33尺；左右耳房四架椽，22尺
柱高	檐柱高13.5尺，内柱高27尺

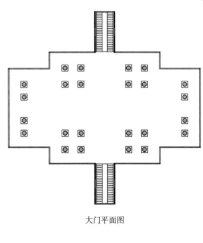

大门平面图

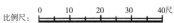

比例尺　0　10　20　30　40尺

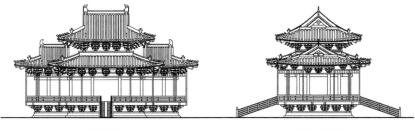

大门正立面图　　　　　大门侧立面图

图 3-74
北宋洛阳大内后苑
大门平立面图

北宋洛阳大内后苑隔门设计参数表 表3-15

开间	三开间，总间30.5尺，心间16.5尺，次间7尺
材分	五等材
屋顶	重檐九脊
进深	四架椽屋，18尺
柱高	檐柱高11尺，内柱高22尺

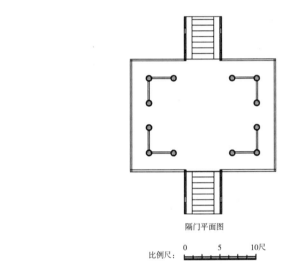

隔门平面图

比例尺： 0   5   10尺

图 3-75
北宋洛阳大内后苑
隔门平立面图

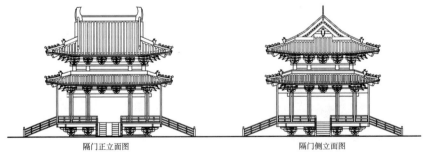

隔门正立面图   隔门侧立面图

3.3.4 立面空间（图3-76、图3-77）

从建筑单体和周围山石、水体、植物等园林要素形成的立面空间（图
3-76、图3-77）可以看出，北宋时期洛阳大内后苑的空间呈现一定的秩序性
和层次感。

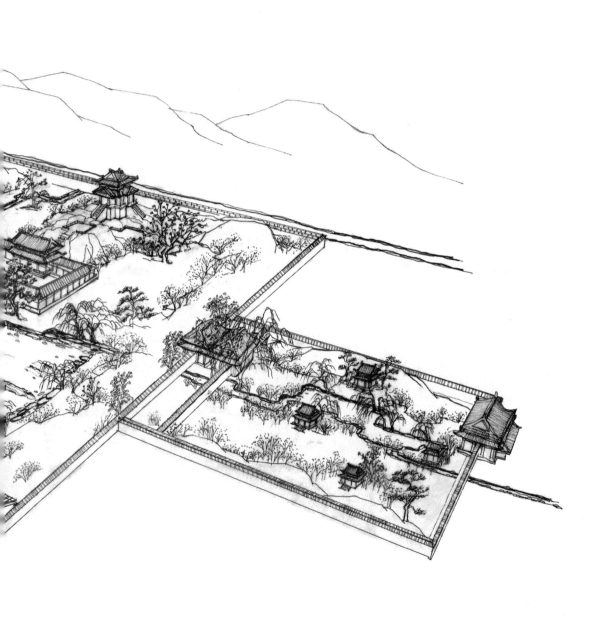

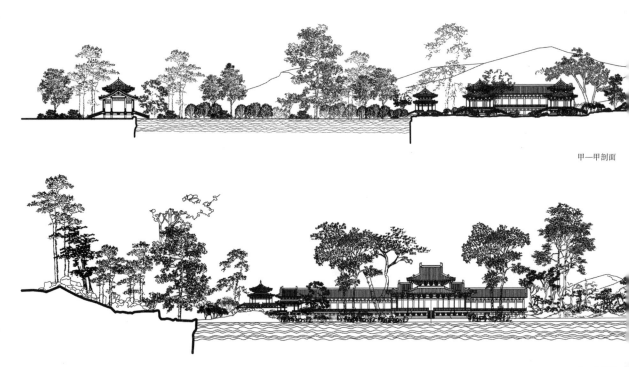

甲—甲剖面

乙—乙剖面

图 3-76
北宋洛阳宫城大内后苑剖面想象复原图

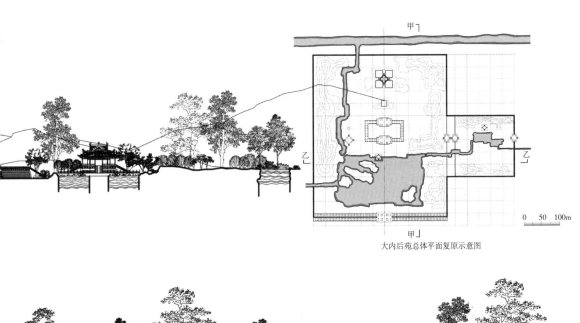

甲

乙　　　乙

甲

大内后苑总体平面复原示意图

0　50　100m

北

0　　　20　　　40m

比例尺：

图 3-77
北宋洛阳宫城大内后苑鸟瞰想象复原图

3.4 造园意匠——九曲通苑定乾坤

3.4.1　理水艺术

1. 水源位置

园林的理水首先要考虑水的源头，计成在《园冶·相地》中说："疏源之去由，察水之来历"。根据钻探资料，九洲池的东北隅和西北隅各有一条宽约5m的渠道向北延伸，至玄武城南墙附近向内折，相交处被晚期淤土破坏。此两条渠道为九洲池的引水渠。引水渠钻探南北长皆250m，东西宽皆3～5m。"流杯殿东西廊、殿南头两边皆有亭子以间山池。此殿上作漆渠九曲，从陶光园引水入渠，隋炀帝常於（于）此为曲水之饮，在东都"[1]。唐时陶光园的一号水渠与玄武城的二号水渠相连，玄武城的三号水渠与二号水渠相连[2]，大内后苑的水源从陶光园引入，而陶光园的水又来源于玄武城，玄武城的水最终是从位于西北部的谷水引入，现已探明池南面东南角也有一条渠道遗迹，可能是九洲池的出水口。由此可推测，大内后苑的水源从西北流入，向东南流出。

北宋时，帝王建园颇重视风水，风水理论认为，"吉地不可无水"，东京四水贯都的总流向也是自西北而东南的，大内御苑延福新宫西部位于大内西北方的位置（乾位）就设有圆形水池"圆海"，西京的大内后苑西北高、东南低的地势与中国的西北高、东南低的地貌状况，与形成的西水东流的特征相契合，也与风水中的方位观正相印证，即西北方为天门，意为水来之处，宜高且开阔；东南方为地户，为水流之处，亦称为"水口"，宜紧锁。

2. 理水艺术

大内后苑内北有规整式的十字池，南有自由式的九曲池，有方有曲，九曲池的形态又方中有曲，曲水分岛。进入北宋以来，在园池构筑中引入几何学图形一事开始流行起来了。北宋东京皇家园林四郊的"四园苑"中水景呈几何形分布，其中玉津园中有圆池、方池；大内后苑设有圆形水池"环碧池"；艮岳中在关下的平地上凿大方沼池，这种规整的几何组合使皇家宫苑在布局上也表现出齐整的风格美。大内后苑的理水艺术则凝聚了两者池沼之美。根据水流在

① （清）徐松. 唐两京城坊考 [M]. 张穆，校补. 北京：中华书局，1985.
② 中国社会科学院考古研究所. 隋唐洛阳城1959—2001年考古发掘报告 [M]. 北京：文物出版社，2014.

地表的流势认为来水要屈曲，横向水流要有环抱之势，流去之水要盘桓欲留，汇聚之水以清净悠扬为吉。九曲水在当时被认为从形状上属于吉水，在后苑内凿成曲池，引水造海，以九曲池为向心布局，池中四岛，也正是对帝王九洲同心归一统治政理念的体现。因未见文字中记载相关水口的内容，池四周未发现引水和排水渠道，故其理水方式仍待探究。北侧仅保留了原有主要的入水口和出水口，故对水的流向和形态在原有地貌的基础上进行了想象推测。池北面有引水渠进水，东南有水道排水。

天祐二年（公元905年）"全忠使蒋玄晖邀昭宗诸子德王裕、棣王祤、虔王禊、沂王禋、遂王祎、景王祕、祁王琪、雅王禛、琼王祥，置酒九曲池，九曲池在洛苑中。酒酣，悉缢杀之，投尸池中"[1]。

乾化二年（公元912年）四月，"辛未，宴于食殿，召丞相及文武从官等侍焉。帝泛九曲池，御舟倾，帝堕溺于池中，宫女侍官扶持登岸，惊悸久之"[2]。

长兴四年（公元933年）春，五月，"甲申，帝避暑于九曲池，既而登楼，风毒暴作，圣体不豫，翼日而愈"[3]。

故址在今江苏南京市东的九曲池，宋时又名善泉池，九曲池"在台城东，东宫城内。周回四百余步。《金陵故事》：梁昭明太子所凿，中有亭榭洲岛，曲尽幽深之趣，太子泛舟池中"[3]。九曲池也多次出现在诗词中，如秦观《广陵五题其一次韵子由题九曲池》《与倪老伯辉九曲池有怀元龙参寥》，苏辙《次韵鲜于子骏游九曲池》《扬州五咏·九曲池》，王琪《九曲池》，晁补之《祷雨宿九曲池上三首》，又如贺铸在《梦江南·九曲池头三月三》中写道："九曲池头三月三，柳毵毵"[4]。在《浣溪沙·叠鼓新歌百样娇》又写道："九曲池边杨柳陌，香轮轧轧马萧萧"[5]。不论九曲池在这些诗中是作为虚景还是实景，在北宋时多被人们作为游览胜地，尤其是诗人以此抒发情愫，因景寄情。也可以推测九曲池池岸的大概形态应为曲状。北宋时帝王推崇道教的意愿更为强烈，以自然仙境所营造的园林中的神仙意境就显得更为浓郁，以此推测大内后苑的九曲池为道家意境。

3.4.2　山石构景

大内后苑的山石造景，主要体现在以远山为背景，池中筑岛、挖池堆土山，以台为山，形成错落有致的地形变化，营造出雄伟壮观的皇家气势。叠石成山起于秦代"一池三山"的思想，池中筑岛起于汉代的以池岛模拟海上仙

① （宋）司马光. 资治通鉴 [M]. （元）胡三省，音注. 北京：中华书局，1956.
② （宋）薛居正，等. 旧五代史 [M]. 北京：中华书局，1976.
③ 史为乐，邓自欣，朱玲玲. 中国历史地名大辞典（上）[M]. 北京：中国社会科学出版社，2005.
④ 唐圭璋. 全宋词 [M]. 北京：中华书局，1965.
⑤ 张十庆.《作庭记》译注与研究 [M]. 天津：天津大学出版社，2004.

山。日本《作庭记》中有关于岛的具体布局："凡与池中筑岛，当依地之形势、池之宽狭而行之。如若场地适宜，其中岛位置，宜以岛之前端面对寝殿而居中，岛之后部可设乐屋为定法。乐屋占地广达七至八丈，故置岛之初，即当虑及此而相应广置中岛。然岛之大小，终取决于池之广狭，故常于中岛后另设小岛，以于其间，铺置假板。置假板者，乃中岛狭窄故也。遇此场合，宜尽量显露乐屋前方之岛体。故岛之前部，仍置之如常，后置乐屋用地之不足者，铺以假板补之"①。皇家园林以山石造景，不仅对自然山石进行艺术摹写，而且在北宋理学的影响下，体现了拳石勺水融入宇宙而具有的"境界"。

3.4.3　建筑形制

根据文献和考古资料可知，大内后苑主要建筑有淑景亭、长春殿、十字池亭、砌台、冰井、娑罗亭、绿漪亭、南廊。建筑类型比较单一，有亭、殿、台、廊等；从功能上看可分为赏景、赐宴、象征、造景；从建筑平面形制上看，有长方形、方形、圆形等；就建筑布局而言，呈不完全对称布局。

1. 建筑造景

北宋园林的建筑原则上不无景虚设，或以建筑为景观主题来塑造环境②。孟兆祯先生认为计成在《园冶·兴造论》中所说的"随曲合方"即建筑及其规整场地顺从地形、水体布局的原则③。大内后苑以水景为主，苑中多个建筑随水景而设，如建在十字池中央高台之上的十字池亭，这种造景可以产生相当好的效果，置身在建筑内可以体验四面环水、人在水中独立的感觉，宛如水中仙境。九曲池前的绿漪亭、娑罗亭，即傍水而建于高台之上，又面花木、依奇石而设，因景物取名；后苑隔门外的淑景亭借植物，因景取名；砌台建在南、北水景之间，应该是为更好地观苑内景、借苑外山而设；南廊设在九曲池的出水口，营造蜿蜒曲折、没有尽头的意境。苑内这些造景不仅提供了眺览美景的最佳角度，而且形成了建筑与水体、林木、自然地形相互顺应、依存巧妙的布局关系，这些都说明了建筑造景因地制宜，因景、境而建，因景取名的原则。

2. 建筑形制

北宋时洛阳不仅建筑布局出现了工字形、矩形等多种形式，园林中建筑的造型上也有了新的变化，后苑中十字亭则是一例，所谓十字亭是台基部分砌成

---

① 张十庆.《作庭记》译注与研究 [M]. 天津：天津大学出版社，2004.
② 刘托. 两宋私家园林的景物特征 [G]//清华大学建系. 建筑史论文集：第十辑. 北京：清华大学出版社，1988.
③ 孟兆祯. 园衍 [M]. 北京：中国建筑工业出版社，2015.

纵横交叠的"十"字形状，是由一座单体四方亭或八方亭四面加抱厦所形成的组合亭，"十"字符号兼具中心对称和轴线对称的结构特征，既限定了中心结构的规则性，又限定了边界形态的规则性①。

大内后苑内的建筑平面形式除了"十"字形外，还有方形、矩形、圆形。这些不同形制的建筑因水、因林木也遵循了《园冶·相地》中"随曲合方"的布局准则，"如方如圆，似偏似曲；如长弯而环璧，似偏阔以铺云。高方欲就亭台，低凹可开池沼"②，从而呈现出"宜方则方，宜曲则曲"。如金明池水心殿用环形廊，北宋东京大内后苑晚期宣和殿亭沼、亭廊布局也呈现出工字形和规则式布局③，北宋时廊庑多呈现出曲尺形或直线形，这无形也影响着园林空间趋于规整，规整几何形建筑空间也影响了北宋园林空间布局更多地呈现出灵活多样的特点，已没有唐代庞大的规模和恢宏的气势，考古发掘的九洲池周围和岛屿上的唐代建筑，到北宋时均不存在，九洲池南的三座大型建筑北宋时由南廊取代。从宋画《金明池争标图》和《明皇避暑宫图》中也可以窥视一二④，如回廊、平座、栏杆等相连接，布局主次分明又灵活多变⑤，使建筑与水景、林木浑然一体。这种布局与同一时期日本寝殿造庭院极为相似，据当时文献记载，平安时期的寝殿造园林不仅是私家造园的唯一形式，而且多被皇家宫苑采用。

3.4.4　植物配置

大内后苑作为皇家的私家园林，除了供皇室赏花游玩之外，还有着一定的政治和宗教象征功能⑥。后苑内的植物种类以牡丹、娑罗树、绿竹为主，但从"以水沃之，有林木自然之状"，以及从宋太宗开始，皇帝诏近臣于后苑赏花、商议国事、宴射等成为定制，并且苑中景物除了水景、建筑、露地之外，花木成景之状贯穿全苑，可以看出苑中的植物种类和数量绝非少数。另外，据《宋会要辑稿·礼四五》中"赏花钓鱼宴"的记载，自太平兴国九年（公元984年）起，太宗、真宗、仁宗几乎在每一年的花开时节都会选择在皇宫后苑内举行赏花、垂钓、赋诗、赐宴、射猎、饮酒等娱乐活动，推测这里所讲帝王每年的后苑赏花活动更多地应该会在大内后苑，它主要是以搜集种植各种观赏植物及其品种供帝王大臣赏花游憩的园林空间。

① 田朝阳，孙文静，杨秋生. 基于神话传说的中西方古典园林结构"法式"探讨［J］. 北京林业大学学报（社会科学版），2014，13（1）：51-57.
② （明）计成. 园冶注释［M］. 陈植，注释. 北京：中国建筑工业出版社，1988.
③ 永昕群. 两宋园林史研究［D］. 天津：天津大学，2003.
④ 徐腾.《明皇避暑宫图》复原研究［D］. 北京：清华大学，2016.
⑤ 董慧. 两宋文人化园林研究［D］. 北京：中国社会科学院研究生院，2013.
⑥ 李琳. 北宋时期洛阳花卉研究［D］. 武汉：华中师范大学，2009.

　　北宋时洛阳上至帝王，下至贩夫走卒种花、赏花之风盛行，淑景亭周围花卉广植，作为皇室林苑，有时还享受地方优良花卉进贡，"牛黄亦千叶，出于民牛氏家，比姚黄差小。真宗祀汾阳，还过洛阳，留宴淑景亭，牛氏献此花，名遂著。甘草黄，单叶，色如甘草。洛人善别花，见其树知为某花云"①。此外九曲池前种有娑罗、绿竹，娑罗树别名波罗叉树、摩诃娑罗树、桫椤树，亦附会为七叶树或月中桂树。娑罗，梵语的译音，被佛教视为圣树之一，娑罗门领徒肄业于树下，故名。北魏贾思勰《齐民要术·娑罗》记载："巴陵县南，有寺。僧房床下，忽生一木随生旬日，势凌轩栋。道人移房避之，木长便迟，但极晚秀。有外国沙门见之，名为'娑罗'也，彼僧所憩之荫。"②；另有："娑罗树，绀；叶、子似椒，味如罗勒。岭北人呼为'大娑罗'"③。宋·梅尧臣有《桫椤树》："桫椤古树常占岁，在昔曾看北海碑。今日四方俱大稔，不知荣悴向何枝"③。又苏轼有《慈云四景·娑罗树》诗："谁从五竺国，分得一枝来。秀出重楼外，专除世上埃"④。北宋欧阳修《定力院七叶木》诗："伊洛多佳木，娑罗旧得名。常於佛家见，宜在月宫生"②。宋洪迈《容斋随笔·娑罗树》："世俗多指言月中桂为娑罗树，不知所起"⑤。元马祖常《送华山隐之宗阳宫》诗："高谈见明月，为我问娑罗"⑥。显然此处的娑罗树和绿竹营造的园林景象具有浓郁的佛家禅宗意境。"唯有牡丹真国色，花开时节动京城"⑦更是写出了牡丹花在唐代社会的巨大影响力，西京承隋唐之后，当时天下佳卉云集，尤其是始于隋，盛于唐，甲天下于宋的洛阳牡丹，并且宋代培育出了著名的牡丹品种姚黄和魏紫，官府还举办规模盛大的"万花会"。北宋赏花的习俗只增不减，都城东京的四大御苑都种植了奇花异草，洛阳花卉的种植也随之有了进一步发展，加之考古发掘的唐代大面积的花圃遗址中存在有宋代层，结合当时洛阳城的花卉种植的盛况，帝王大臣的种花、赏花的喜好，推测前文所讲帝王每年的后苑赏花活动更多地应该会在大内后苑。

　　北宋时皇宫内苑对花卉的品赏又十分讲究，从洛阳大内后苑的几处以植物命名的赏花之地就可见一斑，如"淑景亭""娑罗亭""绿漪亭"等，以花卉命名建筑来配合欣赏主题，这种主题式栽植的原则不仅是北宋时出现的花木造景美则，而且也具有不同的象征意义，丰富了园林的文化内涵和人文意趣。

---

① （宋）欧阳修. 欧阳修全集［M］. 李逸安，点校. 北京：中华书局，2001.
② （北魏）贾思勰. 齐民要术今释［M］. 石汉声，校释. 北京：中华书局，2009.
③ （宋）陈景沂编辑，祝穆订正，程杰，王三毛点校. 全芳备祖 第4册［M］. 杭州：浙江古籍出版社，浙江出版联合集团，2014：1085.
④ （宋）苏轼. 苏轼诗集［M］.（清）王文诰，辑注. 北京：中华书局，1982.
⑤ （宋）洪迈. 容斋随笔［M］. 穆公，校点. 上海：上海古籍出版社，2015.
⑥ （清）顾嗣立. 元诗选初集［M］. 北京：中华书局，1987.
⑦ （唐）刘禹锡. 刘禹锡集［M］. 北京：中华书局，1990.

因此植物配置采用中部以规则式花圃布局，东西两部分随地形呈自然布局的方式。

3.5 小结

本章节主要对大内后苑遗址进行考证和复原研究，进行了部分总结和推测，主要有以下几点。

一是大内后苑受风水术的影响，尤其是选址和理水方面。大内后苑中多处用到了阴阳调和的象征手法进行布景，而古代"水之北为阳"，九曲池以北为阳，大内后苑遵循了皇家园林大都在西北"天门"方开凿水面的传统，模仿神仙境地，突显了"皇权至尊，天子威仪"的礼制思想，水面或水系从西北绕东南呈环抱之势。园中理水就采用了有方有曲，湖中有岛的处理方法，阴阳相嵌，互相融合。

二是根据考古资料和文献记载，对大内后苑的范围进行了推测，并结合绘画、建筑规范《营造法式》和现存遗构尝试画出大内后苑的整体布局和单体建筑的复原设计图，北宋大内后苑的布局与隋唐以自然式布局的园林空间相比较有了较大变化，北宋时园林构筑中平面呈几何学形态非常流行，影响了园林空间的布局，使其也出现规则形分布。尤其表现在大内后苑的北部空间呈现出规则形态，南部仍以自然式为主。再加上当时帝王尤为崇尚道教，西京洛阳受二程理学影响，在三教合流的宗教思想的影响下，大内后苑内园林活动呈现宗教性和文化性，园林空间体现道家、儒家和佛家意境。

三是北宋时期娱乐节庆活动的兴盛使帝王大臣游园活动更为频繁，尤其是种花、赏花之习俗，使皇家园林成为帝王及皇室人员重要的休闲娱乐活动场所，宫廷园林由于受地域、范围大小的限制，不能像郊野园林那样以自然景观为主，富有山林野趣，而更多的是人造景观，挖湖堆山，梯桥架屋，广植名花异卉。同时受时代背景的制约，洛阳古人采取最精炼，最集中的手法，摒弃人工堆砌之俗，把不大的庭园造得典雅古朴。

综合上述园景和园境特点，大内后苑的整体布局以九曲池为中心，连通全苑而构成园景即"九曲通苑"。"定乾坤"则暗含了两层园境：一是因"风水术"，大内后苑的位置在西北，西北为乾位；二是"乾坤"表示天与地，彰显皇权尊位和国力。宫城内大内后苑的总体造园意匠可归纳为"九曲通苑定乾坤"。

第 4 章

北宋洛阳城东城衙署园林

北宋洛阳东城因承隋唐之旧，在布局和功能上无太大变化，仍是衙署和官邸之所。《宋城阙古迹》载："城内有洛阳监"[1]。1992年发掘出了宋代衙署庭园园林遗址[2]，在古城中发现宋代园林，在全国来讲尚属首例，发现位列1990—1999年中国十年百大考古新发现之一，园林面积之大，以及保存之完好，出土遗物之丰富，也是前所未有，这无疑为研究北宋衙署园林的建筑布局及整体风貌提供了典型实例。

4.1 营建背景

4.1.1 营建时间

在庭园夯土隔墙的西侧，发现一块素面方砖，砖长34.6cm，宽33.2cm，厚6cm。正面阴刻"崇宁五年十□日九十号丁安汝州"十四字[2]。据地层叠压关系及出土遗物又可进一步判断，该庭园遗址始建于北宋末年，大概毁于靖康元年（1126年）金人占领洛阳，此后金人占据洛阳，改河南为金昌府，以唐宋东城筑城[3]。结合文献记载，宋徽宗政和元年至六年（1111—1116年）为朝谒诸陵，曾重修大内[2]。1106—1111年仅相隔5年时间，这处衙署庭园有可能修建于1106—1116年期间。

其一，东城"内有洛阳监"，曾是管理西京周围地区的畜牧管理机构监牧司的衙署[4]。景德四年（1007年），牧养由京城送来的马匹，改名洛阳监，后废。明道元年（1032年）复监，熙宁八年（1075年）废监，后又恢复。绍圣四年（1097年）又废。北宋曾三次废罢监牧，最后终不可复。在宋代，监牧的最

---

① （清）徐松. 河南志［M］. 高敏，点校. 北京：中华书局，2012.
② 中国社会科学院考古研究所. 隋唐洛阳城1959—2001年考古发掘报告［M］. 北京：文物出版社，2014.
③ 苏健. 洛阳古都史［M］. 北京：博文书社，1989.
④ （清）徐松. 宋会要辑稿［M］. 刘琳，习忠民，舒大刚，尹波，等，校点. 上海：上海古籍出版社，2014.

高管理机构是枢密院，主管军政的枢密院与主管政务的中书门下是最高权力机构。这里可以推断，监牧司在北宋虽然不是最高的行政管理机构，但由于北宋政府十分重视马政问题，马政亦一度极盛，猜测监牧司的职权也不会太低。当时朝政又因袭旧制，在短时间内东城衙署的地位即使有所降低也不会相差过多，因此可推测此衙署后花园的等级相应也较高。

其二，"元符三年九月二十二日，徽宗即位未改元。工部状：'……尚书省检会近降朝旨，灾伤路分除城壁、刑狱、仓库、军营、房廊、桥道外，所有诸般亭馆、官员廨舍之类，并令权住二年修造。今勘当，自降旨挥后来，不住据诸路州军申请，称官员廨舍内有破损，不堪居住，一例权住二年，不唯转更损坏材植，兼虑官员无处居住'"①。由此说明元符三年（1100年）"多处地方官员乞修官廨，禁令有所松懈，由完全禁止变为禁止增创和禁止扰民"②。可以推测正是这一宽松的修缮政策，使东城衙署修建得更好。

其三，宋徽宗的造园思想直接影响了这一时期园林审美的趋向。1106—1126年这一时期正值宋徽宗执政，北宋重视文化的发展，尤其是徽宗期，加上宋徽宗的喜好，北宋末期大兴土木，广建园林，建筑营造技术典籍《营造法式》在这期间也已颁行。时至徽宗朝，在王安石当政之时，一些文人志士遭到党锢的迫害，其中大部分被驱逐出京，以司马光为代表的反对派们离开了京城，在洛阳形成了一个文化中心，与政治中心东京对峙③。东城衙署遗址以其巧妙而严谨的布局，和谐而统一的建筑特点，深邃而幽雅的景观效果有力地印证了洛阳园林在这一历史背景下，有了更长足的发展。

4.1.2　基址定位

衙署庭园遗址位于北宋洛阳东城中部略偏东南，宣仁门大街以北（图4-1）④，即今洛阳市老城区中州路南、乡范街东、西大街北的范围内。北宋时东城仍是官府衙署所在，为洛阳监所在，"洛阳监北依高阜、南据洛河、西

① （清）徐松. 宋会要辑稿［M］. 刘琳，刁忠民，舒大刚，尹波，等，校点. 上海：上海古籍出版社，2014.
② 袁琳. 宋代城市形态和官署建筑制度研究［M］. 北京：中国建筑工业出版社，2013.
③ 梁建国. 北宋东京的社会变迁与士人交游——以宋徽宗时代为参照的考察［J］. 南都学坛（人文社会科学学报），2010，30（3）：28-33.
④ 中国社会科学院考古研究所. 隋唐洛阳城1959—2001年考古发掘报告［M］. 北京：文物出版社，2014.

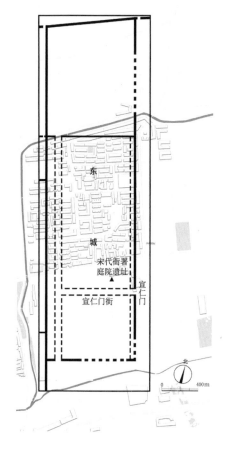

托宫城、东凭城壕，城防更加严密，显然地位极其重要"[1]，河南府在宋时为重城，"河南府城在涧水东，瀍水西，即周公营洛地也，至秦复增广之，东汉三国魏西晋元魏皆城于此，隋炀帝末大营东京曰新都，唐长庆间增置十门，唐末摧圮殆尽。周世宗命武行德葺之。宋景祐间王曾判府事复加修缮，视成周减五之四，金元皆仍其旧"[2]。东城的选址东据瀍水，南临洛水，依河筑城，构成了军事防守的天然屏障，城形制为纵长方形，衙署庭园遗址发掘区（图4-2）[3]也呈纵长方形，南北长，东西短，南北走向。中国风水学说影响下的衙署选址一般为坐北朝南[4]，门址在庭园的南端，推测此衙署的后花园位于衙署后面即北侧，北宋地方衙署的选址营建虽未像皇家园林那样要求严格，但仍遵循着"治中为要""藏风聚气"和"相地卜居"等原则[5]。此衙署选址不仅依托有利地形，凭借瀍、洛二水，利于防御，易守难攻，"依山面水，向阳近水""前有案山，左有水口"，且在整体上依然是面对龙门，伊阙在望，伊洛汇流左入河[6]。这一位置利于引水，便于就近引洛水入城。"自水南入城，

① 陈良伟，石自社，韩建华. 北宋西京洛阳监护城壕的发掘 [J]. 考古，2004（1）：62-66.
② （清）四文镜，王士俊，等. 河南通志 [M]. 清文渊阁四库全书本.
③ 中国社会科学院考古研究所. 隋唐洛阳城1959—2001年考古发掘报告 [M]. 北京：文物出版社，2014.
④ 毛华松. 城市文明演变下的宋代公共园林研究 [D]. 重庆：重庆大学，2015.
⑤ 陈凌. 宋代地方衙署建筑的选址原则 [J]. 文史杂志，2015（5）：112-113.
⑥ 王铎. 洛阳古代城市与园林 [M]. 呼和浩特：远方出版社，2005.

宣仁门里。"这一优越的选址位置客观上为营建衙署附属的园林即郡圃提供了良好的建设环境[①]和借自然山水的有利条件。

4.2 复原设计依据及参考

因大内后苑的类型与北宋时期的衙署园林介于皇家园林和私家园林等园林类型之间具有相通性，所以前一章节所叙对应的大内后苑的复原设计依据及参考，同样是本章节复原设计衙署庭园的依据及参考，而本章节的参考依据同时也为本书第5章北宋私家园林的研究提供了参考和借鉴。又因北宋洛阳衙署庭园遗址[②]大约建于1106—1116年期间，这一时期更接近南宋，因此在宫廷界画这一部分，南宋的界画对于衙署庭园的复原设计有更大的参考价值，本章节仅选取与衙署庭园相关度较高的参考依据作较为详细介绍，与前一章节相同的地方，不再赘述。

4.2.1 考古报告

衙署庭园遗址总发掘面积为2272m²。发掘区遗迹现象丰富，有东西廊庑、殿亭、花榭和花圃、蓄水方池、四通八达的砖石道路，以及交互相通的明暗水道等[②]（图4-3、图4-4）。

1. 建筑遗迹

（1）殿亭

①西殿亭。位于水池南侧，西廊庑东侧，东与东殿亭相邻（图4-5）。夯筑，基址保存较好，平面近方形。南北9.2m，东西8.1m。基址四周有包边砖，均为长方形砖上下错缝平砌。基址上有磉墩，东西向4排，南北向4列。经解剖，磉墩厚约64cm，磉墩边长0.63～0.75m，个别磉墩上残存柱础石。每排磉

---

① 毛华松. 城市文明演变下的宋代公共园林研究［D］. 重庆：重庆大学，2015.

② 中国社会科学院考古研究所. 隋唐洛阳城1959—2001年考古发掘报告［M］. 北京：文物出版社，2014.

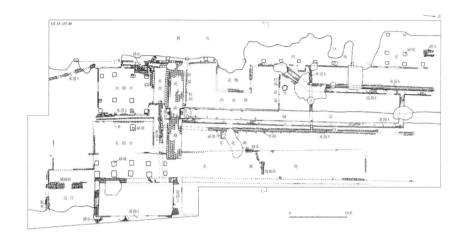

图 4-3
北宋洛阳东城衙署
庭园遗址实测图

（图片来源：中国社会
科学院考古研究所洛
阳分站提供）

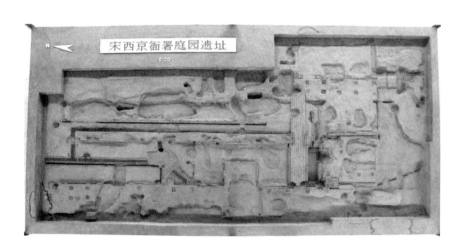

图 4-4
北宋洛阳东城衙署
庭园遗址模型图

（图片来源：石自社摄）

图 4-5
北宋洛阳东城衙署
庭园遗址模型局
部——西殿亭

（图片来源：作者摄于
中国社会科学院考古
研究所考古博物馆洛
阳分馆）

墩间距不等，中间两排中心距2.8m，
东边两排中心距1.8m，西边两排中
心距1.4m。每排相邻两个磉墩间距
2.4～3.1m。西北角有一踏步，踏步
是西殿亭通向西廊庑的唯一通道。踏
步东西长1.24m，南北宽2.04m。东接
西殿亭的西包边砖，此处包边砖横向
平砌，残留2层，包边砖内侧紧靠磉
墩。西距西廊庑包边砖0.5m处，有一高出地面的踏步台阶，因受晚期破坏，
仅留底部砌砖，均为残砖平砌。踏步南北两侧，分别有纵向平砌的垂带底部
砌砖。

②东殿亭。位于花砖路南，西殿亭东侧，东与东廊庑相接（图4-6）。夯
筑，可分早晚两期。晚期利用早期基址，平面呈长方形，南北残长10.28m，东
西残宽5.1m。基址西、南两面均有包边砖，北面遭破坏严重。西面包边砖残留
3层，均为单砖错缝平砌；南面包砖仅存东端部分砖印和零星残砖。基址上残
存一个磉墩。磉墩南北1m，东西1.1m，其上有一块柱础石，平面呈长方形，
长37cm，宽40cm，厚20cm。早期基址，平面长方形，南北长10.75m，东西宽
6m。基址西、南、北三面均有包边砖，南面包边砖叠压在晚期殿亭的南包边
砖基下，北面包砖破坏严重，仅残留砖印痕和零星的残砖。西面包砖比晚期殿
亭的西包砖偏西0.35～0.45m，保存最高处0.5cm，共8层。另外在西面包砖上
发现一块带"官"字的长方形砖，长38cm，宽17.5cm，厚5.5cm。

（2）花榭

花榭位于花圃的中部偏西，西与西廊庑基址相接，北、东、南三面均有包
砖（图4-7）。花榭的南边包砖与南排砖基相距5.45m，北边包砖与北排砖基相
距5.25m，东边包砖与隔墙相距3.1m。花榭平面近方形，南北长5.85m，东西宽
4.2m。包边砖为纵向错缝平砌。东面包边砖保存最高，有4层，残高20cm。包
边砖外有散水，单砖平铺一层，其外有一行勒砖，总宽25cm。

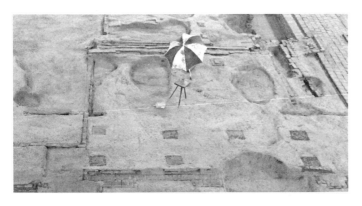

图 4-6
北宋洛阳东城衙署
庭园遗址模型局
部——东殿亭

（图片来源：作者摄于
中国社会科学院考古
研究所考古博物馆洛
阳分馆）

图 4-7
北宋洛阳东城衙署
庭园遗址模型局
部——花榭

（图片来源：作者摄于
中国社会科学院考古
研究所考古博物馆洛
阳分馆）

（3）过厅

1处。位于东殿亭的东南部，北边正对道路1。夯筑。发掘部分东西残长7.75m、南北宽8.46m。基址北、西、南三面都有包边砖，皆单砖平砌而成。南、北面包边砖外侧铺散水，北面散水由两排横向平铺砖和一排纵向侧立砖组成，总宽0.67～0.7m，砖的规格比较统一，长30cm，宽15cm，厚4.5cm；南面散水由一排横向平铺砖和两排侧立砖组成，宽0.57m。砖为素面和条纹砖。砖长39cm，宽19～20cm，厚7cm。因破坏严重，南面散水仅残留两段。

（4）廊庑

廊庑分东廊庑和西廊庑，其间以花砖路连接。

①东廊庑。位于庭园遗址的东部，呈南北向。东廊庑东与道路2相接，西与东殿亭、花砖路、东花圃相连。被晚期建筑严重破坏，仅残留基址部分。南北残长56m，东西宽4.3～5m。基址高出当时地面0.2m，东西两侧均砌有包边砖。东侧包边砖残存5段，南部保存最高的有2层，均上下错缝，纵向平砌。包边砖外为平铺散水，残长13.3m，宽0.72m，由两排长方形砖横向平铺而成，外侧是一排纵向侧立勒砖。散水呈西高东低的斜坡状，有利于排水。在廊庑南部基址上清理出磉墩遗迹，东西向2排，南北向5列，共10个。东西排距1.75m，南北列距3～3.25m。磉墩平面长方形，大小不等，东西0.46～1.05m，南北0.46～0.89m。在基址北部，距花砖路北边13m处，基址上铺地砖，均为长方形砖。靠基址西边南北向两排是横向平铺，在南北向两排铺砖的东侧是东西向铺砖，一纵一横，南北共残存5排。在南距花砖路北边12m处的基址西侧有砖砌踏步。踏步紧贴基址西包边砖而建，仅残存少量底部砌砖，均为长方形砖，南北排列，横向平砌。

②西廊庑。位于庭园遗址的西部，呈南北向。贯穿发掘区南北，南北残长61.3m，复原东西宽约7.2m。基址高出当时地面0.47m，基址东侧包边砖保存较好，最高处7层，为纵向错缝平砌。基址西侧晚期遭严重破坏，包边砖多已不存。在西廊庑基址上同样清理出磉墩遗迹，东西向3排，南北向13列，共17个。东西排距，由东向西第1~2排为1.7m，第2~3排为3.1m。南北列距为2.95～3.45m。磉墩大小不一，东西长0.5～0.61m，南北宽0.55～0.75m。

（5）隔墙

1道。位于花砖路北侧，呈南北向，南端与花砖路北侧的门墩台相接，北端出探方，东边紧靠南北向道路3，西与西花圃相接。夯筑。南北残长46.48m。隔墙下宽上窄。下部宽1.76m，在高出地面0.14～0.25m后，两边各内收0.23m，形成2层台。隔墙变窄为1.3m。在隔墙的南部东西两侧各残存有一排铺砖，东边一排保存5块，西边一排保存3块，东西排距1.15m，南北相邻两块距离是

1.8~4.3m。花砖路以北37.2m处，隔墙有一缺口，道路3向西拐，穿过此墙。

（6）踏道

踏道位于基址的东北边，即道路1南端。仅发掘西半部，踏步东西残宽1.15m，残留铺砖呈南高北低漫坡状，无台阶。西垂带宽0.48m，仅存底部一层青石碎渣。在过厅基址上清理出两处铺地砖，皆用长方形砖纵横掺杂平铺而成。南边一处残长2.8m，残宽1.1m；北边一处残长2m，残宽1.1m。另外在基址西侧有一排纵向平砌砖基，呈东西向，残长4.75m。砖基与西面包砖垂直相接。

（7）水井

2座。从遗迹图上可见，2座水井直径大约为1m，其水井2略大于水井1。水井1紧邻西花圃的北侧正中，水井2位于水道4穿过道路4和道路3之间的位置。水道4与水道6相交后汇入水道5，最终汇于水道1流向水池。因此水道1可能用于园内生活取水和灌溉花圃；位于水道4上的水井2可能用来连系园内水道。

（8）建筑构件

唐代建筑构件26件；宋金时期建筑构件200件，有砖23件、瓦62件、瓦当100件、脊饰11件、其他4件。其他4件中有陶栏杆一件，泥质灰陶，柱状中空，上部有圆形横穿，柱头饰覆盆莲花，莲花下方饰一周锯齿纹花边，直径12.2cm，孔径4.4cm，残高44cm。

2. 花圃遗迹

（1）西花圃

位于花砖路北侧、西廊庑的东侧，东与南北向隔墙相接。花圃平面呈长方形，南北长16.55m，东西宽7.1~7.4m。花圃内土质松软，有很多蜗牛壳。花圃范围内有两排砖基和一座花榭。

在花圃的南北两端各有一排砖基，均东西向，分为南排砖基、北排砖基。砖基东端与隔墙相接，西端与西廊庑相接。砖基均纵向平铺。南排砖基南侧紧靠花砖路，砖基保存最高3层，其上有5个柱洞，皆深0.4m，洞底土较硬。每个柱洞皆由两块人工加工成半圆形的砖对砌而成，直径0.12m。从东向西，两个紧邻的柱洞间距依次为1.15m、1.7m、1.7m、1.5m。北排砖基仅保存一层砌砖，其上也有5个柱洞，从东向西，2个紧邻的柱洞间距依次为1.2m、1.5m、1.4m、1.4m，其他情况与南排相同。

（2）东花圃

位于东廊庑基址西侧，花砖路以北，水道5以东。破坏较甚，仅发现南北向一排7个柱洞和两个磉墩。柱洞南北总长9.2m，东距东廊庑西边3m，中间柱洞为方形外，边长18cm，其余皆为圆形，直径12cm。相邻两柱洞间距1.5m。

磉墩在柱洞的南侧，二磉墩南北间距2.5m，每个磉墩外侧都有平砌包边砖。磉墩平面呈长方形，东西1.2m，南北0.75m，因破坏较甚，无法了解建筑原貌。南北向一排柱洞与东廊庑基址西边之间，地势低洼，土质松软，土内含大量的蜗牛壳。

3. 水遗迹

（1）水池

位于庭园遗址南部偏西，北邻花砖路，南接西殿亭，西靠西廊庑。平面呈长方形（图4-8），东西长6.12m，南北宽2.1m，深约0.8m；四壁砌砖，每壁两排平砌，上下错缝，左右咬合，磨砖对缝，以白灰黏合，非常严实坚固。水

池上口四周有2层台，台宽0.65～0.78m，东西各用素面方砖、南北分别用一排方砖及一排长方形砖平铺而成，水池东部2层台的铺砖已被扰乱。素面方砖边长37cm，厚6cm。池底夯筑，在水池东端底部正中有一块不规则的接水石，正对着水池东端东西向的水道1入水口。另外在水池的西南角有南北向的水道3进水口。

（2）水道

6条。庭园遗址中的排水系统比较发达，明暗水道合理布局。

①水道1。位于花砖路南侧，水池东部。呈东西向，由东向西穿过东廊庑，向西流入水池，入水口在水池的东壁中部，水道底部铺砖伸入池中5～6cm，距池底0.42m，东西残长13m，除穿东廊庑的水道情况不明外，东廊庑以西至水池入水口，水道两壁都是用长方形小砖错缝叠砌。东廊庑以西1.5m为暗水道，保存较好，水道内宽0.24m，深0.2m，底无铺砖，但土质坚硬；向西2.14m水道被近代坑破坏掉；再向西3.16m，水道砖壁逐层内收，最上一层用方砖垒砌，上口仅宽2～10cm；再向西水道两壁为直壁，较为规整，底部有铺砖，上有盖砖，大部分盖砖被扰乱。

②水道2。位于东殿亭和西殿亭之间，呈南北向，南北两端均被破坏，残长10.2m，口宽0.4m，深0.16m，水道不甚规整，东壁利用早期东殿亭的西包边砖，西壁利用西殿亭的东包边砖。水道底南高北低，可能和水道1或水池有关。

③水道3。位于西殿亭和西廊庑之间，呈南北向。可分南北两段，北段位

于西殿亭西侧，南北残长5.8m，水道宽0.2m，西壁长方砖顺向平砌，底铺一横砖。水道从连接西殿亭和西廊庑的踏步下穿过，在水池的西南角与水池连通，入水口被晚期扰乱，仅残留两块壁砖。南端水道过西殿亭后稍向东折至探方南壁。南北残长8.8m，口宽0.15~0.20m，深0.2m。该段为暗水道，上有盖砖，底铺一层板瓦。

④水道4。位于西廊庑东侧，花榭以北10.4m处，呈东西向。西接西廊庑的东包砖，向东与水道6汇合后，又穿过道路4、隔墙和道路3，与水道5相通，全长11m。穿过道路4时被晚期的井和坑打破。水道两壁用残砖顺向平砌，底部铺砖为两层，中间有5cm厚的淤土，水道壁砖压着最底层的铺砖，上层铺砖是顺水道的纵向平铺砖。水道东口宽0.18m，深0.14m。其上盖有两块素面方砖，其内有一块封堵水道的立砖。

⑤水道5。位于道路3东侧，呈南北向。分南北两段，以花砖路北边4.7m为界，以南为暗水道，长8.4m，穿过花砖路与水道1相交。以北为明水道，长36.5m，宽0.15~0.2m。水道两壁为残砖平砌而成，残存两层。水道底部北高南低，水由北向南流，与水道1相汇后流入水池。另外在水道东侧，南距花砖路北边6.3m处有一小暗水道，可能自东廊庑西侧斜向通往水道5。

⑥水道6。位于道路4西侧，呈南北向。南端与水道4交汇后，穿过道路4稍向西折。与水道4、道路4交汇处被晚期坑破坏。可分南北两段，南段即西折部分残长3m，口宽0.15m。水道壁为残砖顺向平砌两层，底部无铺砖，但较硬。北段残长21.5m，北端被晚期路土打破。水道壁用砖平砌而成，其东壁紧靠道路4的西包边砖。水道底北高南低，与水道4交汇后，由西向东流向水道5。

4. 园路遗迹

（1）花砖路

1条，呈东向西，是连接东西廊庑的主要通道（图4-9）。东西长16.05m，南北宽2.6m。花砖路东端伸入东廊庑基址1.08m，西端与西廊庑东包边砖相接，花砖路面低于西廊庑基址面0.25m。路面用柿蒂形卷草纹方砖错缝平铺而成，方砖规格为长宽30~32cm，厚5cm，铺砖下是夯土路基。路基两侧分别纵砌一排平砖，上下错缝，共3层，作为路基包边。在花砖路中部有门址残迹。门址墩台，位于花砖路南北两侧，夯土门墩台长1.8m，外有包边砖，包边砖除底层是纵向侧立外，其余均为纵向平砌。两墩台之间距离是1.65m。在两墩台内侧中部的铺砖上各有一孔，南墩台内侧铺砖上的孔为三角形，底边长10cm，斜边长8cm。北墩台内侧铺砖上的孔为长方形，长8cm，宽6cm，深15cm。在墩台东侧花砖路中线的铺砖上有一圆洞，直径11cm。墩台以东，花砖路北边与南北向道路3相接，相交处花砖磨损严重，图案纹饰漫漶不清；花砖路南侧东西0.6m无路基包砖，仅残留北高南低的夯土斜面，斜面向南延伸至东西向水道1边。墩台以西，花砖路南邻砖砌水池，路面高出水池两层台0.2m；路北紧靠花圃的东西向栅栏砖基，砖基与路之间的空隙铺32cm的素面方砖，方砖仅存靠近墩台的两块。

（2）道路

①道路1。位于庭园遗址的东南部，呈南北向。西边与道路2相接，南端与过厅的踏步相接。发掘部分长17m，最宽处1.25m，路面铺砖，砖多已不存，仅局部有些残碎砖块。西侧残留有2排包边砖，砖呈纵向侧立嵌入地下。

②道路2。位于道路1西侧，呈东西向，东接道路1，相接处路面呈扇面形加宽，西接东廊庑的东包边砖。宽1.55m、长6.2m，路面铺砖，大部分砖因受压风化已成碎块，仅存东西两端少量铺砖，为一纵一横平铺。砖的规格为长30cm，宽15cm，厚4.5cm。在砖铺路面的南北两侧，各有一排侧立纵砌的包边砖。

③道路3。位于南北向隔墙的东侧，紧贴隔墙，南与花砖路相接，东邻南北向水道5。平面呈"L"形（图4-10），分两段叙述，第一段呈南北向，长39.15m，宽0.7m。路面由石子铺就，由南向北大半段为纯白石子，北部小半段为杂色石子，路面西侧略高于东侧。道路的东西两侧有包边砖，东侧包边砖两排，西侧包边砖一排，均为纵向侧立砖；第二段呈东西向，穿过隔墙，东与第一段的北端相接，西与道路4相接。长4.8m，宽0.7m，路面为五色石子铺就，路面两侧有两行纵向侧立的包边砖。

④道路4。位于隔墙与西廊庑之间，呈南北向，南端与东花圃相邻，北侧被晚期路土破坏。南端稍向西折，与西廊庑东包边砖相接，拐弯处被近代坑破坏。其中向西折的部分残长3m。路面用五色石子铺成，两侧分别用两行纵向侧立砖嵌入地下做道路的包边砖，路面中间略高于两侧。在

图 4-9
北宋洛阳东城衙署庭园遗址模型局部——花砖路

（图片来源：作者摄于中国社会科学院考古研究所考古博物馆洛阳分馆）

图 4-10
北宋洛阳东城衙署庭园遗址模型局部——石子路

（图片来源：作者摄于中国社会科学院考古研究所考古博物馆洛阳分馆）

北距道路3西折部分西端南边0.5m处，石子路被两行侧向纵立砖分隔成两段，中间形成一宽0.12m的凹槽，可能为排水之用。

4.2.2　绘画图像

1. 反映出建筑形制的高官府第

北宋张先（公元990—1078年）的《十咏图》（图4-11）大约创建于熙宁五年（1072年），张先被其父张维（公元956—1046年）的诗句"他日定知传好事，丹青宁羡洛中图"①所触动，创作了此图山水人物画，此画是北宋前期的风格②，这是它成为本书衙署庭园遗址中殿亭的复原设计参考的重要原因之一。再者张先之父张维以吟咏诗词为乐，"浮游闾里，上下于溪湖山谷之间……倘徉闲肆，往与异时处士能诗者为辈，盖非无忧于中，无求于世，其言不能若是也。公不出仕，而以子封至正四品，亦可谓贵"③，张先不仅官居四品，且以登山临水、创作诗词自娱，《十咏图》的十首诗便是张先从父亲生前的诗作中挑选而来，《洛中图》很可能是指现藏于北京故宫博物院的《会昌九老图》（图4-12），《十咏图》中描绘的南园文人雅集的"六客会"与晚唐时期的"洛阳九老会"十分接近④，从张先和张维的生平来看，他们非常了解高官府第的生活，所见所闻极具真实性。这些为本章节复原设计衙署庭园遗址中单体建筑的形制、园林风格及意境提供了有力参考。

图4-11
（北宋）张先《十咏图》局部

（图片来源：引自《宋画全集》第一卷第一册，故宫博物院藏）

---

① （宋）周密. 齐东野语［M］. 张茂鹏，点校. 北京：中华书局，1983.

② 张先十咏图卷［Z/OL］. ［2015-7-6］. https://www.dpm.org.cn/collection/paint/228297.html?hl=%E5%8D%81%E5%92%8F%E5%9B%BE.

③ 傅璇琮，王兆鹏. 宋才子传笺证［M］. 沈阳：辽海出版社，2011.

④ 蒋方亭. 丹青宁羡洛中图——《十咏图》与张氏父子的生平写照［M］//大匠之门4.南宁：广西美术出版社，2015.

图 4-12
（宋）佚名《会昌
九老图》局部

（图片来源：引自《宋
画全集》第一卷第六
册，故宫博物院藏）

图 4-13
（南宋）李唐（传）
《文姬归汉图》局部

（图片来源：引自网络）

以南宋李唐（1066—1150年）
的《文姬归汉图》（图4-13）作为
参考，原因主要有二。其一，此图
真实反映了南宋官式住宅前庭空间
和建筑做法：二重门绕以廊庑，保
留了某些廊院布局；第二重门后为
厅堂，建筑规模很大，采用"工字
殿"形制；木构架大量使用月梁、
穿串、丁头拱等，与《营造法式》
相印证。其二，"李唐，字晞古，
河阳三城人，徽宗朝曾补入画院，建炎间太尉邵渊荐之……善画山水、人物，
笔意不凡，尤工画牛"[1]。李唐在徽宗时入画院，虽然该作品更多地突出了南方
特色，但仍为本书衙署庭园的复原设计提供了很好的参考。

2. 展现出花木配置的官式住宅

南宋刘松年的《四景山水图》（图4-14）以人物活动为中心，结合界画技
法分别描绘了庭院台榭的四季景象。临安（今浙江杭州）作为南宋都城所在，
高官显贵们的庭园别墅在此建造甚多，刘松年身为画院画家，长年生活其间，
此图立意于表现士绅官僚优裕闲适的生活[2]。正如诗云："暖风薰得游人醉，便
把杭州作汴州。"[3]因此该图中花木与建筑、山石组景，主体建筑前有抱厦，左

① （清）吕良. 吕留良诗笺释［M］. 俞园林，笺释. 北京：中华书局，1983.
② 刘松年四景山水图卷［Z/OL］．［2016-8-7］. https://www.dpm.org.cn/collection/paint/234462.
   html?hl=%E5%9B%9B%E6%99%AF%E5%B1%B1%E6%B0%B4%E5%9B%BE.
③ （元）刘一清. 钱塘遗事校笺考原［M］. 王瑞来，校笺考原. 北京：中华书局，2016.

右设耳房，两侧连以廊道和厢房，这种布局严整的官宦人家的住宅，是衙署庭园复原设计的主要参考依据。

《桐荫玩月图》（图4-15）描绘的是高官府第，院中过厅左右各有对植的高大梧桐，荫满大院，盆荷盛开，小草如茵，湖石点缀；进入过厅后是另一个院落，里面有殿亭、花圃；廊道连接多个单体建筑，分隔内外空间，围合出的小空间内又种有假山和花木，园中有园，景中有景，这种空间布局及花木配置与衙署庭园遗址的布局非常相近。宋佚名的《女孝经图》（图4-16）原本分为18章，各幅多以庭园作为背景，以树石构成图像，植物种类主要有梧桐、柳树、芭蕉、杂花等。南宋马远的《西园雅集图》（图4-17）中松翠如云，风竹相吞，溪水潺潺，山石森森，草木繁盛，虽然描述的场面较为宏大，但植物、山石渲染出的园林意境为衙署庭园的复原设计提供了参考。

春景　夏景
秋景　冬景

图 4-14
（南宋）刘松年《四景山水图》
（图片来源：引自《宋画全集》第一卷第四册，故宫博物院藏）

图 4-15
（宋）佚名《桐荫玩月图》
（图片来源：引自《宋画全集》第一卷第七册，故宫博物院藏）

图 4-16
（宋）佚名《女孝经图》
（图片来源：引自《宋画全集》第一卷第五册，故宫博物院藏）

图 4-17
（南宋）马远《西园雅集图》
（图片来源：引自《宋画全集》第六卷第五册，美国纳尔逊—阿特金斯艺术博物馆藏）

4.2.3　建筑规范

　　因衙署庭园遗址考古发掘的建筑平面基址较为详尽，本书根据《营造法式》和前人研究经验对柱础不太完整的部分进行了相应的补充，对西廊庑的柱础补充较多，在余屋、廊庑的处理方面，又根据谭刚毅对《清明上河图》的研究①，总结出宋代在合院落四周，为了增加居住面积，多以廊庑代廊，因此适当增加了廊庑的开间和进深②，其单体建筑的平面开间和进深基本按照考古发掘报告的数据③。考古发掘的建筑构件中作为脊饰的套兽、垂兽与宋代宫廷界画中出现的形象十分相近。衙署庭园单体建筑的立面复原设计的建筑规范和方法与本书第三章大内后苑的复原设计相同，但其等级不同，以下是衙署庭园复原设计采用的统一数据（表4-1）。

北宋洛阳东城衙署庭园遗址设计参数表　　　　表4-1

	殿亭	余屋（亭榭、廊屋等）
屋顶样式	重檐九脊顶	重檐九脊顶、单檐九脊顶
正面间数	三间	余屋、廊屋的间数根据需要决定
间广	10尺左右	9尺左右
屋架深	6尺左右	5尺
柱高	柱高不越间广	
材等	五等材	六等材
铺作	单杪单下昂五铺作	单杪单下昂四铺作、单斗只替及斗口跳、柱梁作

---

① 谭刚毅. 宋画《清明上河图》中的民居和商业建筑研究［J］. 古建园林技术，2003（4）：38-41.

② 袁琳. 宋代城市形态和官署建筑制度研究［M］. 北京：中国建筑工业出版社，2013.

③ 中国社会科学院考古研究所. 隋唐洛阳城1959—2001年考古发掘报告［M］. 北京文物出版社，2014.

4.2.4　古迹遗存

1. 建筑遗构

初祖庵（图4-18）位于河南少林寺常住院西北方向，嵩山少室山五乳峰下小土丘上，距离少林寺约2km，北宋时嵩山少室山属西京河南府（现河南洛阳）管辖。宋代初祖庵曾有"面壁之塔"，塔毁额存[①]。初祖庵大殿方形，三间（图4-19）。其石柱为八角形，其中一柱刻有"宋宣和七年"，距《营造法式》刊布仅22年。其总体结构严格依照《营造法式》的规定，其斗栱更是完全遵循了有关则例。踏道侧面的三角形象眼，其厚度逐层递减，恰如《营造法式》所规定的那样[②]，是我国宋代造殿之制中罕见的实物例证。这与衙署庭园的营建时间（1106—1116年）也很接近。而且初祖庵大殿总面阔和进深的尺寸（表4-2）与衙署庭园遗址的东西殿亭考古发现的数据也较为相近。

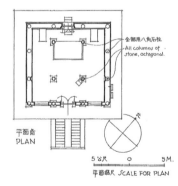

图 4-18
河南登封少林寺初祖庵

图 4-19
河南登封少林寺初祖庵平面图

（图片来源：引自梁思成《梁思成全集（第八卷）》）

① 左满常. 河南古建筑（上\下册）[M]. 北京：中国建筑工业出版社，2015.
② 梁思成. 梁思成全集（第七卷）[M]. 北京：中国建筑工业出版社，2001.

初祖庵建筑尺寸   表4-2

开间	面阔三间，进深三间，总间35.5尺，心间13.5尺，梢间11尺
材分	五等材
屋顶	重檐九脊
进深	六架椽屋，34尺
柱高	下檐柱高11.57尺

资料来源：陈明达《营造法式大木作研究（上集）》。

2. 池苑遗址

目前由于还未发现描述此衙署的相关文献记载，只能通过考古遗址、同一时期不同地域或南宋时期县衙署特点来推测其形制、布局，方志中和宋代刻石中记载和描绘了"南宋时期县衙署的地理分布和城池图"[①]，而这一布局是对北宋时期的继承。现存遗址主要有：位于山西新绛城西高垣的绛守居园池；位于四川崇州市中心的罨画池等。

绛守居园池是"山西历史名园，位于绛州城（即今山西省新绛县）内西北隅，是我国现存较早的一座衙署园林"[②]。据文献记载，隋开皇十六年（公元596年），引泉开渠溉田，挖土成池，蓄水为沼，筑堤建亭，植花栽木，园池即成；唐长庆三年（公元823年）绛州刺史樊宗师作有《绛守居园池记》，园池亭台池渠已较具规模；宋景德元年（1004年）绛州通判孙冲写有《绛州重刊绛守居园池记序》，园内建筑有增有减，营造活动不断，但园池特点已有变化；直至清朝，历代均属官衙花园。现存的绛守居园池除了园内周边地形及州署大堂所在的基址还依稀可见、唐长庆三年（公元823年）樊宗师作《绛守居园池记》所描述的地形特征（图4-20、图4-21）外，其他的均已不见当年的影子，仅存明代末期构筑的洄涟亭，民国时期所建的方形莲池（图4-22）、望月台、照壁、子午梁等。关于园池的园界，与唐相比，并未有太大的改变[②]。绛守居园池的遗存是我们研究古代衙署园林不可多得的实例，其园林天然古朴之韵味让人沉浸、畅游其中，如同穿越时空与古人进行对话。

崇州罨画池旧称东亭，始建于唐代，是官府接待宾客的地方，北宋庆历年间（1041—1048年），江原知县赵抃，挖湖蓄水，栽植花木，修建园林，使得东亭景色以梅花和菱花烟柳为胜，色彩极尽斑斓。北宋政和年间（1111—1118

---

① 赵龙. 方志所见宋代县衙署建筑规制 [J]. 中国地方志，2014（4）：53-59.

② 赵鸣. 山西园林古建筑 [M]. 中国林业出版社，2002.

年），崇州知县苏辙族孙苏元老在罨画池原有基础上，修建亭台楼榭，使得这里更为雅致。罨画池居于北部偏西部分，园林入口位于西北角，同唐宋时留下的四川园林一样，罨画池也是以水面为主体展开布局（图4-23），水面分为大、中、小三个部分，池中有岛，上有罨画亭，岛上有拱桥与岸边相接，拱桥接岸之处，有处于高台之上的尊经阁[①]。园内现存建筑多为清代重建，总体保留了唐宋时的园林格局，历代沿用翻修保留至今，拥有深厚的人文底蕴，仍不失为研究衙署园林遗存较为珍贵的实例。

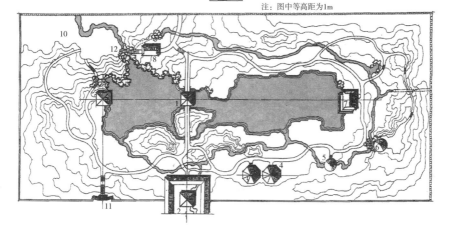

北

0 3 6 12m

1洞涟亭　4槐　亭　7苍塘亭　10原
2乡　亭　5望月亭　8风　亭　11虎豹门
3新　亭　6柏　亭　9白滨亭　12木腔瀑

注：图中等高距为1m

图4-20
山西绛州绛守居园池地形图

（图片来源：引自赵鸣《山西园林古建筑》）

图4-21
山西绛州绛守居园池——孤岛亭

图4-22
山西绛州绛守居园池——洞涟亭和方形莲池

① 陈颖，田凯，张先进，等. 四川古建筑［M］. 北京：中国建筑工业出版社，2015.

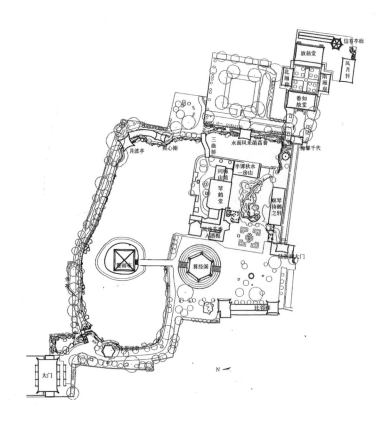

图4-23
四川崇州罨画池平
面图

（图片来源：陈颖等
《四川古建筑》）

4.3 复原设计

4.3.1 总体布局

　　衙署庭园的复原设计的总体布局（图4-24）主要依据考古报告，按照《营造法式》和现有遗构，将建筑平面的柱础进行了补充和添加；衙署庭园遗址南北长达76m，东西宽33m。庭园规模虽然不大，但布局严谨。由南北向的铺砖大道可推测，园南部应有大门，由南向北穿过过厅进入庭园；过厅向北西侧为两座并排的亭阁建筑，面向方池；临池建有东西向的花砖路，花砖路的东西两端建有南北向廊庑，贯穿整个遗址，形成庭园的环廊[①]；在花砖路的中部北侧

----

① 王岩. 宋代洛阳造园风的实例——洛阳北宋衙署庭园遗址 [J]. 文物天地，2002（6）：36-39.

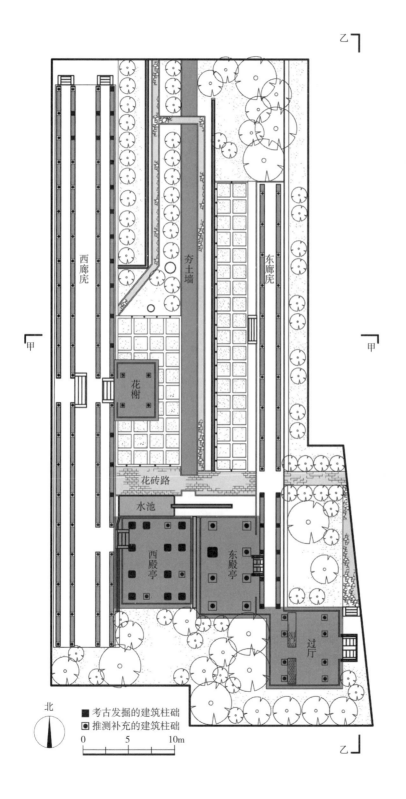

乙

甲　　甲

西廊庑

夯土墙

东廊庑

花榭

花砖路

水池

西殿亭　东殿亭

过厅

北

■ 考古发掘的建筑柱础
◉ 推测补充的建筑柱础

0　　5　　10m

乙

图 4-24
北宋洛阳东城衙署
庭园遗址平面图

筑有南北向的夯土隔墙，隔墙东西部各有花圃，两栏杆之间的花圃与花榭自成
一体，形成"园中之园"的小景观，布局巧妙；整个庭园设有6条明暗水道，
交互相通，最后注入蓄水池，营建讲究。园内两殿廊回环，亭榭居中，亭、
路、楼、池有机结合在一起。花木配置遵循"因景而植"的原则，采用规则式
和自然式相混合的方法，依据前文已论述的相关绘画，并结合当时洛阳的种花
赏花风尚和洛阳官员、百姓对牡丹等花卉的钟爱，在牡丹的自然式种植中，根
据牡丹的生长习性，选用了侧方遮阴的种植方法。

4.3.2　建筑单体

单体建筑的开间和进深主要依据考古报告中的数据，单体建筑的立面复原
设计的建筑形象和尺寸数据主要依据宋画、《营造法式》及现存北宋建筑初祖
庵大殿。

1. 西殿亭

图4-25
（北宋）张先《十
咏图》局部

（图片来源：引自《宋
画全集》第一卷第一
册，故宫博物院藏）

西殿亭平面面阔三间、进深三
间，平面近方形，其尺寸（表4-3）由
前文记述的考古发掘的形制和数据而
得。北宋张先《十咏图》（图4-25）里
的主体建筑，建于高官府第里，且面
阔和进深与西殿亭一致；另初祖庵的
心间与西殿亭尺寸仅相差1.5尺，因此
建筑的屋顶样式和形式主要以这两者
为参考依据，建筑构件中套兽形象以
考古发掘的套兽为参考（图4-26）。

北宋洛阳东城衙署庭园遗址西殿亭设计参数表　　　表4-3

开间	三开间，总间30尺，心间12尺，次间9尺
材分	五等材
屋顶	重檐九脊
进深	四架椽屋，26尺
柱高	柱高11尺

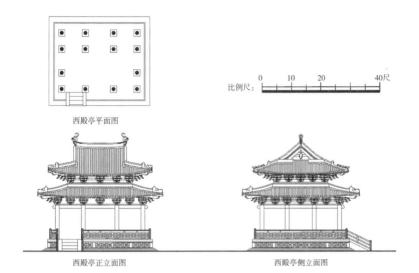

西殿亭平面图

比例尺：

0　10　20　40尺

西殿亭正立面图　　　　　　　　西殿亭侧立面图

图 4-26
北宋洛阳东城衙署
庭园遗址西殿亭平
立面图

2. 东殿亭

东殿亭平面面阔三间、进深三间，平面呈长方形，其尺寸（表4-4）由前文记述的考古发掘数据而得。《梧桐庭园图》（图4-27）中的殿亭与东殿亭的建筑形制（图4-28）较为接近。

3. 花榭

花榭的建筑立面形制（表4-5、图4-31）主要是以南宋李嵩的《月夜

图 4-27
（宋）佚名《梧桐庭园图》
（图片来源：引自《宋画全集》第一卷第七册，故宫博物院藏）

看潮图》（图4-29）和南宋赵伯骕的《风檐展卷图》（图4-30）中的亭榭为主要参考依据，再者考虑到衙署庭园遗址西北高于东南的地形特征，和游观者更好的观景效果，因此花榭所处的地势向北逐渐增高。

北宋洛阳东城衙署庭园遗址东殿亭设计参数表　　　　表4-4

开间	三开间，总间35尺，心间12尺，次间11.5尺
材分	五等材
屋顶	重檐九脊
进深	四架椽屋，19尺
柱高	柱高11尺

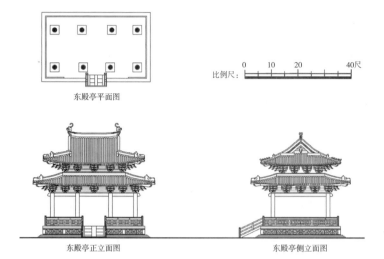

比例尺：0 10 20 40尺

东殿亭平面图

东殿亭正立面图　　　东殿亭侧立面图

图 4-28
北宋洛阳东城衙署
庭园遗址东殿亭平
立面图

图 4-29
（南宋）李嵩《月
夜看潮图》
（图片来源：引自傅伯
星《宋画中的南宋建
筑》）

图 4-30
（南宋）赵伯骕（传）
《风檐展卷图》
（图片来源：引自网络）

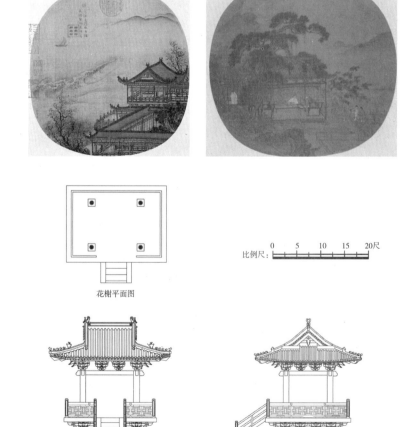

比例尺：0 5 10 15 20尺

花榭平面图

花榭正立面图　　　花榭侧立面图

图 4-31
北宋洛阳东城衙署
庭园遗址花榭平立
面图

北宋洛阳东城衙署庭园遗址花榭设计参数表　表4-5

开间	单开间，心间18尺
材分	六等材
屋顶	单檐九脊
进深	四架椽屋，13.5尺
柱高	柱高9尺

4. 过厅

　　过厅的建筑立面形制主要是以《桐荫玩月图》（图4-32）、《汉宫秋图》（图4-33）中的过厅为主要参考依据（表4-6、图4-34）。

北宋洛阳东城衙署庭园遗址过厅设计参数表　表4-6

开间	三开间，总间27尺，心间10尺，次间8.5尺
材分	六等材
屋顶	单檐九脊
进深	四架椽屋，25尺
柱高	柱高9尺

图 4-32
（宋）佚名《桐荫玩月图》局部

（图片来源：引自《宋画全集》第一卷第七册，故宫博物院藏）

图 4-33
（宋）佚名《汉宫秋图》局部

（图片来源：引自网络，个人私藏）

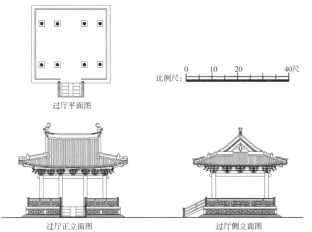

过厅平面图

比例尺： 0　10　20　40尺

过厅正立面图　　过厅侧立面图

图 4-34
北宋洛阳东城衙署庭园遗址过厅平立面图

图4-35
（五代）佚名《乞巧图》局部

（图片来源：引自《宋画全集》第六卷第三册，美国大都会博物馆藏）

5. 廊庑

以廊道围合的空间，既是廊院传统的沿袭，也是北宋时建筑组织的重要元素。廊庑以不同的空间形式频频出现在宋画中，如五代佚名《乞巧图》（图4-35）的重重庭院中，回廊穿插连接起亭台楼阁；传北宋王诜《杰阁婴春图》（图4-36）中雅致的楼阁、长廊所围的园子，棕榈、奇石植列，廊外远山横翠，近处垂柳、林木绕围；宋佚名《宋人松阴庭院图》（图4-37）中沿用"前堂后寝"的传统布局，画面截取园中一角，回廊向宅内庭院一面开敞，另一面以墙辟门可通厅堂。

衙署庭园遗址里有东、西两廊庑，东廊庑的平面由前文的考古数据得出开间心间为3m，进深为1.75m（表4-7）。西廊庑由于西侧破坏严重，因此在考古发掘的基础上根据宋代多以廊庑代廊的方法，将西侧的柱础进行了补充，东西排距，根据前文的考古数据得出开间心间为3.3m，进深为三开间，为6.5m（表4-8）。东、西廊庑的立面和屋顶形式参考宋画，屋顶形式为两面坡屋顶即单檐悬山顶，宋时称"不厦两头造"（图4-38、图4-39）。

北宋洛阳东城衙署庭园遗址东廊庑设计参数表　　　　表4-7

开间	单开间，总间140尺，心间10尺
材分	六等材
屋顶	不厦两头造
进深	四架椽屋，6尺
柱高	柱高11尺

图4-36
（北宋）王诜（传）《杰阁婴春图》局部

（图片来源：引自傅伯星《宋画中的南宋建筑》）

图4-37
（宋）佚名《宋人松阴庭院图》

（图片来源：引自《宫室楼阁之美：界画特展》）

北宋洛阳东城衙署庭园遗址西廊庑设计参数表	表4-8
开间	单开间，总间190尺，心间10尺
材分	六等材
屋顶	不厦两头造
进深	三间，四架椽屋，15尺
柱高	柱高11尺

6. 隔墙

隔墙位于花砖路北侧，夯筑，南北残长46.48m。根据考古报告可知：隔墙下宽上窄，下部宽1.76m，形成的二层台变窄为1.3m[①]（图4-40）。

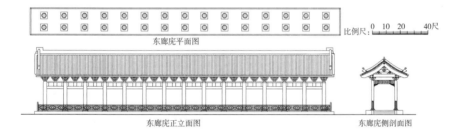

东廊庑平面图

比例尺：0 10 20 40尺

东廊庑正立面图　　　东廊庑侧剖面图

图 4-38
北宋洛阳东城衙署
庭园遗址东廊庑平
立剖面图

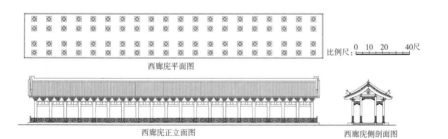

西廊庑平面图

比例尺：0 10 20 40尺

西廊庑正立面图　　　西廊庑侧剖面图

图 4-39
北宋洛阳东城衙署
庭园遗址西廊庑平
立剖面图

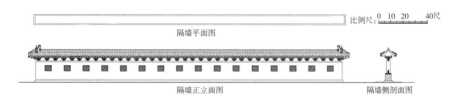

隔墙平面图

比例尺：0 10 20 40尺

隔墙正立面图　　　隔墙侧剖面图

图 4-40
北宋洛阳东城衙署
庭园遗址隔墙平立
剖面图

[①] 中国社会科学院考古研究所编著. 隋唐洛阳城1959—2001年考古发掘报告 [M]. 北京：文物出版社，2014.

4.3.3 立面空间（图4-41、图4-42）

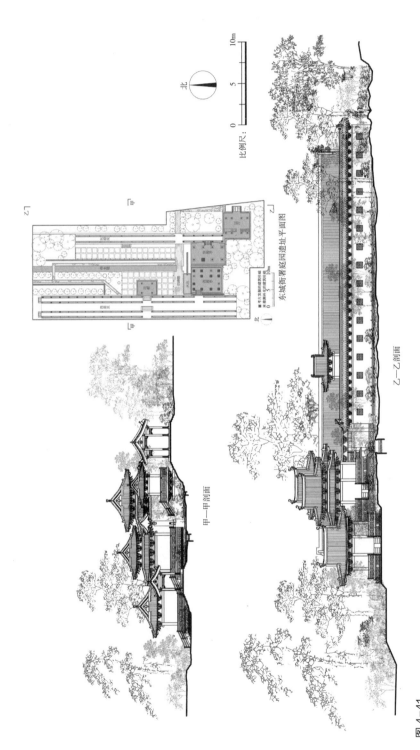

东城衙署庭园遗址平面图

甲—甲剖面

乙—乙剖面

图4-41
北宋洛阳东城衙署庭园遗址剖面图

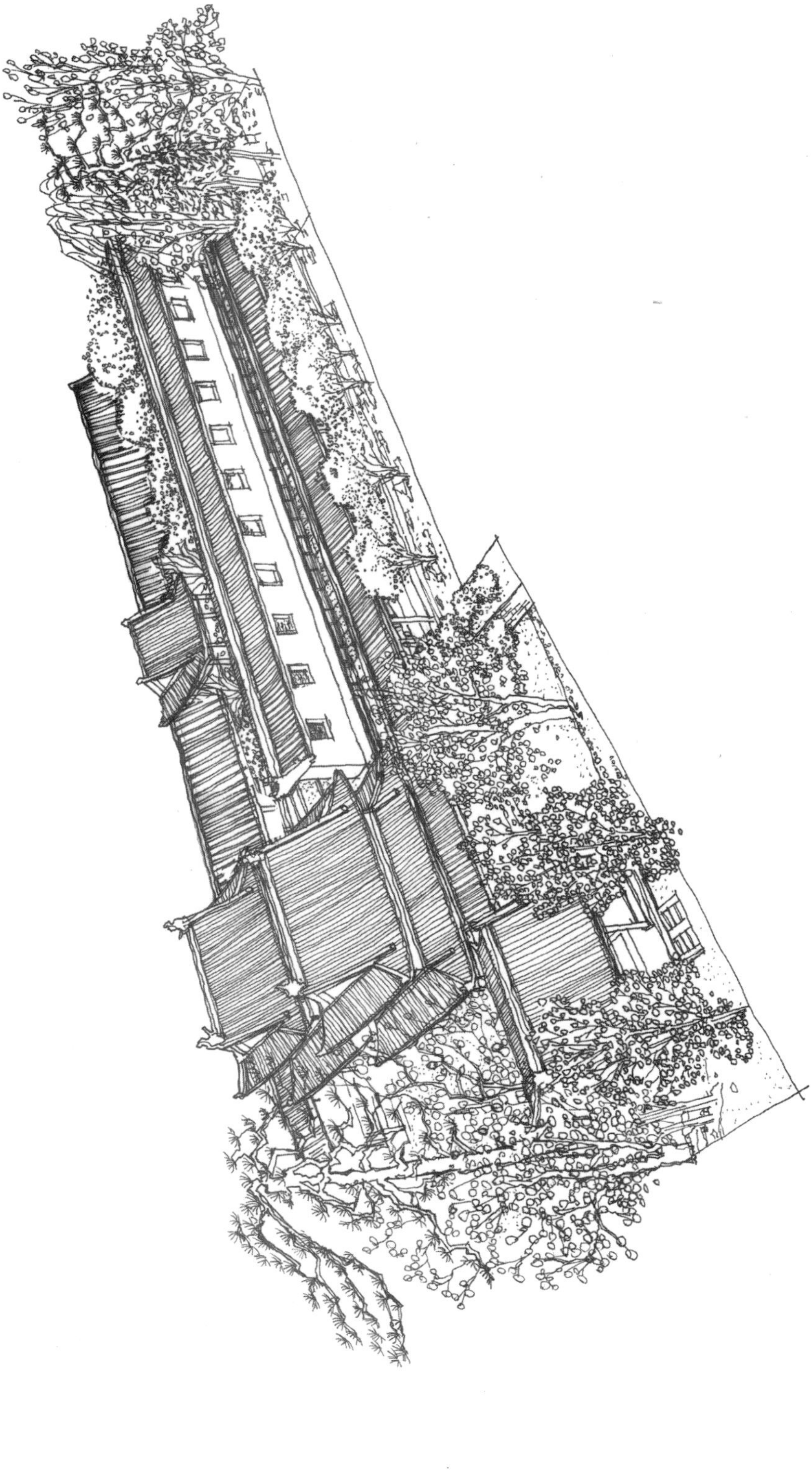

图 4-42
北宋洛阳东城衙署庭园遗址鸟瞰图

4.4 造园意匠——双廊透墙同民乐

4.4.1 理水艺术

1. 理水结构

根据园址南北狭长、地势北高南低的特点，水道因地制宜地由北向南展开，又根据考古遗迹中发现的6条明暗相交的水道的走向（图4-43），确定发掘部分由西向东的水道S4与由由北向南的水道S6汇合后，又穿过道路4（同时

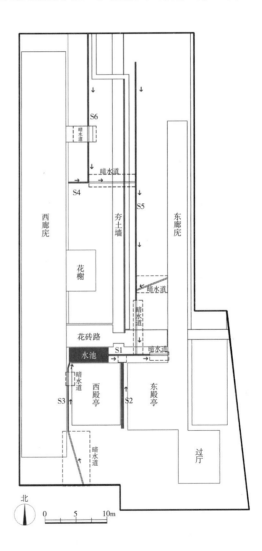

图4-43
北宋洛阳东城衙
署庭园遗址理水
结构图

（图片来源：王言茗绘）

被水井2打破）、隔墙和道路3，由西向东与水道S5相通，与水道S1相汇后流入水池；水道S2由南向北流入水池；水道S3从连接西殿亭和西廊庑的踏步下穿过，在水池的西南角与水池连通。根据园中水道、散水的走向可大致推测：方水池以北水道中水应由北向南流，由西向东流；方水池以南水道中水应为由南向北流，两者最终汇入方水池。东廊庑东侧散水呈西高东低的斜坡状，有利于排水，而在东城西墙内、东墙外各发现1条渠道。在西墙内东侧发现的南北向渠道，发掘长度79.5m。渠道曾有过4次东西向的摆动，大致可分为早、中、晚三期。据推测，这一南北向渠道可能是源自西北方向的陶光园干渠，流经西墙内侧而后南向经宣仁门，通过泄口渠，最后注入漕渠[①]。可推测遗址中东廊庑东侧的水由西向东排出可能汇于园外东城东侧水渠，而南北走向水道S6、水道S5的水可能取自井水、雨水或引自在东城两侧发掘的水渠。

2. 理水功能

在洛阳城内因水绕城的地理优势影响下，东城内东西两侧各有水渠，园内造景避免了如缺水地区的凿池引水，可直接引水入园。此方池既作为蓄水池，解决了雨季雨水排泄问题，与西殿亭和花砖路形成相对独立的空间环境，又是贯通全园水系的出入口，实现了水的循环利用。"水随器成形"[②]，不难看出园内的排水系统是古人精心设计的，颇具匠心。同时遵循《园冶》中的理水原则："高方欲就亭台，低凹可开池沼"[③]。

3. 理水艺术

园址内发掘出方池，说明北宋时期方池造园不仅在前文谈到的皇家园林中出现，还出现在衙署园林的造园中，司马光在《独乐园记》中也描述了独乐园中方池布局的方式，本书在第五章中予以详述。并且在同一时期也有关于其他衙署园林内方池的记载，"众乐园在郡城（永嘉县，即今浙江省温州市辖县）西旧郡治北，纵横一里。中有大池塘，亭榭棋布，花木汇列"[④]；成都府转运西园内"堂因水得名，方沼当其后"[⑤]。再如苏轼《次韵子由岐下诗》的序："亭前为横池，长三丈……廊之两傍，各为一小池，三池皆引汧水，种莲养鱼于

① 陈良伟，石自社. 隋唐洛阳城城垣1995—1997年发掘简报 [J]. 考古，2003（3）：47-55.
② 张十庆.《作庭记》译注与研究 [M]. 天津：天津大学出版社，2004.
③（明）计成. 园冶注释（第2版）[M]. 陈植，注释. 北京：中国建筑工业出版社，1988.
④ 赵鸣，李培军，王国强. 人居环境·古典园林·水 [J]. 北京林业大学学报（社会科学版），2002，1（2）：80-83.
⑤（宋）袁说友等编. 成都文类，卷第七，诗，亭馆一 [M]. 北京：中华书局，2011.

其中"①。造设这些静态的水池，并不在制造激越惊人的精彩景象，而是追求沉静娴雅的怡人景致，所以往往在水中种莲。在中国古典园林史上，曾一度盛行不重具体自然形态，而追求"适意"和"求理"的欣赏方式②。由此可推测，这一方池的形成从园林文化的角度来讲，应该是受到了洛阳当时二程理学的影响。此外，以人工的挖凿接引所建成的人工流泉是十分常见的，如"遥通窦水添新溜"，"清泉绕庭除"③，"水穿吟阁过"④。这样的工程应是在附近已有现成的泉沟，挖凿出一个连通的渠道，将水接引过来⑤。东城衙署园内的水道既然是人工营造出来的渠道，其行走的路线应是依照人们的习惯划定的，因此水道穿绕着不同方向的石子路、隔墙、花砖路、方水池以及殿亭等，与建筑物之间产生并济互彰的效果。

园内遗址中方池北邻花砖路，南接西殿亭，西靠西廊庑，郡圃中的水与建筑物相结合在当时也较为普遍，如"砌迴波流碧"⑥，"水边台榭许题诗"⑦，"溪上危堂堂下桥"⑧，"危阁飞空羽翼开，下蟠波面影徘徊"⑨，"傍砌酾小渠，回环是流水"，"花边二小亭，双跨清渠上"⑩，小亭跨到水面之上，应是类似水榭的做法。通过将东城衙署庭院遗址与洛阳园林比较，可见同为北宋中期的士人所经营的园林，二者在题材与手法上的一致性⑪。这些建筑都是建在水边或是水上，水就在砌阶旁边流动，建筑的身影倒映在水面上而显得徘徊曲折，建筑为水气所浸染而变得清凉怡人，让人在建筑之内以休憩舒适的姿态就能欣赏到水的景色。这些都极佳地诠释了水与建筑结合所产生的美感。

4.4.2 建筑形制

1. 建筑形制

笔者根据考古发掘将建筑平面略作补充（图4-44）：园内建筑遗迹的类

---

① （宋）苏轼. 苏轼诗集（卷三），古今体诗四十八首［M］.（清）王文诰，辑注. 北京：中华书局，1982.
② 顾凯. 中国古典园林史上的方池欣赏：以明代江南园林为例［J］. 建筑师，2010（03）：44-51.
③ （宋）苏轼. 苏轼诗集［M］.（清）王文诰，辑注. 北京：中华书局，1982：668.
④ 傅璇琮. 中国古代诗文名著提要：宋代卷［M］. 石家庄：河北教育出版社，2009.
⑤ 侯迺慧. 宋代园林及其生活文化［M］. 台北：三民书局，2010.
⑥ （宋）张咏. 张乖崖集［M］. 张其凡，整理. 北京：中华书局，2000.
⑦ 赵方衽. 唐宋茶诗辑注［M］. 北京：中国致公出版社，2001.
⑧ 韩进廉. 禅诗一万首（下）［M］. 石家庄：河北科学技术出版社，1994.
⑨ （宋）文同. 文同全集编年校注［M］. 胡问涛，罗琴，校注. 成都：巴蜀书社，1999.
⑩ （宋）袁说友，等. 成都文类［M］. 赵晓兰，整理. 北京：中华书局，2011.
⑪ 永昕群. 两宋园林史研究［D］. 天津：天津大学，2003.

型有殿亭、花榭、廊庑、过厅、
隔墙、踏道、水井等；从建筑平
面形制上看，建筑有长方形、方
形、圆形等；从功能上来讲，建
筑主要有休闲游憩、招待宾客、
营造景观等空间功能；就建筑布
局而言，园内建筑以隔墙为中轴
线，呈不完全对称均衡布局。在
建筑风格上，北宋时期的衙署园
林整体呈现出亲切自然、富于生
活情趣的韵味。

　　园内建筑尺度较大，形式较
为丰富，面积不等的单体建筑
以隔墙为中轴呈东西两侧分散组
合、化整为零，由个体组成灵活
可变的群体，花园南面有衙署大
门，大门南北向的铺砖大道向北
穿过过厅进入庭园，园的南部为
两座并排的东、西殿亭建筑，西
侧殿亭面向园中池塘，临池建有
东西向的花砖路，花砖路中部建

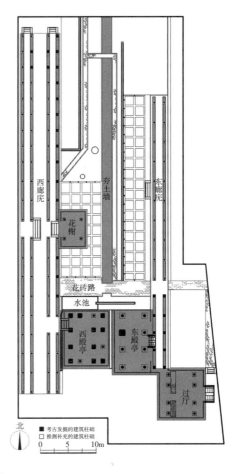

图 4-44
北宋洛阳东城衙署
庭园遗址建筑布局
平面图

有门楼一座，小巧灵秀，朴素典雅[1]；特别是处于遗址中间位置——东西廊庑
之间的漏花墙，将整个庭园从宏观上分为东西两部分，在其北端又有石子小路
穿过，既分又合，在景观效果上避免了小空间的一览无余，显得更加深邃、幽
雅；花砖路东西两端的南北向廊庑贯穿整个遗址，形成庭园的环廊；西与西长
廊相连，东临西花圃中部的花榭，围合成"园中有园"的小景观，别有情趣。

2. 建筑艺术

　　绛州绛守居园宋时园池风貌与唐时不同，"宋时水面已有所缩小，苍塘已
淹没，园中的建筑物已增至十二个亭轩、一庙一门"[2]。园内建筑数量明显增
多，由重在写景的"自然山水园"转变为以建筑为主重在写意的"建筑山水园"

---

① 王岩. 宋代洛阳造园风的实例——洛阳北宋衙署庭园遗址 [J]. 文物天地，2002（6）：36-39.
② 陈尔鹤. 绛守居园池考 [J]. 中国园林，1989（1）：64-72.

和"以景寓情，感物吟志"的写意山水园①。这也体现了宋代塑造的"写意山水园"的园林风格。宋代官员常通过增加园林建筑中景点匾额抒发政治理念和休憩悟道，提升园林的意境内涵，这一举措使郡圃园林建筑的类型和密度高于其他的园林类型②；郡圃中的建筑物则由于官吏的政治身份而趋向雄伟壮观的特色。在东城衙署遗址内发掘的建筑也占据园林的绝大部分空间，说明北宋时衙署园林内的建筑分布较多，形成的园林空间较为含蓄多变。

庭园遗址内出土的大量建筑构件，尤为精美，特别是出土的柿蒂形卷草纹方砖和胡边砖，脊饰中的套兽、垂兽、兽面纹瓦当和菊花纹瓦当（图4-45）等不少都是宋代建筑中少见的珍品；路面铺装也呈现多样化，有纹样异同的花砖路、颜色各异的石子路。让人不得不感叹当时建筑艺术之精妙和建筑营造技术之高超，这些构件为研究洛阳宋代园林建筑和造园艺术提供了实例。如此讲究的装饰装修和细部，可能也暗示了此衙署的规格较高，建筑营造重装饰的特点；再加上考古发掘出的殿亭、廊庑面积之大，还有"雄壮华丽甲于河朔"③之述的北宋安阳郡圃，无形中显示了官吏们的地位与权力。北宋安阳郡圃中建筑布局较为自由，与洛阳郡圃中较规整的建筑布局有所不同，但都遵循了服从自然景观，因势而建的原则。"涉伊水，至香山皇龛，憩石楼，临八节滩，过白公

显堂"④，司马光在游览洛阳途中曾在一石楼休息，不仅说明石料为房屋营建提供了需求，也说明精工细作的工艺技术丰富了园林景观中的建筑类型。以上资料足以说明北宋洛阳建筑材料的制造可以满足当时园林中营造建筑的需求，并且砖石上精美绝伦的装饰纹饰和审美情趣无不潜在地影响人们对艺术审美的理解，从而使人们在修筑自己的园林时，便采用了小巧而多样的建筑形式，产生了变化无穷的园林空间。

① 赵鸣. 山西园林古建筑［M］. 北京：中国林业出版社，2002.
② 毛华松. 城市文明演变下的宋代公共园林研究［D］. 重庆：重庆大学，2015.
③ 贾泰武，穆淳. 安阳县志［M］. 台北：成文出版社，1968.
④（唐）白居易. 白居易诗集校注［M］. 谢思炜，校注. 北京：中华书局，2006.

4.4.3　植物配置

1. 造景艺术

园内发掘有东西两个花圃，西花圃比东花圃面积稍大，西部花圃中部偏西有一座与长廊相连的花榭，花榭基址南北两侧各有一排柱洞，柱洞的直径为0.12m，与发掘的陶栏杆（图4-46）的直径12.2cm几乎一样，可推测当时立有陶栏杆，而南宋刘松年《四景山水图》之夏景局部（图4-47）中分隔空间的陶栏杆形状与此很相近，因此栏杆的整体样式以图中为参考依据而复原设计。西花圃南北两端和东花圃的西侧均发现有柱洞，柱洞内残留有木炭灰，可推测该柱杆为陶质栏杆。东西花圃又被处于遗址中间的漏花墙分隔，各自营造出一个独立的小空间。用植物分专类造景在唐宋时期便进入了成熟阶段[①]，专类园一般会采用园中园的形式[②]。这种用花墙和游廊围透而成的园中园类似于江南私家园林中营造的园中园，植物配置充当建筑与自然之间的灰空间，如拙政园枇杷园、海棠春坞和听雨轩，留园里的石林小院。

墙与廊之间的东西花圃空间形态不一，分合有致，再次说明了北宋造园较注重用这种微妙的变化，营造多样的园林景象。在众多以植物为主题的景点中，又以植物与建筑的结合最为常见。如"面面悬窗夹花药，春英秋蕊冬竹枝"[③]，"密密楼台花外好"[④]，"又为亭曰仰高，环其四旁植梅与桂，间以修竹"[⑤]。植物与建筑的结合，一方面便于人们坐卧，并在建筑的蔽护之下以舒适的姿态来欣赏花木之美，一方面又能使建筑体在花木的掩映之下若隐若现，削弱建筑

图4-46
北宋洛阳东城衙署庭园遗址考古发掘的陶栏杆
（图片来源：引自《隋唐洛阳城1959—2001年考古发掘报告第四册》）

图4-47
（南宋）刘松年《四景山水图》之夏景局部
（图片来源：引自《宋画全集》第一卷第四册，故宫博物院藏）

① 陈畅. 牡丹专类园规划设计方法与实践研究 [D]. 咸阳：西北农林科技大学，2015.
② 李春娇，董丽. 试论植物园专类区规划 [J]. 广东园林，2007，29（2）：27-30.
③（宋）梅尧臣. 梅尧臣集编年校注 [M]. 上海：上海古籍出版社，2006.
④（宋）韩琦. 安阳集编年笺注 [M]. 李之亮，徐正英，笺注. 成都：巴蜀书社，2000.
⑤ 曾枣庄，刘琳. 全宋文 [M]. 上海：上海辞书出版社，合肥：安徽教育出版社，2006.

体的坚硬性，使人工的建造物能达到充分的园林化、自然化的效果，臻于刚柔并济、天人交融的境地。

2. 配置艺术

从宋佚名《桐荫玩月图》(图4-15)、《女孝经图》(图4-16)等展现花木配置的官式住宅的宋画中可以看出，花木配置的主要形式有对植、列植、群植等。

北宋时洛阳的牡丹栽培极为普遍，在大型庭园中有专植牡丹的专类园，牡丹在郡圃中常作为主要的观赏对象，如受这一习俗影响，之后四川赏牡丹之风亦盛，陆游在记述四川彭县郡圃时写道："天彭号小西京，其俗好植牡丹，有京、洛之遗风。《古今杂记》：孟氏以牡丹名苑，于时，彭门为辅郡，典州者多，咸里得之上苑，此彭门花之始也。天彭亦谓之花州，而牛心山下，谓之花村云"[1]。再如王禹偁《牡丹十六韵》中记述了他在滁州公署内"池馆邀宾看，衙庭放吏参"[2]的赏牡丹活动。此外由于宋代在花木栽培改良技术方面有相当大的进步，所以在暮春时节才匆匆开放又迅速凋零的牡丹也有冬日开放的情形发生。王禹偁有一首诗《和张校书吴县厅前冬日双开牡丹歌》便描写冬日牡丹引起人们的兴趣从而纷纷来赏、纷纷"醉折狂分"的景象。洛阳东城内的郡圃极有可能也是以牡丹花作为主题，并以专赏牡丹花作为主要的活动。

宋代郡圃中出现很多以花木为主要欣赏对象的景区，如"桃源，在郡圃，守黄植桃百余"[3]；有小亭的"花木皆周匝"[4]；王安中记载的河间府郡圃旌麾园"疏塞壅豁，指布台榭之所置，及莳花种木之所宜，口讲手画，皆就条理"[5]；庆元府郡圃内有翕方亭"前植杏，三面植月丹"，清莹亭"前植以李"，春华堂"环植以桃"，秋思亭"桄菊、芙蓉相为掩映"[6]。因此可推测北宋洛阳东城衙署园内两个花圃内的花木种类可能也会有所不同，不论是与静态的花榭、花砖路结合的西花圃，还是与动线的园路、水道结合的东花圃，都是以花木为主题，注重花木的搭配和分层设计营造，以花木的美作为主要的赏玩内容。北宋

① (宋) 苏轼. 苏轼诗集 [M]. (清) 王文浩，辑注. 北京：中华书局，1982.
② (清) 吴之振，吕留良，吴自牧. 宋诗钞 [M]. (清) 管庭芬，蒋光煦，补. 北京：中华书局，1986.
③ (宋) 王象之. 舆地纪胜第二册 [M]. 赵一生，点校. 杭州：浙江古籍出版社，2012：467.
④ (宋) 袁说友，等. 成都文类 [M]. 北京：中华书局，2011.
⑤ 毛华松. 城市文明演变下的宋代公共园林研究 [D]. 重庆：重庆大学，2015.
⑥ 浙江省地方志编纂委员会. 宋元浙江方志集成 [M]. 杭州：杭州出版社，2009.

洛阳赏花、种花之风的盛行提高了衙署园林中公共活动的游览性，衙署园林成
为官员偃休、雅集、游赏之所，并定期开放为市民提供游乐之所。

4.4.4　空间意境

1. 空间形态——线形空间

北宋洛阳东城衙署庭园遗址发掘区呈南北长76m，东西宽33m的纵向长方
形，整体空间形态呈现出线形，表现出严整的轴线空间关系。这一线形空间又
表现出"静线"与"动线"两种形态。

（1）"静线"——中轴线

整个庭园遗址总体布局呈轴线和不完全对称形式（图4-48），隔墙即"静
线"，作为中轴线，将庭园分隔为东西两个不完全对称的园林空间。东西各有面

积不等的廊庑和花圃，西花圃中间
建一花榭；隔墙以南有一东西宽窄
不一的花砖路；花砖路以南又有面
积不等的东、西殿亭。这种用隔墙
作为中轴并用来组织划分园林空
间，营造"庭园深几许"的隔景和
两侧景物形成对景的方式，在北
宋之前的园林中还不多见，说明
隔墙这一巧妙的做法在北宋园林
造景中的作用有了新的变化。

（2）"动线"——时空感

园林的空间布局主要由具有
引导或暗示性的游览动线来呈
现，也由动线将各景做一个整体
的连系缩结，庭园遗址中的动线
以路径为主，水流、廊庑为辅而
形成。园中动线以南北、东西走
向的直线，呈平行、相切的组织
形式界定和分隔空间，直线本身
具有明显的规则感和秩序感等特
性，比其他的空间构成形式更能
够表现衙署园林主从分明、尊卑

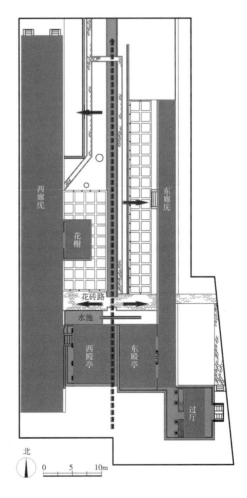

图4-48
北宋洛阳东城衙
署庭园遗址空间
分析图

（图片来源：王言茗绘）

有序的形制制度。动线是人或人的视线在空间中的运动轨迹和对时间的感知，步移景异的空间处理手法就是在动线组织下产生的景观效果，同时增大了庭园的空间感，让人产生景物丰富而无穷尽的感受。周围以花木、建筑、围墙、水池环绕而成，形成一种深邃、流动的空间环境，通过巧妙的空间组合显示出空间的大小纵横，使观赏者产生"异步移景""曲径通幽"的时空体验。

2. 空间结构——园中小园

庭园遗址内分布在东西两侧的静观景物花圃、花榭、水方池、殿亭，通过动观景物隔墙、廊庑和园路的围隔、穿插、组合，形成流动性的"园中园"，使人产生不同的空间体验。庭园空间的大小、动静、虚实、疏密之间的对比，使人得到丰富的艺术享受。"宋代郡圃中'园中园'的空间结构形式合理规范了郡圃的日常休憩和公共开放，并由专类人员进行管理、维护。"①郡圃虽然没有皇家园林的宏大规模，但因相同的政治因素，组景方式呈现出了一致性。在郡圃的内部功能划分上，有相对定式的动静、公私的分区，也有呈现"园中园"的空间结构，庭园中花木水池、廊墙的关系，恰到好处地配置在一起，"廊庑—花木—隔墙"，"园路—水池—殿亭"一实一虚，一动一静，达到互妙相生的境界。可以想象古人站在西花圃的花榭中一侧透过隔墙的漏花，窥见东花圃内的花木，另一侧可观园中方池水景。仿佛游廊墙外另有小园，顿觉空间无限，随增游兴。

3. 空间意境——礼制空间

衙署庭园遗址的空间布局与衙署内部建筑布局有着密不可分的联系，园林空间布局自然也会受到建筑形制的影响和约束。衙署的院落空间通常由三进院落组成，衙署的后宅、郡圃为第三进院落②。洛阳衙署庭园空间布局虽然表现出规整式但并不完全对称，这一布局与洛阳当时实际的政治地位有关。洛阳作为陪都，衙署的设置在等级和地位上自然略逊于东京开封，但紧凑精致的空间布局透露出洛阳幽雅的园林大环境。由于宋代地方衙署建筑空间功能受到礼制文化的规范和影响，庭园遗址中轴线排列所表现出的中心性、约束性、凝聚性和秩序性正符合衙署的地方行政中心的形象，而这种组合布局体现了衙署园林建筑空间的象征性或功能性③。

---

① 毛华松. 城市文明演变下的宋代公共园林研究 [D]. 重庆：重庆大学，2015.
② 陈凌. 宋代府、州衙署建筑原则及差异探析 [J]. 宋史研究论丛，2015（2）：141-158.
③ 陈凌. 建筑空间与礼制文化：宋代地方衙署建筑象征性功能诠释 [J]. 重庆：西南大学学报（社会科学版），2016，42（5）：182-188.

4.5 小结

东城衙署庭园遗址布局巧妙，营建讲究。园内殿廊回环，亭榭居中，曲径朱栏；亭、路、榭、池有机结合在一起。庭园规模虽然不大，但布局严谨，园内建筑及景点和谐统一，其园林特色总结为如下几点。

一是北宋时期在州县衙署内设置园池已成为一时风尚，供官吏休憩、雅集之用。衙署花园多由衙吏参与或主持建造，他们向往生活享受，追求气派，以显示地位尊贵。例如宅前聚结有水，乃至贵之格。庭园中的方池不仅有蓄水、造景之功用，而且暗含官吏的地位之尊贵。

二是遗址呈现出的规则性不完全对称的布局，东西二廊、隔墙与明暗水道、园路互相交织为纵横直线而构成的几何空间形态，很可能是受当时洛阳礼制、风水和二程理学的影响，产生的严谨空间序列，这也正是衙署本身秩序感的体现；隔墙作为中轴划分空间的造园手法是北宋时出现的新特征；"园中园"的空间结构形式不仅作为代表不同功能的专类园，而且使人产生丰富的观景体验。北宋末期广建园林，其造园技艺达到了新的高度，庭园遗址内精巧多样的建筑构件，科学合理的排水系统，紧凑巧妙的空间布局无不受这一造园环境的影响，体现出精湛而高超的造园水平。

三是宋代诗文一再强调郡圃的修建或游历都是政治成绩的表征[①]，洛阳独特的地理政治因素导致园林整体布局既有皇家园林的庄重威严，也不失私家园林的小巧精致。

综合上述园景和园境特点，东城的衙署庭园整体空间以南北向隔墙为中心轴线，东西互相交织着不完全对称的长廊、明暗水道和形制各异的园路，它们共同构成了精巧雅致的园景；又因北宋时衙署园林作为吏隐双兼的实践场所，强调了"与民同乐、礼待贤士"和"公共性"等功能，因此东城的衙署庭园的总体造园意匠可归纳为"双廊透墙同民乐"。

---

① 侯迺慧. 宋代园林及其生活文化 [M]. 台北：三民书局，2010.

第 5 章

北宋洛阳城内私家园林

　　"方唐贞观、开元之间，公卿贵戚开馆列第于东都者，号千有余邸"，"洛阳园池多因隋唐之旧"①，唐末洛阳城虽遭到大规模的破坏，但其园池结构也不可能完全消失，固有的建园、赏园、游园的园林底蕴非但没有湮没而且在北宋洛阳特有的造园背景下，涌现出许多新园，这些园林大多分布在城内地理位置更为优越的洛南里坊。李格非、邵雍、司马光等达官文人所创作的诗词、园记中描述的景象各异的园林均可以证实这一园林盛况。因此本章节以洛阳城内私家园林为主，将其分为北宋前遗存和北宋新建两类园林（图5-1）来探讨这一时期洛阳城内园林景象特点。

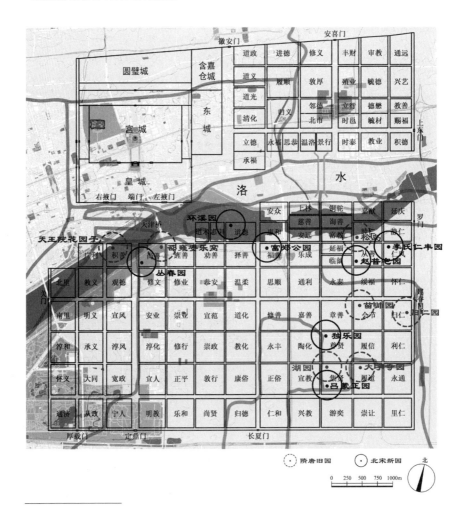

图 5-1
北宋洛阳城内主要
私家园林位置图

（图片来源：作者自绘，底图为洛阳市现地理环境卫星图）

① （宋）李格非. 洛阳名园记 [M]. 北京：文学古籍刊行社，1955.

5.1 改建园林

5.1.1　园林实例

1. 安乐窝

安乐窝原为五代节度使安审琦的故宅，北宋熙宁时为著名理学家邵雍的宅园。《宋史·邵雍传》记载："初至洛，蓬荜环堵，不芘风雨，躬樵爨以事父母，虽平居屡空，而怡然有所甚乐，人莫能窥也……雍岁时耕稼，仅给衣食。名其居曰'安乐窝'，因自号安乐先生"①。

（1）园主

邵雍（1011—1077年）初到洛阳时，生活拮据，在司马光、王拱辰、富弼等达官贵人的资助下买下房产，名为安乐窝。邵雍在洛阳居住近30年（1049—1077年）里，多次迁居，晚年居住在安乐窝，前后有16年之久。在洛阳居住期间，他乐于交游，潜心学术和诗歌创作，著有《皇极经世》《观物篇》《先天图》《伊川击壤集》等，并开创了宋代理学中象数学体系。邵雍在题为《天津弊居蒙诸公共为成买作诗以谢》的诗中称颂："重谢诸公为买园，洛阳城里占林泉。七千来步平流水，二十余家争出钱……洞号长生宜有主，窝名安乐岂无权"②。

（2）园址

关于安乐窝的位置目前有两种说法：一是王铎先生、赵振华先生等学者以《邵氏闻见录》中"正分道德里"②"道德坊中旧散仙"②，《伊川击壤集》中"有人若问闲居处，道德坊中第一家"③"凤凰楼观云中看，道德园林枕上窥"③判断安乐窝位于道德坊中；二是何新所先生、贾珺先生分别从《全唐诗》《唐会要》《增订唐两京城坊考》《河南志》等文献分别考证了安乐窝应位于尚善坊，道德坊应该是邵雍之前居住所在地④⑤。"邵雍宅在府城外天津桥南，王

---

① （元）脱脱，等. 宋史［M］. 北京：中华书局，1985.
② （宋）邵伯温. 邵氏闻见录［M］. 李剑雄，刘德权，点校. 北京：中华书局，1983.
③ （宋）邵雍. 邵雍集［M］. 郭彧，整理. 北京：中华书局，2010.
④ 何新所. 试论西京洛阳的交游方式与交游空间——以邵雍为中心［J］. 河南社会科学，2011，19（4）：64-67.
⑤ 贾珺. 北宋洛阳私家园林考录［J］. 中国建筑史论汇刊，2014（2）：372-398.

拱辰尹洛中置此宅。宅外有园"[1]。尚善坊恰巧位于天津桥南，至今仍有安乐窝村。"凤凰楼下新闲客"[2]，尚善坊的位置临近宫城，与文献描述也相吻合，因此本书也认为安乐窝应该位于尚善坊。"洛水近吾庐，潺湲到枕虚"[2]，水声潺潺，借助于园外这美妙天籁之音，体现安乐窝内声景之美。"洛浦清风朝满袖，嵩岑皓月夜盈轩"[3]，"花行竹径紧相挨"[2]，"五凤楼前月色，天津桥上风凉"[2]，园址依山傍水，有花有竹，月陂天津桥，水声水色，地理位置尤为优越。

（3）园林景象

"南园临通衢，北圃仰双观。虽然在京国，却如处山涧。清泉萦沟渠，茂木绣霄汉。凉风竹下来，皓月松间见。面前有芝兰，目下无冰炭。坐上有余欢，胸中无交战"[2]；"一年一度见双梅，能见双梅几度开。人寿百年今六十，休论闲事且衔杯"[2]；"小园虽有四般梅，不似江南迎腊开"[2]；"牡丹一株开绝伦，二十四枝娇娥鬟。天下唯洛十分春，邵家独得七八分"[2]；"绕栏种菊一齐芳，户牖轩窗总是香"[2]；"小渠弄水绿阴密，回首又且数日强"[2]。

从邵雍的这几首诗中可推测，宅园分南北两院，南园临路，北圃可见皇宫门前的一对高大的门阙（楼观）[4]，园中建筑有东西两轩，水为沟渠，植物有松、竹、梅花、菊花、牡丹、芝兰、荷花等。园内整体布局和景物特色虽没有《洛阳名园记》中的诸园描写得翔实，但受邵雍理学思想的影响，园林意境的表达则更为突出。"坐卧绕身唯水竹，登临满目但云山"[2]。"竹庭睡起闲隐几，悠悠夏日光景长"[2]。从邵雍描写园中花木的诗中可以看出诗人对梅竹的偏爱，对花之品性的赞扬，这一品格体现了诗人对"安乐、闲适"的人生境界的追求，这一思想使邵雍在宅院中种梅、植竹、赏月"以观物生意"，突出了他安然自乐的理性人生态度。"夏住长生洞，冬居安乐窝"[2]，长生洞为道家长生求仙之意。因此宅园中体现出儒家、道家意境。

《嫩真子》卷三记述："洛中邵康节先生，术数既高，而心术亦自过人。所居有圭窦、瓮牖。圭窦者，墙上凿门，上锐下方，如圭之状；瓮牖者，以败瓮口安于室之东西，用赤白纸糊之，象日月也。其所居，谓之'安乐窝'"[5]。对

---

① （宋）邵雍. 邵雍全集［M］. 郭彧，于天宝，点校. 上海：上海古籍出版社，2015.
② （宋）邵雍. 邵雍集［M］. 郭彧，整理. 北京：中华书局，2010.
③ （宋）邵伯温. 邵氏闻见录［M］. 李剑雄，刘德权，点校. 北京：中华书局，1983.
④ 贾珺. 北宋洛阳私家园林考录［J］. 中国建筑史论汇刊，2014（2）：372-398.
⑤ （宋）马永卿. 嫩真子录校释［M］. 崔文印，校释. 北京：中华书局，2017.

邵雍来说，宅园主要是休息之用，并不需要太繁复的布置①。再如邵雍曾作《无名公传》自况："所寝之室谓之安乐窝，不求过美，惟求冬暖夏凉"②。"家虽在城阙，萧瑟似荒郊。远去名利窟，自称安乐巢"③。可以看出安乐窝内园林景物布置并不讲究。邵雍在《瓮牖吟》中又云："有屋数间，有田数亩。用盆为池，以瓮为牖。墙高于肩，室大于斗。布被暖余，藜羹饱后。气吐胸中，充塞宇宙"④。突出园中以小盆池得大宇宙"壶中天地"的园林意境；说明园中意境更多受邵雍的"以物观物"说，将"天下之物"所具有的"理"与人的"心""性"统一起来的理学思想和写意山水文化的影响。

（4）园林活动

"安乐窝中快活人，闲来四物幸相亲。一编诗逸收花月，一部书严惊鬼神。一炷香清冲宇泰，一罇酒美湛天真。太平自庆何多也，唯愿君王寿万春"④；"日日是春阴，春阴又复沉。养花虽有力，爱月岂无心。月满方能看，花开始可吟。奈何花与月，殊不谅人深"④；"院静春深昼掩扉，竹间闲看客争棋"④；"三五小圆荷，盆容水不多。虽非大薮泽，亦有小风波。粗起江湖趣，殊无鸳鹭过。幽人兴难遏，时绕醉吟哦"④。可以看出，诗人在园中的活动主要有焚香静思、饮酒赋诗、观花赏月、下棋养鱼等。

2. 归仁园

（1）园主

归仁园原为唐代宰相牛僧孺的宅园，北宋初期为时任观文殿学士丁度园，后归中书侍郎李清臣。李清臣（1032—1102年），徽宗时期官至中书门下侍郎，哲宗初年，迁尚书左丞。哲宗元祐三年（1088年）九月，57岁的李清臣因反对元祐更化，被变相逐出朝廷任知河南府（今河南洛阳），哲宗绍圣四年（1097年）正月，又因受田嗣宗案牵连，被罢为资政殿大学士、知河南府（治今河南洛阳），未赴任⑤。因此，该园应建于1088年。

（2）园址与规模

归仁园，因坊得名，位于归仁坊。归仁坊呈方形，位于洛南里坊东南隅，东临伊水，便于引水造园。东西向位于定鼎门以东第9列，南北向为由南向北

① 林秀珍. 北宋园林诗之研究［M］. 台湾：花木兰出版社，2010.
② 曾枣庄，刘琳主编. 全宋文［M］. 上海：上海辞书出版社，合肥：安徽教育出版社，2006.
③（宋）司马光. 司马温公集编年笺注［M］. 李之亮，笺注. 成都：巴蜀书社，2009.
④（宋）邵雍. 邵雍集［M］. 郭彧，整理. 北京：中华书局，2010.
⑤ 李玲. 李清臣研究［D］. 石家庄：河北师范大学，2012.

第4排坊，东西尺度为520m，南北尺度为540m①。面积约28hm²（1宋里=556m，1宋尺=0.31m，一步=5尺，1里=360步②，那么宋代的1亩就是60平方宋尺，约591.576m²，比现在少75m²左右。一公顷=10000m²，折合16.6宋亩），折合宋时面积约为26hm²。崇宁四年（1105年）三月，宋代李复在《游归仁园记》中载"园广二百亩③"，折合为宋亩约12hm²，为归仁坊面积一半，又载"兹园本朝尝为参知政事丁度所有，后散归民家，今中书侍郎李邦直近营之，方得其半"③；《河南志》中载："观文殿学士丁度园，本唐相牛僧孺归仁园。池石仅存，此才得其半。进过园，后唐明宗时民杨行己献之，俗以进过为名"④。这与《洛阳名园记》中"园尽此一坊"明显不符，推测这里描述的应是唐时该园占一坊之地，到北宋时归仁园面积应为其一半。

（3）园林景象

唐时牛僧孺园总体属于平地水景园，"嘉木怪石，置之阶廷，馆宇清华，竹木幽邃"⑤，建筑清幽别致，置石得体，是个文化品位较高的园林。园内以花木为主，绿化好，有古木七里桧，大面积桃园、李园，还有大面积牡丹、芍药和其他树木。园中有很大的湖面，属洛城之冠，清渠环绕周流，水口砌石，形成小瀑布，有巴峡之感，有滩石，似江南景色⑥。

北宋时，蔡绦在《题归仁园》中写道："山翠藏疏牖，泉声上白云"⑦。归仁园内植物"北有牡丹芍药千株，中有竹百亩，南有桃李弥望"⑧，还有唐遗留的故木七里桧、高耸清雅的松树，以及荷花等，可见植物数量种类繁多。《游归仁园记》中描述，"南引伊水，舟行竹间，又散入畦槛，会于方塘"③，"久而穿深径，度短桥，登草堂，清池浮轩，竹木环舍，蓊郁幽邃，与外不相接，若别造一境，在远山深林之间"⑧。《洛阳名园记》在描述归仁园时写道："河南城方五十余里，中多大园池，而此其冠"⑧。可推测，园中有大园池应为方形大池塘，建筑有方创亭、草堂、轩、舍、小桥等，该园是以水面和花木取胜的园林（图5-2）。

① 中国社会科学院考古研究所. 隋唐洛阳城1959—2001年考古发掘报告［M］. 北京：文物出版社，2014.

② 陈梦家. 亩制与里制［J］. 考古，1966（1）：36- 45.

③ 曾枣庄，刘琳. 全宋文［M］. 上海：上海辞书出版社，合肥：安徽教育出版社，2006.

④（清）徐松. 河南志［M］. 高敏，点校. 北京：中华书局，2012.

⑤（后晋）刘昫，等. 旧唐书［M］. 北京：中华书局，1975.

⑥ 王铎. 洛阳古代城市与园林［M］. 呼和浩特：远方出版社，2005.

⑦ 周勋初，葛渭君，周子来，王华宝. 宋人轶事汇编4［M］. 上海：上海古籍出版社，2014.

⑧（宋）邵博. 邵氏闻见后录［M］. 李剑雄，刘德权，点校. 北京：中华书局，1983.

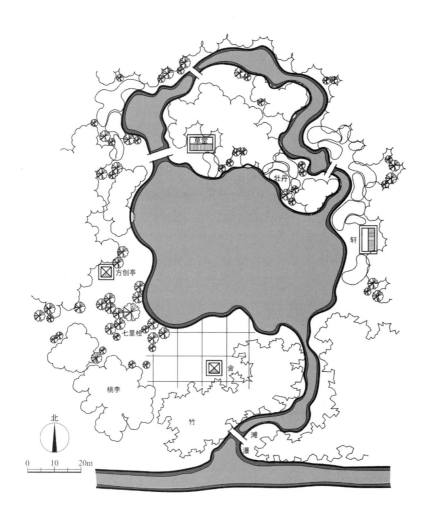

图 5-2
北宋洛阳城内归仁
园想象平面示意图

3. 湖园

（1）园主

湖园原为唐代晋国公裴度的宅园，《旧唐书·裴度传》记载："东都立第于集贤里，筑山穿池，竹木丛翠。有风亭水榭，梯桥架阁，岛屿回环，极都城之胜概"[1]。北宋时已属民家，园主不知其名。位于集贤坊，唐有杨元琰宅、泉献诚宅、唐中书舍人逊逊宅。中书令裴度宅，园池尚存，今号"湖园"，属民家。

---

[1]（后晋）刘昫，等. 旧唐书 [M]. 北京：中华书局，1975.

（2）园址

位于洛南里坊东南隅集贤坊，东邻履道坊，伊水河的运渠和支渠分别穿过集贤坊东西交汇后流经南部，便于引水入园凿湖，地理位置极佳。

（3）园林景象

唐时为集贤园，当时是以平津池为主体的水景园，水木兼盛，属于人工的"筑山穿池"[①]。园中有大湖，湖中有三岛，岛上有湖心亭；湖西有夕阳岭，南有南溪。白居易曾评价其园"疏凿出人意，结构得地宜……"，"因下张沼沚，依高筑阶基"[②]。《洛阳名园记》中载"名盖旧，堂盖新也"[③]，可推知北宋时湖、山、溪尚在，园内建筑为新建。据《洛阳名园记》载湖园景象可知，北宋时湖园由园内湖之大而得名，湖中有堂，称为百花洲，可推测唐时三岛合为北宋时一洲，言其面积变大，花木繁盛。湖之北面建有四并堂，四并堂与百花洲遥相对应；东西道路之间设有桂堂，湖之西为迎晖亭（古人以西为右，中国古代的五行方位为"上南下北，左东右西"）[④]，与四并堂、百花洲鼎足而三，构图平稳。这个湖园，无论从岸上望湖中，从湖上望四岸，都有亭堂为景点。过横池，穿密林，循曲径数折至梅台、知止庵；沿竹林中的小径上即可望及，然后可登环翠亭。这一带是闭合幽曲的景区，与开朗的湖区成明显的对比；小巧幽深，尤以花草见长，且前面还占有池水、亭阁美景的，是翠樾轩；在翠樾轩四周遍植花卉，以衬托轩式建筑，而又前据池亭之胜，以水的光亮来反衬，使花卉色彩更鲜明，这又是一番明亮悦目的境地。

园内植物有梅、竹、桂等，配置以片植、丛植为主，从百花洲、桂堂、梅台、环翠亭、翠樾轩等景题可以看出这些临水、依建筑而栽的花木，宜显老枝横斜，水光倒影，创造"疏影横斜水清浅，暗香浮动月黄昏"之佳境[①]，梅竹蕴含洁身独善，隐逸的园林艺术境界。

园中建筑有二堂、二亭、一庵、一轩、一台（图5-3），为数不多的建筑营建在湖中、水边、丛林中及高台上，围合的园林空间曲屈有致，高低相宜，极为巧妙。园中的迎晖亭和翠樾轩体现了光影变幻的园林审美艺术。"虽四时不同，而景物皆好"，说明园林景物设计随时令季节变化各显其美。园中所记景物设计体现了时间与空间、人工与自然的审美关系。所谓"园圃之胜，不

---

① 王铎. 中国古代苑园与文化 [M]. 武汉：湖北教育出版社，2003.

②（唐）白居易. 白居易集 [M]. 顾学颉，校点. 北京：中华书局，1979.

③（宋）李恪非. 洛阳名园记 [M]. 北京：文学古籍刊行社，1955.

④ 朱安义. "左""右"考释 [J]. 昭通：昭通师范高等专科学校学报，2003（01）：54-56.

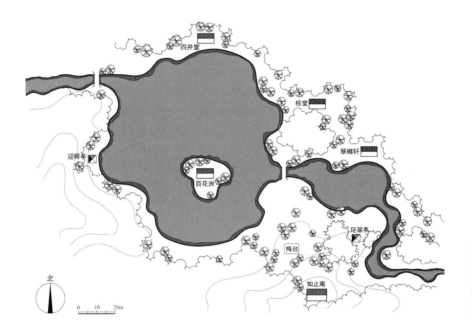

图 5-3
北宋洛阳城内湖园想象平面示意图
（图片来源：改绘自汪菊渊《中国古代园林史》上卷）

能相兼者六"①，后人称之为"兼六论"，是造园理论的重大发展。"兼六论"不仅对我国明清时期的造园有着深远影响，而且此造园理论还传到东瀛日本，江户时代（1603—1868 年）的"六义园""兼六园"就是依此命名的。即在设计园林时，要对三对美学辩证关系进行微妙地处理。空间上"宏大"与"幽邃"兼顾，这是柳宗元旷奥空间论的拓展，像绘画一样，不留白就会显得壅塞，没有细密处，构图就显得松散。园林立地，要有高亢与低平的变化，否则空间平淡，景物一览无遗。园林的艺术空间是人工构筑的，没有人工建筑的显示，游者得不到赏视归宿；而人工构筑物太多，有损自然苍古之意，园林的总概念是人与自然相联系的自然景物空间②。

4. 松岛

（1）园址

松岛位于洛南里坊东侧睦仁坊，"次北睦仁坊……太子太傅致仕李迪园，本袁象先园，园有松岛。太子少傅致仕赵稹水硙"③，"次北睦仁坊……坊有梁

① （宋）邵博. 邵氏闻见后录［M］. 北京：中华书局，1983.
② 王铎. 中国古代苑园与文化［M］. 武汉：湖北教育出版社，2003.
③ （清）徐松. 河南志［M］. 高敏，点校. 北京：中华书局，2012.

袁象先园，园有松岛"①。睦仁坊位于从善坊以北，坊内有通津渠穿过，屈而北流，入洛河。

（2）园主

松岛原为五代后梁大臣袁象先的宅园，北宋时先后为丞相李文定公、吴氏所属。李迪（公元971—1047年），字复古，谥号文定，景德二年（1005年）进士及第；天禧四年（1020年）七月担任宰相②，真宗、仁宗两朝宰相；后因招致刘皇后的忌恨，李迪于天圣七年（1029）九月改知河南府③。"洛阳旧未尝进花，李文定留守，始以花进"④，李迪任西京留守，洛阳开始进花。吴氏未考得。

（3）园林景象

松岛因园内种有奇松而得名，《洛阳名园记》载，松、柏、枞、杉、桧、栝都是良好的树木，而洛阳人则专爱栝而敬松。虽然别的州郡也有松树，但唯数洛阳的松最有名气。松岛里的松树已有数百年，在东南隅有双松，尤为奇特。该园已传了三代，三易园主，古松苍劲，已是胜景。松岛，从景题上看，"岛"可意为园周围应该有水环绕，"又东有池，池前后为亭临之。自东，大渠引水注园中，清泉细流，涓无不通处"⑤，园内水景丰富，有池、有渠，还有清泉细流。司马光作《又和游吴氏园二首》诗，感慨"名园易主似行邮，美竹高松景自幽"⑥，又赞其园景："天气清和无喘牛，花林烂漫竹林幽。临风高咏足为乐，有勇方知笑仲由"⑥。范祖禹在《游李少师园十题》中分咏园中"十题"——松岛、茨池、笛竹、鹤、水轮、竹径、莲池、月桂、雁翅柏、茅庵⑦。园中植物除奇松外，还有梅竹、月桂、莲花、茨实等。园内建筑"南筑台，北构堂、东北曰'道院'"⑧，另设有水轮、茅庵等，布置有序，亭榭池沼修筑的也很精美，且有竹子和树木环绕其周围（图5-4）。可见该园是以水和古松为特色的水景园。桂花被道家视为不死药，松的"不朽"、梅的"傲骨"、竹的"气节"、莲的"清廉"，暗含园主朴实耿直、廉洁的品行，同时体现了道教中的"万物共生"；鹤在道教中是长寿的象征，象征道教中仙、道、人的精神品格；"岛"是"一池三山"的缩影，即道家求仙思想的体现；"茅庵""道院"等道教建筑又

① （清）徐松. 唐两京城坊考［M］.（清）张穆，校补. 北京：中华书局，1985.
② 翟新礼. 李迪及北宋濮州李氏家族研究［D］. 开封：河南大学，2007.
③ （元）脱脱，等. 宋史［M］. 北京：中华书局，1985.
④ （宋）丁传靖. 宋人轶事汇编［M］. 北京：中华书局，2003.
⑤ （宋）邵博. 邵氏闻见后录［M］. 李剑雄，刘德权，点校. 北京：中华书局，1983.
⑥ （宋）司马光. 司马温公集编年笺注［M］. 李之亮，笺注. 成都：巴蜀书社，2009.
⑦ 范祖禹. 范太史集［M］. 北京：线装书局，2004.
⑧ （宋）李恪非. 洛阳名园记［M］. 北京：文学古籍刊行社，1955.

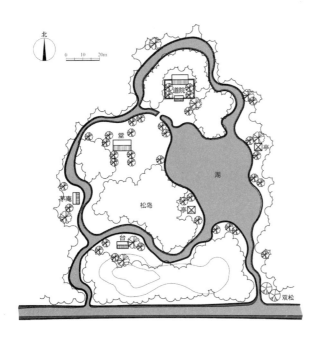

图 5-4
北宋洛阳城内松岛
想象平面示意图

（图片来源：改绘自汪
菊渊《中国古代园林
史》（上卷））

是园主内心修行的寄托场所。综上所述可推测出松岛内呈现出古朴厚重的道家
意境。

5. 苗帅园

（1）园主

苗帅园原相传为唐代重臣徐坚宅，后为五代至宋初宰相王溥园，北宋时苗
授"得开宝宰相王溥园，遂购之"①。王溥（公元922—公元982年），字齐物，
太原人，随父王祚五代晋时入洛，历任后周太祖、后周世宗、后周恭帝、宋太
祖两代四朝宰相②，其最大成就是完成《唐会要》和《五代会要》的编写，是
中国历史上第一部会要体史书的编撰者。苗授（1029—1095年），字受之，潞
州（今山西省长治市）人，北宋将领，久经战场，元祐三年（1088年），遇武
泰军节度使，殿前副都指挥使。绍圣二年（1095年），卒，年六十七，赠开府
仪同三司，谥曰庄敏③。

（2）园址

《河南志》载："次北会节坊……太子太师王溥宅，溥居丧，留守向拱为营

① （宋）邵博. 邵氏闻见后录［M］. 李剑雄，刘德权，点校. 北京：中华书局，1983.

② （宋）曾巩. 隆平集校证［M］. 王瑞来，校正. 北京：中华书局，1985.

③ （元）脱脱. 宋史［M］. 北京：中华书局，1985.

园宅，相传其地本唐徐坚宅，而韦述记不载。林木丰蔚，甲于洛城。以尝监修国史，洛人名'王史馆园'。司空致仕张齐贤宅，园在宅之南。吏部尚书温仲舒园，旧有治院，今废"[1]。另《洛阳名园记》载："然此犹未尽之。丞相故园水东，为直龙图阁赵氏所得，亦大翊第宅园林"[2]。可知苗帅园应位于会节坊，王溥东园为赵氏所得，西园为苗帅园。会节坊东邻归仁园，西南侧有司马光独乐园，吕蒙正园，集贤园。

（3）园林景象

据《洛阳名园记》记载可知，因苗帅园历史较久，园内景物以古朴而苍老取胜，稍加修饰便可以超过其他宅园，园主苗授利用园内原有绿植条件，使建筑因景而建（图5-5）：在园内旧有的两棵对峙而立的七叶树之北建一堂；在竹林之东南建一亭；在溪水处再建一亭；沿溪有七棵大松树，有一引水环绕而流的水池，池中适合栽种莲荇，水上建一轩；轩之对面建有桥亭，甚为豪奢。可分为东西两部分：西部保留了原有的两棵古树——七叶树，且种竹达万余竿、两三围，"疏筠琅玕"如同碧玉之椽，另建有一堂一亭，密竹幽深形成深密幽致之景色；东部以溪池为主，有七棵松与一轩一桥一亭点缀其中，形成豁达开朗之景致。

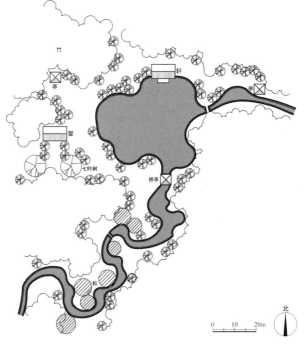

图 5-5
北宋洛阳郭城苗帅
园想象平面示意图

① （清）徐松. 河南志 [M]. 高敏，点校. 北京：中华书局，2012.
② （宋）邵博. 邵氏闻见后录 [M]. 李剑雄，刘德权，点校. 北京：中华书局，1983.

6. 大字寺园

（1）园主

大字寺园，原是唐代诗人白居易的宅园，后唐为普明禅院，北宋一半为大字寺园，另一半为张氏所得，为会隐园，水竹尚甲洛阳。据考古发掘可知，遗址北部为两进式宅园，南部为花园，北、西两面有坊墙和水渠环绕。唐时白居易宅园分为南北两园，北为宅园，南为花园，花园中有池。可推测北宋时大字寺院在北园，南园为会隐园。大字寺园园主应为僧侣。

（2）园址

位于洛南里坊东南隅履道坊西北隅，坊西、北有伊水流过，该园位于坊西北，西邻伊水渠，乃洛阳风土水木之胜地，便于引水入园成景。宅园两面环水，水源丰沛，利于植物生长。唐时白居易取势自然，师法造化，把近水这一优势发挥到极致[①]。

（3）宋代考古遗迹

发掘出宋代砖铺地面一处，瓦片镶嵌地面一处、瓦片镶嵌小路2条（图5-6），可能与佛寺遗迹有关，其中瓦片镶嵌地面，另外嵌有横立砖隔成方形框。每个方框内，皆镶砌有精美花纹的图案（图5-7、图5-8）。多数图案呈

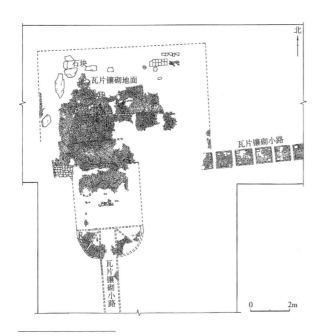

图 5-6
北宋洛阳郭城大字寺园遗迹局部平面图

（图片来源：引自《隋唐洛阳城1959—2001年考古发掘报告第一册》）

---

① 姚晓军, 赵鸣. 基于白居易造园思想的洛阳"乐吟园"规划设计初探 [J]. 古建园林技术, 2018（2）: 72-78.

扇形，也有的用扇形再组成圆形和半圆形。如在瓦片镶嵌地面上偏西的一个方框中，中心部位略显鼓凸，砌成圆形，径0.5m。边沿部分较低平，以瓦片竖砌镶砌出扇形图案。整个图案四边整齐，结构严谨。宅园遗址内考古发掘出的宋代遗物中建筑构件有156件，有砖50件、瓦19件、瓦当87件。其中方砖、瓦当上雕刻的纹样比唐代更为精美多样。这些考古发现反映出北宋的造园审美艺术的精湛和造园技术的高超。

（4）园林景象

在唐代的遗迹中，庭院可分为前后两部分，门房以北至中厅以南为前庭院，中厅以北为后庭院。前庭院略呈长方形，后庭院由东西回廊和东西厢房围合，平面呈"工"字形（图5-9）。鞠培泉、黄一如在《白居易履道西园之辨析》一文中所绘制的履道里宅园复原与想象图，建筑围合出的庭园也呈现出"工"字形（图5-10）。宋代建筑的"工"字形平面组合形式，源于唐代衙

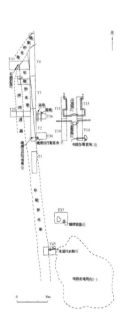

署的厅堂①。此考古发现说明唐代私家宅园也出现了"工"字形的平面形式，另外从前文对于宫城、衙署的建筑组合中"工"字形园林形式的分析可见，北宋时洛阳从宫殿、衙署到民间庙宇，从大型厅院到中小型院落，都可见到"工"字形平面组合方式的建筑格局。宋代遗迹是在唐代遗迹的南扩方处发掘的，从以上分析中可推测大字寺院内的庭园平面形式也可能为"工"字形（图5-11）。从"春笋解箨，夏潦涨渠。引流穿林，命席当水"②，"某堂有某水，某亭有某木"③，"红薇始开，影照波上"②，可推测园内应有渠，建筑有堂有亭，植物有春笋、红薇及树林等。堂建在水边，水边种有红薇，亭周围有树木环绕（图5-12）。遗址中发掘的碑刻上文字大多与佛教相关，如"度群生，身任真空""有施生"等，推测园林景象应呈现佛家意境。

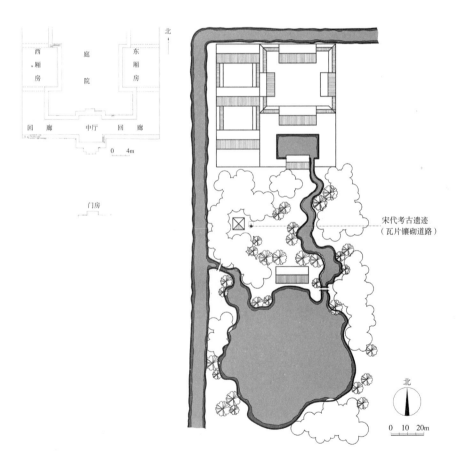

宋代考古遗迹
（瓦片镶砌道路）

图 5-11
唐代洛阳郭城大字
寺园遗迹平面图

（图片来源：中国社会
科学院考古研究所洛
阳分站提供）

图 5-12
北宋洛阳郭城大
字寺园想象平面
示意图

① 李黎，尹家琦. 工字形平面建筑的演进探析 [J]. 中州建设，2012（21）：76-78.
② （宋）欧阳修. 欧阳修全集 [M]. 李逸安，点校. 北京：中华书局，2001.
③ （宋）邵博. 邵氏闻见后录 [M]. 李剑雄，刘德权，点校. 北京：中华书局，1983.

（5）园林活动

从"折花弄流，衔觞对弈"，"太素最少饮，诗独先成，坐者欣然继之"，遗址中考古发现有围棋子27件、象棋子1件等，可推测园中活动有赏花玩水、饮酒下棋、吟诗禅坐等。

7. 天王院花园子

（1）园址

天王院花园子的园址目前也有两种说法。一是王铎先生根据《河南志》中"景云元年，改安国寺，会昌中废，后复葺之，改为僧居，诸院牡丹特盛"[1]和司马光《和安国寺及诸园赏牡丹》诗里"一城奇品推安国，四面名园接月波"[2]的描述，疑指安国寺内天王院，而安国寺位于宣风坊，考证该园在宣风坊。二是相关研究者王水照[3]、张瑶根据《洛阳牡丹亭》中记载："洛阳之俗，大抵好花。春时，城中无贵贱，皆插花，虽负担者亦然。花开时，士庶竞为游遨，往往于古寺废宅有池台处为市井，张幄帘，笙歌之声相闻，最盛于月陂堤、张家园、棠棣坊、长寿东街与郭令宅，至花落乃罢"[4]，《河南志》中积善坊"之北月陂……福严院……院多植牡丹"，考证在月陂。

以上两种考证各有道理，因《河南志》中记载牡丹较为繁盛的里坊有宣风坊和月陂，两个坊中都有古寺存在，在地方称佛寺为天王院，"今徙东城承福门内，为祝厘之所，内有八思巴帝师殿"[1]，说明宣风坊中的安国寺在会昌（公元841—846年）中已废，在北宋时已迁址到东城内，所以"一城奇品推安国"，安国寺已不在宣风坊而在东城，而东城在北宋时期主要为衙署所在，在东城内设市卖花也不切合实际，安国寺为皇家寺院，在迁址后"为祝厘之所，内有八思巴帝师殿"与"过花时，则复为丘墟，破垣遗灶相望矣"也不吻合，故天王院花园子也不应该在此。而后晋时月陂建有福严院，福严院内多植牡丹，且牡丹品种罕见，"洛阳人家亦少有，余尝从思公至福严院见之，问寺僧而得其名，其后未尝见也"[4]。陆游《天彭牡丹谱·花释名第二》亦说："按欧公所纪，有玉版白，出于福严院"[5]。又因月陂之北紧邻洛水，位于天津桥下，北望宫城，南与洛南各里坊相通，邵雍的多首诗都反映了月陂景色之优美，

①（清）徐松. 河南志［M］. 高敏，点校. 北京：中华书局，2012.

②（宋）司马光. 司马温公集编年笺注［M］. 李之亮，笺注. 成都：巴蜀书社，2009.

③ 王水照. 北宋洛阳文人集团与地域环境的关系［J］. 文学遗产，1994（3）：74-83.

④（宋）欧阳修. 欧阳修全集［M］. 北京：中华书局，2001.

⑤ 曾枣庄，刘琳. 全宋文［M］. 上海：上海辞书出版社，合肥：安徽教育出版社，2006.

如《访姚辅周郎中月陂西园》："相忆不可遏，西街来访时。交横过沟水，隙曲绕蔬畦。树偃低头避，笻高换手持。朋游相得甚，何乐更如之"[1]。《同程郎中父子月陂上闲步吟》："景好只知闲信步，朋欢那觉太开怀"[1]。《月陂闲步》："因随芳草行来远，为爱清波归去迟。独步独吟仍独坐，初凉天气未寒时"[1]。因此相比较而言，月陂的交通更方便、地理位置更为优越、风景也更幽。紧邻洛水，也更方便引水入园灌溉花木。"往往于古寺废宅有池台处，为市井……最盛于月陂堤……"[2]与《洛阳名园记》载"至花时张幄幕，列市肆"[1]在月陂中设市场买卖牡丹的盛况相吻合。因此本书认为天王院花园子的位置应在月陂。

（2）园林景象

据《洛阳名园记》可知，该园因在洛中，花有许多，唯独称牡丹为"花王"，凡是有园子的地方都有牡丹，而只有天王院这一处因"独有牡丹数十万本"而被称为"花园子"。凡是城中以卖花为生的人都以此为家。一到开花时节，他们就张幄列幕，开设市肆，在其中奏乐，吸引城中的男女老少从早到晚前来游玩。花开季节一过，则又变为一片废墟，只剩下破墙残灶在此。现在牡丹滋生日益繁盛，而且姚黄、魏紫一枝价值千钱，姚黄更买不到。

由此可见，天王院花园子更多时间应该是供专人种植栽培牡丹的生产性园圃，只在花开时节供人们游赏、买卖而定期开放，因此本书将该园归为私家园林。

5.1.2　造园特征

唐时洛阳作为都城，郭城内的私家园林遍布林立，在长期发展的基础上逐渐兴盛，加之大量官宦文人的参与，其造园技术已相当成熟，园林活动的内容也已相当丰富。因此到北宋时，园林在继承旧有基址、园林传统与成就的同时，不仅传承了前代园林的造园精粹，更受到洛阳文化的怡养，但在新的时代背景下也有了创新和进展，展现出不同的一面。体现为以下几个特征。

1. 造园手法古朴生态

以上园林均是在隋唐、五代十国遗留下来的园林旧址上营建起来的，这

---

① （宋）邵雍. 伊川击壤集 [M]. 郭彧，整理. 北京：中华书局，2013.
② （宋）欧阳修. 欧阳修全集 [M]. 北京：中华书局，2001.

些长期改建而逐渐演化的园林取其景物苍古、富于文采之长处。在继承了旧园内的地形、池溪基础上，保留了原有古木、种植花木的传统进行造园，园内景象大都仍以池溪和古木名花取胜。如邵雍园内景象继承了唐代隐士园的自然简约；丛春园继承邵雍园优越的造园环境，构建了高亭借园外洛水之景；归仁园保留了唐时古木七里桧，仍广种牡丹芍药；松岛保留古松作为园中主题景观，苗帅园也保留了古树七叶树，且在七叶树旁引水凿池营建景色；大字寺园中"某堂有某水，某亭有某木"[①]承袭了唐时白居易履道坊宅园中的"有水一池，有竹千竿"[②]"有堂有亭，有桥有船"[②]的景物特色；湖园扩大了唐平津池的面积，由池变为湖，仍以水景为特色；天王院花园子则在后晋广种牡丹的福严院内，在北宋时市井平民广泛参与园林活动的社会背景下，开设市肆，买卖牡丹。这些以"自然山水"为理念进行的园林营造，充分利用旧址中已存在的地形地貌、植物群落等原始天然景物进行建构，尽可能减少人工因素，因地制宜，"宜亭斯亭，宜榭斯榭"[③]是对园林内部生态环境的尊重。除必要的亭、台、轩、桥等建筑元素外，保留古树名木、溪池小岭，不仅是为营造古老典雅的园林氛围，更是为保存一个运转良好的小生态系统，同时体现了古人建园的生态智慧。

2. 园林空间层次分明

唐代洛阳花木繁盛，北宋时因花木种植技术的提高，花木的数量和品种得到进一步提高，这促使造园者注重植物在空间中的运用，加强植物的空间分隔，并合理与园内景物各要素相互分割渗透，力求使园林空间实现丰富化和层次化。如邵雍园将唐代"壶中天地"的空间原则进一步发展，更凸显园林空间特色；丛春园、苗帅园出现的规则式的植物配置方式围合出的规则式园林空间，使空间层次富于变化；归仁园在保持唐时平远阔大的空间意识下，以"广水无山"的空间意象增加了幽深感；湖园在继承唐代园林空间特色基础上增加景区划分，南北景物一疏一密，使得园林空间豁朗又幽邃。

3. 园林功能丰富多样

北宋时随着商品经济的发展，坊市制度废除，推动了城市和园林的公共

---

① （宋）邵博. 邵氏闻见后录 [M]. 李剑雄，刘德权，点校. 北京：中华书局，1983.

② （唐）白居易. 白居易集 [M]. 北京：中华书局，1979.

③ （明）计成. 园冶注释（第2版）[M]. 陈植，注释. 北京：中国建筑工业出版社，1988.

性、开放性的转型，洛阳郭城里园林的开放性、赏花等民风民俗、达官文人的到来更助长了造园的风气，提高了园林的公共性，使造园氛围更加浓郁，随着社会意义和社会功能的改变，园林性质也逐渐发生了改变，涌现出的园林功能也更为多样。如大字寺院在唐代时为白居易宅园，白居易在洛阳经常与佛寺高僧往来，"僧至多同宿"①，该园在唐代所展现的几乎都是纯朴自然的原貌，游赏者主要是镇守此地的官吏，且游赏活动"以游访寺院为主"，唐代寺观园林已公共化，到北宋时白居易宅园舍宅为寺，转变为寺园；唐时天王院花园子为寺院福严院，到北宋时转变为定期开放供人游赏、买卖；丛春园、归仁园、松岛由之前的宅园类型转变为以游赏为主的游憩园。

4. 园林意境悠然深远

园林景象在前代的基础上保持原有园林性质的同时，进一步向社会的广度和深度发展，使"自然山水园"渐显出"文人写意园"的园林意境。如邵雍园将自然简约的咫尺之园通过写意的方式来实现淡然雅致的意境，其意境较唐代时更为深远；丛春园是继邵雍的象数学体系之后二程洛学借洛水之景形成的气势宏大的景象，呈现出"不以方丈为局"的阔大幽深的精神境界。北宋时洛阳私园大多虽小但以众多景物象征宇宙之孕育万物，即从一小盆池中透视偌大境界，此时的园林意境受到道家"神仙思想"的影响②，相对于缥缈的"神仙世界"，北宋时文人更注重对仙境的神游之情。如大字寺园一改唐时"一池三岛"的模式，变为"引流穿林，命席当水"③；湖园将唐代时裴度园中一湖三岛合为北宋时一湖一洲的模式；松岛中的"岛"是"一池三山"的缩影，以此来形容自己园居之地的"悠游自在"，呈现出比德山水的儒家意境和崇尚自然的道家意境。

---

① (唐) 白居易. 白居易诗集校注 [M]. 谢思炜, 校注. 北京: 中华书局, 2006.
② 李浩, 唐代园林别业考论 [M]. 西安: 西北大学出版社, 1996.
③ (宋) 欧阳修. 欧阳修全集 [M]. 李逸安, 点校. 北京: 中华书局, 2001.

5.2 新建园林

5.2.1 园林实例

1. 富郑公园

（1）园主

《宋史》载"富弼改武宁军节度使，进封郑国公"①，因此宋人尊称富弼为富郑公。因此《洛阳名园记》中描述的"富郑公园"园主为富弼。富弼（1004—1083年），洛阳人，北宋名臣，宋仁宗、宋神宗时两次为相，天圣八年（1030年），富弼登第后，知河南府长水县，后签书河阳节度判官。天圣九年（1031年）至明道二年（1033年），丁父忧，富弼居洛阳，与欧阳修、梅尧臣等组成洛阳文人集团。之后，知睦州、绛州等地。嘉祐六年（1061年）至嘉祐八年（1063年），丁母忧，富弼归洛阳，与邵雍同居洛阳，"嘉祐七年……富韩公命其客孟约买对宅一园，皆有水竹花木之胜"②。后因与王安石政见不和，罢相。熙宁五年（1072年），富弼退居洛阳，后与文彦博、司马光等13人组成"洛阳耆英会"，元丰六年（1083年），年八十，在洛阳病逝，谥号文忠。

（2）园址

富弼宅园的位置目前主要有以下四种说法。一是王铎先生根据《邵氏闻见录》中："公致政，筑大第于至德坊，与天宫寺相迩"③，及"天宫寺在道德坊"，推测该园位于道德坊。二是贾珺先生根据《邵氏闻见录》载"康节先公与富韩公有旧，公自汝州得请归洛养疾，筑大第，与康节天津隐居相迩"，《文潞公文集》卷六《司空相公特贶雅章俯光陋迹依韵和呈以答厚意》诗"平嵩极目西南望，仁里高闳近鼎门"④，诗中"鼎门"注曰"富公宅直定鼎门"，定鼎门为洛阳南侧正门，且与邵雍（康节）安乐窝相邻，推测该园应位于定鼎门内大道北端东侧的尚善坊中。三是研究者张瑶根据《苏魏公文集》卷五《次韵司徒富公耆年会诗》中"岩岩大司徒，早辞槐鼎贵。嘉谟纳渊衷，故事留台寺。构第铜驼坊，开门瀍水次。居守德爵同，位重官三事"⑤，推测该园在铜驼坊。四是研究者王书林根据《晏氏墓志》载"福善居第，林馆幽邃。文忠吟笑期

① （元）脱脱，等. 宋史 [M]. 中华书局编辑部，点校. 北京：中华书局，1985.
② （宋）邵博. 邵氏闻见后录 [M]. 李剑雄，刘德权，点校. 北京：中华书局，1983.
③ （宋）邵伯温. 邵氏闻见录 [M]. 李剑雄，刘德权，点校. 北京：中华书局，1983.
④ （宋）文彦博著. 文潞公集，上 [M]. 太原：山西人民出版社，2008.
⑤ （宋）苏颂著. 苏魏公文集，上，附魏公谭训，卷五 [M]. 北京：中华书局，1988.

间，优游一纪。夫人每同其乐，而终佚于老……夫人享年七十有三，元祐元年十一月二十八日以疾终于福善第之□□"①，推测该园在福善坊。

首先，即使天宫寺在道德坊，富弼宅园与天宫寺相近，并不能就此说明在同里坊内，因此富弼宅园不应在道德坊；再者，据《河南志》载，"长夏门街之东第三街，北隔洛水，当北郭之安喜门。凡十一坊：按，十一坊之内，比唐增贤相一坊。又徙铜驼以接询善"②，"次北铜驼坊，按，此坊自洛水之北徙"②，铜驼坊在北宋时已从洛河之北迁至洛河以南，可见铜驼坊与洛水以北的瀍水还有一定的距离，这与苏魏公诗中"构第铜驼坊，开门瀍水次"③，并不相符，因此也不应在铜驼坊；而乾隆《河南府志》卷六五《古迹迹志十一》载"宋富郑公宅：郑公宅与康节宅相近，俱在天津桥南"，这与《邵氏闻见录》卷十八载"自汝州得请归洛养疾，筑大第，与康节天津隐居相迩"④正相印证；另《洛阳名园记·富郑公园》载"燕息此园几二十年"⑤，说明富弼在此园中居住有近20年之久，如果富弼归洛后筑宅时间为1072年，至1083年富弼去世是11年的时间，而嘉祐七年（1062年）富韩公与邵雍的宅园相对，说明富弼在1062年已在洛有园，此园应为《洛阳名园记》中所载的富郑公园。当时官宦文人为方便交游、集会，一般都不止有一处宅园，有的宅和园不在同一个地方，如赵普的宅邸在从善坊，园在仁风坊，吕蒙正的宅邸在永泰坊，园在集贤坊等。前文已论述邵雍安乐窝在尚善坊，故本书认为《洛阳名园记》中描述的富郑公园应在福善坊，尚善坊、铜驼坊筑第可能为富弼的另外两处宅园。

（3）园林景象

据《洛阳名园记》可知，北宋洛阳的园池大多沿隋唐时代旧园的遗址营建，而富弼的宅园是新建的，且景物最为优美。

关于《名园记》中"富弼园门"和"探春亭"的位置主要有以下两种说法：一是周维权先生、汪菊渊先生和刘托先生等根据"游者自其第，东出探春亭，登四景堂，则一园之景胜可顾览而得"⑥，所画的富郑公园想象示意图中的园在宅的东侧，园门在园的西侧，探春亭在园的西侧；二是永昕群先生根据《邵氏闻见录》载"游者自其第西出探春亭"⑥，所画的富郑公园想象图⑦中园在宅的西

① 史家珍，司马俊堂等. 富弼家族墓地发掘简报［J］. 中原文物，2008（06）：4-8+119+9-16+118+120.
② （清）徐松. 河南志［M］. 高敏，点校. 北京：中华书局，2012.
③ （宋）苏颂. 苏魏公文集［M］. 北京：中华书局，1988.
④ （宋）邵伯温. 邵氏闻见录［M］. 北京：中华书局，1983.
⑤ （宋）李格非. 洛阳名园记［M］. 北京：文学古籍刊行社，1955.
⑥ （宋）邵博. 邵氏闻见后录［M］. 李剑雄，刘德权，点校. 北京：中华书局，1983.
⑦ 永昕群. 两宋园林史研究［D］. 天津：天津大学，2003.

侧，园门在园的东侧，探春亭在园的东侧。而《明一统志》卷二九《河南府·古迹》载："富弼宅，在府城南十里，宅西有园，弼自汝州得请归洛时所筑"[①]。说明富弼这一宅园与《邵氏闻见录》中的描述一致，应是《洛阳名园记》中记载的富郑公园，且园在宅的西侧。因此，推测园（图5-13）应在宅的西侧，园门在园的东侧，探春亭在园的东侧。四景堂应位于全园地势最高处，在探春亭的西南侧，与卧云堂分列园南北，形成全园的中轴线，此园分为南北两部分：南部偏东有四景堂，四景堂以南有通津桥、方流亭、紫筠堂，且方流亭与紫筠堂相对，西有花木丛，往西走百余步则建有荫樾亭、赏幽台、重波轩；北部有四洞、五亭，有竹林环绕其中，其南依次有梅台、天光台。南部以开阔明媚的景象取胜，北部的景象分布在曲径通幽处。园内有左右二山，流水环绕其中，从景题"通津""方流""重波""漪岚""水筠"可推测园南北有水景分布，南部水景似方形，水面尺度缩小许多，多见涓涓细流，这种两山间水的山水布局模式在洛阳其他园林中极为少见，同时"背山靠水"是营建园林的风水良地；园

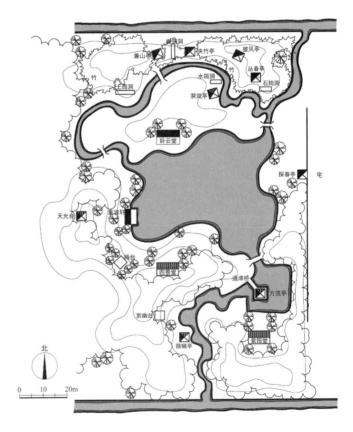

图 5-13
北宋洛阳郭城富
郑公园想象平面
示意图

① （明）李贤，彭时. 明一统志 [M]. 台北：台湾商务印书馆，1986.

内建筑有八亭、三堂、三台、一轩、一桥，共16处建筑，高低错落有序地分布在园中。土山上的高堂、高台形成疏朗开阔的空间，分散在竹丛、水边的亭轩及四洞营造出柳暗花明的深幽空间，整体呈现出"透迤衡直，闿爽深密"的空间效果；这一文人园林的自然式造景对帝王宫苑产生了重大影响，东京的艮岳改变了历代神山仙岛严整中轴对称的布局手法，把文人园林自然山水的造景手法同皇家神仙宫苑的宗教迷信色彩结合起来，创造了以表现自然美为主景的神仙境界。园内植物有梅竹、牡丹、凌霄①等，花木丰富，以竹为主，植物配置疏密有致，以密植、片植、群植、散置的种植形式营造出密林、竹丛、竹洞、林荫地等景象。园中山水、建筑、植物巧妙地组合形成一区又一区，一景又一景，曲折多变的空间层次，四洞五亭自成一区，好比是园中有园，多样变化中又显统一，彰显出开合自如的空间布局。从"四景堂""探春亭""披风亭""漪岚亭""天光台"等景题可以想象出园中四时变幻，光影交错的时间序列。

（4）园林文化

宅园为富弼精心设计营建，造园手法巧妙，富弼为归隐之仕，在此园中住有二十年之久，受儒家"君子比德"和道家"崇尚自然"思想的影响，园中的景象无不隐含着主人"温良宽厚""清廉严谨""胸有大度""恭俭好修"的高尚品行，如园中的梅竹、卧云堂、兼山亭等暗含文人隐逸之意境，天光台暗含佛家意境，四洞及漪岚亭暗含了道家的神仙意境，这一神仙境界的表达应该是因为在当时受到了帝王宫苑中神山仙岛的艺术境界的影响。

2. 独乐园

（1）园主

司马光（1019—1086年），字君实，自号迂叟，北宋政治家，史学家。宋仁宗宝元初年（1038年）中进士，步入仕途，任华州、苏州判官，又改宣德郎，知丰城县事，调任大理评事国子直讲，知太常礼院，改集贤校理，后又提任郓州、并州通判，迁开封府推官。宋英宗时任龙图阁直学士，宋神宗时晋升为翰林学士兼侍读学士。熙宁四年（1071年）因反对王安石变法退居洛阳独乐园中有13年之久，潜心治学，编写的《资治通鉴》是中国最大的一部编年史。元丰五年（1082年）司马光加入"洛阳耆英会"，后又自己出面组织"真率会"，元丰八年（1085年），宋哲宗继位，被召回京。元祐元年（1086年）病故，谥号文正。

（2）园址

司马光《独乐园记》载："熙宁四年，迂叟始家洛。六年，买田二十亩于

---

① 贾珺. 北宋洛阳私家园林考录 [J]. 中国建筑史论汇刊，2014（2）：372-398.

尊贤坊北关，辟以为园"[1]，可知熙宁六年（1073年）司马光在洛南里坊东南隅的尊贤坊北关买地20亩，营造独乐园，尊贤坊南临集贤坊，坊西侧有伊水支流穿过，地理位置优越，官员常在此坊建宅园，北宋时有观文殿学士张观园，龙图阁直学士郭稹园。

（3）园林景象

独乐园为北宋新建园林，李格非《洛阳名园记》及司马光《独乐园记》《独乐园七题》对园中景物均有描述，而司马光本人描述的园记、诗文更为详实。从其描述中可知：整个园内读书堂及南北大小方池形成中轴，以此展开布局（图5-14），堂北临大方池，池中有岛，岛上种竹，并设有"钓鱼庵"；堂南有一庭院，院内有"弄水轩"，轩中有渠环绕四周，渠形如虎爪和象鼻。池北有

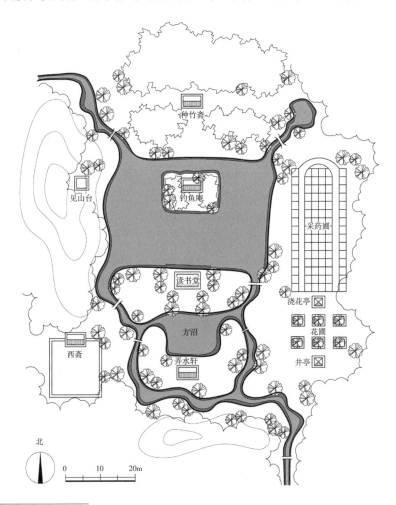

图 5-14
北宋洛阳郭城独乐
园想象平面示意图

① （宋）司马光. 司马温公集编年笺注 [M]. 李之亮，笺注. 成都：巴蜀书社，2009.

六间房屋，即围墙、屋顶上铺厚实茅草以抵御烈日；房屋东侧开门，南北两侧开窗，房前屋后种有美竹，为消夏避暑之地，命名为"种竹斋"。池东种有各种草药，名称都以标示，占地有120畦，药畦以北种有竹，行列规整如3m来长的棋盘状，竹梢相互交织搭接成小屋，两侧种有竹，形成如步廊般的夹道，且有蔓藤草药搭在竹竿上，四周另种有木本药物为栅栏，命名为"采药圃"。药圃南为六栏花圃，芍药、牡丹、杂花各占2栏，每种花只种2株，能识别出形态即可，不求多。花圃北为"浇花亭"。此外园中还构筑高台，台上建屋，命名为"见山台"，站其上可以远远望到洛阳城外的万安、轘辕、太室诸山之景。以上所述均于熙宁六年（1073年）建成，之后园中又增设西斋和井亭[①]。

　　园中水景取胜，地形富有变化，高处挖池堆土山，低处有池有渠有井，北池大南池小均为偏规整式的方水池，小渠蜿蜒而流呈虎爪和象鼻之状，营造出一静一动的水景效果。园内7座建筑构成七景，外加西斋和井亭，建筑多临水而置，筑台建屋借园外景，建筑形式有两斋、两亭、一堂、一轩、一庵、一台、两圃，共10处建筑，设计手法独特：其中钓鱼庵和采药圃均用竹梢搭建而成，屋顶、围墙辅以茅草隔热，注重避暑之功能；园内建筑构造简单、选用材料天然、造型小巧别致、风格朴素简约，充满野趣，暗含园主崇尚自然、悠然质朴的心境。园内植物种类丰富，植物配置以规则式和自然式结合，以植物划分不同的空间，多处种竹，不仅体现竹林清幽的自然环境，而且暗示园主人正直而有节的操守、内刚外柔的韧性。园中有药圃和花圃，药圃呈规整如棋盘状，种有蔓藤草药和木本药物；花圃种有牡丹、芍药、杂草等。受北宋皇家园林"与民同乐"传统和洛阳当地赏花习俗的影响，司马光每到春赏季节开放独乐园，任由市民前来赏花[②]。《独乐园七题》描述了7种不同的景色和园林意境，受儒家和道家隐逸思想的影响。目前存世可见的《独乐园图》主要有3种，包括佚名宋人绘本（图5-15）、明代文征明绘本以及明代仇英绘本（图5-16）。此外另有一

图5-15
（宋）佚名《独乐园全图》

（图片来源：引自贾珺《北宋洛阳司马光独乐园研究》）

① 贾珺. 北宋洛阳司马光独乐园研究 [J]. 建筑史，2014（2）：103-121.
② 王劲韬. 司马光独乐园景观及园林生活研究 [J]. 西部人居环境学刊，2017，32（5）：83-89.

图 5-16
（明）仇英《独乐
园图》

（图片来源：高居翰，
黄晓，刘珊珊《中国
古代园林绘画：不朽
的林泉》，美国克利夫
兰美术馆藏）

种绘本署名仇珠（仇英之女），几乎完全临摹自仇英绘本，可略去不提①。

（4）园林文化

独乐园，园名本身便构成了一个文化象征和文化事件。独乐，有着传统经学、儒学的来源——以传统儒家士大夫所熟知的孟子的"与众乐乐"的理论为潜在对话，也有"独善其身"之意，折射出司马光在政治上的失意，"迂叟之乐"是自嘲。司马光《独乐园七题》的前4首《读书堂》《钓鱼庵》《采药圃》《见山台》分别以大儒董仲舒及隐士严子陵、韩伯休和陶渊明为题，突出守拙、慎独的主题②；司马光是儒家思想的正统，在园中"聚书出五千卷"，在读书堂里读书立著，"窥仁义之原，探礼乐之绪"②，体现儒家意境。后3首《弄水轩》《种竹斋》《浇花亭》分别以杜牧之、王子猷、白乐天为题，突出至乐的主题。司马光在读书之余浇花、钓鱼、采药、游赏，"上师圣人，下友群贤"，体现道家隐逸之境。以7个简约质朴的景题表现园中简朴疏朗的空间意境，且七题七景形成的精神之乐，使司马光在园中以儒修身，处穷有定，以道安心，随性自适，转化为一种完全融入自然、悠然自得的田园之乐。

3. 环溪

（1）园主

王拱辰（1012—1085年），原名拱寿，字君贶，开封府咸平（今河南通许县）人，天圣八年（1030年）进士第一，尤得仁宗赏识，并赐名"拱辰"，又称王宣徽、王开府。经历宋真宗至宋神宗四朝，任职50余年，参与大量的政治、军事、外交、民事等活动，先任怀州通判，入直集贤院，后知开封府、郑州，徙澶、瀛、并三州；至和三年（1056年）任三司使、宣徽北院使；宋神宗时迁太子少保，熙宁元年（1068年），复以北院使召还，后因反对王安石变法，贬任应天府知府，熙宁五年（1072年）至熙宁八年（1075年）留守西京；元丰初（1078年）转南院使再判大名，改武安军节度使；宋哲宗时徙节彰德，加检校太师。元丰八年（1085年）卒，年七十四，赠开府仪同三司，谥懿恪③。

① 贾珺. 北宋洛阳司马光独乐园研究［J］. 建筑史，2014（2）：103-121.
② （宋）司马光. 司马温公集编年笺注［M］. 李之亮，笺注. 成都：巴蜀书社，2009.
③ （元）脱脱，等. 宋史［M］. 北京：中华书局，1985.

（2）园址

王得臣《尘史》云："熙宁间，王拱辰即洛之道德坊营第甚侈，中堂起屋三层，上曰'朝元阁'。"可知环溪园位于洛南里坊之道德坊，该坊位于天津桥南东侧，洛河南堤之下，南有通津渠自东向西穿过里坊，宫城在其西北，这也与《洛阳名园记》载"以北望，则隋唐宫阙楼台，千门万户，岧峣璀璨，亘十余里"[①]，正相印证，地理位置优越，便于引水入园、借园外景。

（3）园林景象

据《洛阳名园记》可知，环溪园以水景和园外借景取胜，可谓大型水景园。全园水景设计巧妙别致，收而为溪，放而为池。"波光冷于玉，溪势曲如环"[②]，周接如环，故曰"环溪"；溪水潺潺、湖水荡漾，南北皆有大池，气势恢宏。南池北岸设有洁华亭，北池南岸设一凉榭，榭的南边建有多景楼，登楼可望龙门、大谷、翠巘等奇景。榭的北面建有风月台，站风月台上可望见隋唐宫阙楼殿，高耸入云，延绵十余里，远处景色一览无余。榭之西侧建有锦厅、秀野台。园中栽植松桧、花木千株，皆分类而列。园中有岛屿，可以搭建帐篷赏花宴饮。

庞元英《文昌集录》载："北京留守王宣徽，洛中园宅尤胜，中堂七间，上起高楼，更为华侈"[③]。从以上园景可以看出，王拱辰位居高官，生活较为奢侈，其园景宏大华美，园内有一楼、一亭、一阁、一榭、一厅、二台，共7处建筑（图5-17），低则临水而设，高则建台借园外景，其中"凉榭、锦厅，其下可坐数百人，宏大壮丽，洛中无逾者"[②]。从司马光《君贶环溪》《和子华游君贶园》和范纯仁《和韩子华相公同游王君贶园二首》中可知，园中植物有松、桧、竹、梅、桃、杏等，并分类列植，"红芳翠竹围松岛"，岛上种有竹、松。洛阳作为道教的发源地，道家思想根深蒂固，园中"朝元阁"景题源于道教场所，这里推测含有养生之道，渗透着享乐人生的态度[③]，"风月台"景题"吟风弄月"，清新浪漫，充满文人气息，"秀野台"富有野趣，体现出道家意境。

① （宋）邵博. 邵氏闻见后录［M］. 李剑雄，刘德权，点校. 北京：中华书局，1983.
② （宋）司马光. 司马温公集编年笺注［M］. 李之亮，笺注. 成都：巴蜀书社，2009.
③ 郭东阁. 北宋洛阳私家园林景题的特色分析［D］. 郑州：河南农业大学，2013.

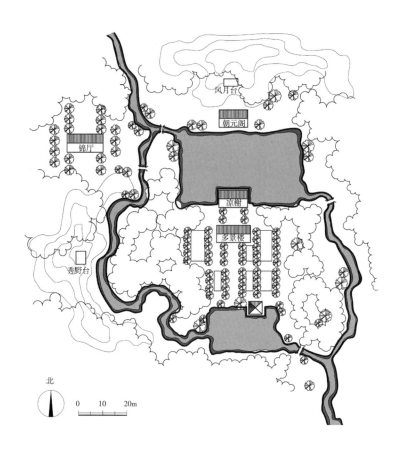

图 5-17
北宋洛阳郭城环溪
园想象平面示意图

4. 丛春园

（1）园址

《洛阳名园记》载："北可望洛水，盖洛水自西汹涌奔激而东。天津桥者，叠石为之，直力溜其怒，而纳之于洪下，洪下皆大石底，与水争，喷薄成霜雪，声数十里"[①]。这一描写与邵雍宅园周边环境有不谋而合之处，如"洛水近吾庐，潺湲到枕虚。湍惊九秋后，波急五更初"[②]，"云轻日淡天津暮，风急林疏洛水秋"[③]，可以推测此园也位于天津桥之下的尚善坊，原为邵雍的宅园，北宋时由门下侍郎安公从尹氏手中买得。

（2）园主

《宋史》记载，绍圣元年（1094年）闰四月，安焘由观文殿学士晋为门下

---

① （宋）邵博. 邵氏闻见后录 [M]. 李剑雄，刘德权，点校. 北京：中华书局，1983.
② （宋）邵雍. 邵雍集 [M]. 郭彧，整理. 北京：中华书局，2010.

侍郎；绍圣二年（1095年）十一月，"安焘自右正议大夫、门下侍郎以观文殿
学士知河南府"[1]，而《洛阳名园记》约成书于1095年，因此可推测安公为安焘。

（3）园林景象

丛为聚集，春为春天、生机，园林中最能直接体现春天生机的元素是应是
花草林木，丛春园可理解为花木聚集的园子。园中有酴醾花，有桐、梓、桧、
柏等各种树木，成行成列的植物配置手法应该是开创了中国古典园林像西方规
则式种植配置的先例[2]。而园中布局的特点就是利用这些高大的行列树木围合
成规则式闭合的空间，与前文描述的洛阳宫城的后苑、东城的衙署园林内所形
成的规则式空间有着微妙的联系，此园大概建于1095年，此时正是继邵雍的象
数学体系之后二程洛学的兴起时期，洛学和道教似乎可以成为这一规则式空间
结构产生的原因。园内乔木森然，景色单一，建有高亭丛春亭和大亭先春亭以
得景，受洛阳当时赏花、种花的风尚的影响，从两亭景题上可知周围应是花木
环绕，在郁郁葱葱的酴醾架上可望丛春亭，本来就是一景，北望洛水，"李格
非曾于冬夜里登上丛春亭，静听洛水奔流的响声"[3]，高亭设置时以高突出主景
并极巧妙地借园内外景，使咫尺之地达到"园内有园，园外有景"的多重观景
效果。园中描述亭的"高""大"、树木的"高大"及借园外洛水之景形成的
气势磅礴的景象呈现出"不以方丈为局"的阔大幽深的精神境界[4]。

5. 吕文穆园

（1）园主

吕蒙正（公元944—1011年），字圣功，河南府（洛阳）人，太平兴国二
年（公元977年）擢进士第一，历仕太宗、真宗两朝，三居相位，至道元年
（995年）到咸平四年（1001年）之间，曾以右仆射出判河南府兼西京留守，一
直居于洛阳。景德二年（1005年）罢相回洛，"蒙正至洛，有园亭花木，日与
亲旧宴会，子孙环列，迭奉寿觞，怡然自得"[1]。大中祥符四年（1011年）卒，
年六十八。身后追赠中书令，谥号文穆。

（2）园址

《河南志》载"次北集贤坊……太师致仕吕蒙正园"[5]，集贤坊位于洛南里坊东

① （元）脱脱，等. 宋史 [M]. 北京：中华书局，1985.

② 汪菊渊. 中国古代园林史（上卷）[M]. 北京：中国建筑工业出版社，2006.

③ （日）冈大路. 中国宫苑园林史考 [M]. 北京：农业出版社，1988.

④ 程磊. 论宋人山水亭园的文化功能 [J]. 中国海洋大学学报：社会科学版，2017（01）：
122-128.

⑤ （清）徐松. 河南志 [M]. 高敏，点校. 北京：中华书局，2012.

南隅集贤坊，南部有伊水河的运渠和支渠分别穿过该坊，这与《洛阳名园记》载"吕文穆园在伊水上流"[①]正相印证。《河南志》载："次北永泰坊……本太子太师致仕吕蒙正宅"[①]，说明吕蒙正宅园分置，宅位于永泰坊，园应位于集贤坊内偏南。集贤坊内另有湖园，坊东有大字寺园和会隐园，坊北有司马光的独乐园，在此建园不仅地理位置优越，而且也便于与其他归隐的官宦文人宴饮优游。

（3）园林景象

据《洛阳名园记》可知，伊水和洛水自东南分别注入河南城内，而伊水尤为清澈，水质较好，因此城中营建园林都喜欢临近伊水，如果园林又处于伊水上游，那么全年不会受到枯涸之害。而吕文穆园正处于伊水上游，树木甚盛，竹林繁茂。园中有池，是一水景园，三亭点缀其中，一个在池中，两个在池外，又有桥相连通，这种湖亭曲桥的布置方法，是后世园林中常运用的传统营造方法。园林整体水清木秀，简雅大气，宛如一幅写意水墨画，可谓"水木清华"。暗含了吕蒙正"质厚宽简""政尚宽静"[②]的品性。

6. 李氏仁丰园

（1）园主及园址

李氏仁丰园因位于仁风坊而得名，"次北仁风坊，俗作仁丰"[①]；又因《洛阳名园记》载"甘露院东李氏园"[②]，"次北睦仁坊……甘露院，汉乾祐三年建"[①]可知，甘露园位于睦仁坊，睦仁坊之东南为仁风坊。仁风坊位于洛南里坊右长夏门之东第五街，从南第六坊，运渠从外郭城外流经仁风坊之南，于怀仁坊之北入城最后，汇入洛河。运渠穿坊的地理环境是引水入园、灌溉花木的天然条件。园主未考得。

（2）园林背景

唐时宰相李德裕作《平泉山居草木记》记载园内"嘉树芳草"[③]。据《洛阳名园记》可知，到北宋时洛阳花卉园艺更为兴盛，园囿中花木达千余种。洛阳的良工巧匠把各种颜色的花互相嫁接，培养出奇花异草，夺造化之妙，而且不断创造新品种。桃李、梅杏、莲菊等各有数十种，牡丹、芍药则在百余种以上。又从远方异地收集很不易栽种的紫兰、茉莉、琼花、山茶等花卉，但这些花卉在洛阳便能与土产无异。高超的园艺技术加之洛阳优质的水土，温润的气候，极大地增加了花卉的品种和数量。

① （宋）邵博. 邵氏闻见后录 [M]. 李剑雄，刘德权，点校. 北京：中华书局，1983.
② （元）脱脱，等. 宋史 [M]. 北京：中华书局，1985.
③ （清）董诰，等. 全唐文 [M]. 北京：中华书局，1983.

（3）园林景象

李氏仁丰园便是在这一背景下，出现的专以搜集、种植各种观赏植物为主的园圃，此园加工修整得十分精致，种植有洛阳所有的花木品种。园中建有5座亭子——四并亭、迎翠亭、濯缨亭、观德亭、超然亭，作为观赏休憩的地方。从这5座亭的景题分析，四并即良辰、美景、赏心、乐事，表达古人对美好事物的追求[1]，暗示园主思想境界的逐渐升华，无疑表达了道家的价值取向与理想目标[2]，由此可推测园内景象体现道家意境。

7. 赵普宅园

（1）园主

赵普（公元922—992年），字则平，幽州蓟县（今河北蓟县）人，后随父迁居洛阳。北宋政治家，开国功臣，在陈桥兵变中扮演了重要的角色，宋太祖至宋太宗时三任宰相。淳化元年（公元990年）罢相为西京留守，居洛阳。淳化三年（公元992年），卒，时年七十一，赐谥忠献，咸平初年（公元998年），被宋真宗追封为韩王，因此《洛阳名园记》中的赵韩王园，即赵普宅园。

（2）园址

《河南志》载，"次北从善坊……太师赵普宅。普为留守，官为葺之，凡数位，后有园池，其宏壮甲于洛城，迄今完固不坏。普以太师归其第，百日而薨。子孙皆家上都，尝空阒之，尚有乐器、壶酒、簿书之类，扃锁甚多"[3]，"次北仁风坊……太师赵普园，有水硙"[3]。从以上记载可以看出：从善坊中赵普宅园的描述与《洛阳名园记》中记载的赵韩王宅园"韩王以太师归是，第百日而薨。子孙皆家京师，罕居之，故园池亦以扃钥为常"[4]相一致，由此可知赵韩王园位于从善坊，仁丰坊中园林为赵普的另一园。

（3）园林景象

据《洛阳名园记》可知，北宋建国初，太祖下诏令职掌修建宫室的官署营建该园，其园林设计及用材自然与宫廷园林不相上下。赵普在上任太师后归居该园，100天后去世，子孙都住在京师，该园很少有人居住，因此园子平常都是锁着，园中雄侈的景象平日似乎难以见到，但从赵普的生平可以看出，赵普

① 郭东阁. 北宋洛阳私家园林景题的特色分析 [D]. 郑州：河南农业大学，2013.
② 刘保亮. 河洛道家文化与河洛文学 [J]. 洛阳理工学院学报（社会科学版），2011（02）：1-3.
③ （清）徐松. 河南志 [M]. 高敏，点校. 北京：中华书局，2012.
④ （宋）李格非. 洛阳名园记 [M]. 北京：文学古籍刊行社，1955.

于公元990年居于洛阳，去世于992年，这与太师归居洛100天后去世不符，如果说是文献记载错误，那么《洛阳名园记》和《河南志》的记载均有误的可能性不大，很有可能赵普归洛后居住在仁风坊的宅园里，而赵普去世前100天是在从善坊中置的园子度过。

《洛阳名园记》对其只有简单描述："高亭大榭，花木之渊"①。从善坊内有运渠穿过，该园也应为水景园，园林形制与宫室相似，建筑高大，花木丰盛。另《洛阳名园记》在描述苗帅园时载："稍北曰'郏鄏'，陌陌列七丞相之第，文潞公、程丞相宅傍皆有池亭，而赵韩王园独可与诸园列"②。这也说明，赵韩王园的景象非同一般。

8. 董氏东园、西园

（1）园主及园址

关于董氏东园、西园的园主，王铎先生和陈植、张公弛、陈从周等先生疑为董俨③④。董俨，字望之，河南洛阳人，太平兴国三年（公元978年）进士，端拱初（公元988年），进郎中、三司度支副使。曾多地做官，累官工部侍郎，后"用倾狯图位，终以是败"⑤，大中祥符初（1008年），起知郓州，病疽卒，年五十四。而《洛阳名园记》载："元丰中，少县官钱，尽籍入田宅"②。元丰年间为1078—1085年，董俨在去世70年之后，因少县官钱粮而籍入田宅，这并不符合逻辑，"董氏以财雄洛阳"①，这里以董氏命名，而无官位尊称，另也未见文献记载其后人居洛有园。因此推测董氏非董俨，其身份为商贾富豪，其他待考。园址因缺文献记载也待考。

（2）园林景象

据《洛阳名园记》可知，董氏东园的北面设有园门，离园门不远处，有粗壮的栝树，即桧柏，树径可达约1m之宽，为百年古树，所结的果实小如松子，却比松子香甜。司马光《又和董氏东园桧屏石床》："密叶萧森翠幕纤，暂来犹恨不长居。脱冠解带坐终日，花落石床春自如"⑥。可见，桧树旁设有石床。桧树不远处建一堂，可居。董氏昌盛的时候，每每歌舞游赏，醉不可归，便宿此数十日，说明东园为"载歌舞游"之所。园之南有败屋遗址，有流杯、寸碧二亭，

① （宋）邵博. 邵氏闻见后录［M］. 李剑雄，刘德权，点校. 北京：中华书局，1983.
② （宋）李格非. 洛阳名园记［M］. 北京：文学古籍刊社，1995.
③ 王铎. 洛阳古代城市与园林［M］. 呼和浩特：远方出版社，2005.
④ 陈植，张公弛. 中国历代名园记选注［M］. 合肥：安徽科学技术出版社，1983.
⑤ （元）脱脱，等. 宋史［M］. 北京：中华书局，1985.
⑥ （宋）司马光. 司马温公集编年笺注［M］. 李之亮，校. 成都：巴蜀书社，2009.

保存完好，从"流杯"可推测，流杯亭周围应有渠水流至亭中；"寸碧"中"寸"形容小巧别致，"碧"可谓水体与植物结合之典范，可推测亭或周围或远借溪水绿景。园西有一大池，池中央建有含碧堂（图5-18），《洛阳名园记》载，"水四面喷泻池中，而阴出之，故朝夕如飞瀑，而池不溢"[①]。这样的理水技巧，自是高人一筹。《洛阳名园记》又载，"洛人盛醉者，登其堂辄醒，故俗目为'醒酒'也"[①]，可能是因水四面喷泻，使空气凉爽，令人清醒。

董氏西园为了取山林自然之胜，整体布局为非规整式，亭台的布置未采用中轴对称，花木的栽植也未呈行列，是逐渐增建而成的园林，空间形态灵活曲折（图5-19）。从园南门进入，便可望见3座堂。靠西的一堂临近大池，由此过小桥，有一高台。台之西又建一堂，竹林环绕中间有一小池，池中有石雕的芙蓉花，泉水自花间涌出，令人清心。此堂开窗，则四面甚敞，炎热的盛夏不见烈日，且有清风忽而吹来，留而不去，由此便有"幽禽静鸣，各夸得意"[②]之意境，这种山林之景，在洛阳城之中就可得到。循小路穿行便见有一池，池南有堂，面对高亭，其堂虽不够宏大，但屈曲深邃，游者到此往往迷路，好像以前传说的"迷楼"，元祐年间（1086—1094年）有西京留守，喜欢在这里宴饮集会。

董氏西园主要为观赏游憩之所，园中有两池，大小相宜，园内建筑共三堂、一台、一高亭，随地形的变化因高就低，与花木池溪相掩映，以展开多样景区：园南西堂在大池边成一区；逾小桥（小桥流水本身即一景），有一高

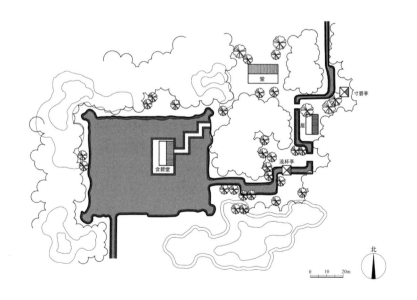

北

0　10　20m

图 5-18
北宋洛阳郭城董
氏东园想象平面
示意图

---

① （宋）邵博. 邵氏闻见后录［M］. 李剑雄，刘德权，点校. 北京：中华书局，1983.

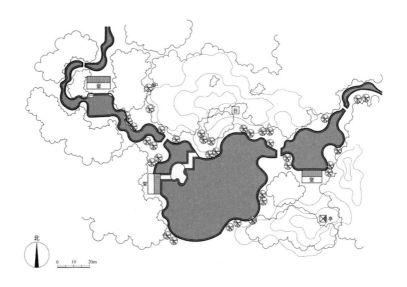

图 5-19
北宋洛阳郭城董
氏西园想象平面
示意图

台，登台而眺，全园之景在望，这是引人入胜手法；再往西竹径之中又一堂，
人工涌泉之中有石雕芙蓉花；然后园南一堂又设一水池，面高亭，又是一景。
从园南到园西再回到园南，循环往复，循回全园，处处有景，空间既畅朗又幽
深，意趣各异，这种空间布局的技巧明显比之前更加讲究，略高一筹。

9. 刘氏园

（1）园主及园址

关于刘氏园园主目前主要有两种观点：一是王铎先生和陈植、张公弛、陈
从周等先生疑为刘元瑜[1][2]；二是研究者郭建慧等在《〈洛阳名园记〉之刘氏园
归属考辩》一文中较为详细地考证园主为宋初给事中刘载[3]。刘元瑜，字君玉，
河南人，进士及第，后知雍丘县，通判隰、并二州，知郓州。以太常博士为监
察御史，历河中府，以左谏议大夫知青州，卒。而《洛阳名园记》载"刘给事
园"，说明刘氏官职为给事，与《宋史》所载刘元瑜的传记不符，所以刘氏并
非刘元瑜，因此本书认同第二种观点即刘氏园园主为刘载，园址待考。

（2）园林景象

据《洛阳名园记》可知，刘氏园规模不大，主要以建筑见胜，园内有一凉

---

① 王铎. 洛阳古代城市与园林 [M]. 呼和浩特：远方出版社，2005.

② 陈植，张公弛. 中国历代名园记选注 [M]. 陈从周，校阅. 合肥：安徽科学技术出版
社，1983.

③ 郭建慧，刘晓喻，晁琦，等.《洛阳名园记》之刘氏园归属考辨 [J]. 中国园林，2019
（2）：129-132.

图 5-20
北宋洛阳郭城刘氏
园想象平面示意图

堂，其高低、比例、构筑都很适可人意。"**有知木经者见云：近世建造，率务**
峻立，故居者不便而易坏，唯此堂，正与法合"①。《木经》是关于房屋建造方
法的著作，作者为北宋初年著名匠师喻皓，北宋时已失传。凉堂符合其法度，
因此得到内行人的称赞。园之西南有台，台所在的这一区域营建得尤其工整精
致。周围仅有十几丈见方的大小，却有楼有堂，纵横错列，楼堂外有廊庑环
绕，并以步廊连接，成为一组完整的建筑群（图5-20）。又有花木衬托点缀其
中，相得益彰，故景致清丽，位置美好妥帖，洛阳人称之为刘氏小景，而如今
分为两半，已经不能与其他园林相比了。刘氏园是有记载的洛阳私家园林中唯
一的建筑形式小巧多样，整体规模小，类似于明清时苏州古典园林，又符合
《木经》法式的园林。

5.2.2　造园特征

1. 造园技术别具匠心

以上10个园林均为北宋新建的园林，脱离了旧有园林营造手法的束缚，
有比较完整的造园思想，以新的营造方法和技巧展现出全新的特点。北宋时

---

① （宋）邵博. 邵氏闻见后录［M］. 李剑雄，刘德权，点校. 北京：中华书局，1983.

园林技艺得到空前发展，花卉种植嫁接、建筑营造、理水技巧等技术均超过前代，洛阳园林也受其影响。如富郑公园景物最胜，"凡谓之洞者，皆斩竹丈许，引流穿之，而径其上"[①]，其园林洞景营造技法极其简单精妙；独乐园中弄水轩"引水北流贯宇下"[②]采用伏流入室的方法形成颇具特色的室内流觞景观，另园中有屋舍用竹梢搭建而成，以茅草覆在屋顶、墙壁之上以达避热防暑之效果，造园技艺尤为绝妙；李氏仁丰园运用花木嫁接技术，引种驯化南方的奇花异卉，夺造化之妙，而且不断创造新品种，故搜集的"花木有至千种者"[③]；董氏东园中"水四面喷泻池中，没而阴出之，故朝夕如飞瀑，而池不溢"[③]，显示出绝妙的理水技巧；赵普宅园是由太祖下诏令执掌修建宫室的官署营建，其园林设计及用材自然与宫廷园林不相上下；刘氏园园内有一凉堂，其高低、比例、构筑都很适可人意，且建造得合乎《木经》之规律。

2. "园中小园" 秀丽精巧

北宋时洛阳园林内出现的"园中小园"的空间形态不同于明清时期多由建筑围合而成的"园中园"，北宋园主要通过地形的变化、植物的疏密、水体的动静来围合成一个个富于变化的"园中小园"以增加空间的层次，这应是受北宋时文人士大夫阶层崇雅风尚的影响，园林已逐渐从之前粗浅雄伟的空间氛围向雅致化的小空间氛围转变，开始注重"小中见大"的意趣。在技术方面，北宋园不但加强借景手法与曲折动线来创造小园的趣味空间，而且注意比例配置和态"势"的完成，来创造神游的恢宏空间。如富郑公园利用水体、建筑、植物及地形的变化使园内四洞五亭自成一区，构成景象各异的"园中小园"的格局；独乐园中虽是由7座建筑构成的七景，但仍多是以植物、水体围合而成的"园中七小园"表达7种不同意境；环溪园以池溪围合小园，营造池中有岛，岛中有景，临池溪建亭榭，高则建台借园外景，随地势围合高低迥异的"园中小园"；李氏仁丰园通过5座不同景题的亭和各种奇花异木围合成意境各异的"园中小园"；董氏东园中南、北、西分别以建筑、池溪、植物围合三个不同的"园中小园"；董氏西园园内建筑随曲折有致的地形变化因高就低，与花木池溪围合出多样的"园中小园"。这些小巧别致的"园中小园"达到"园小幽深"的景观效果，给园林平添了无尽的意趣，给人带来不同的空间感受，体现了人关于自然的不同审美情趣。

---

① （宋）李格非. 洛阳名园记 [M]. 北京：文学古籍刊行社，1955.
② （明）马峦，（清）顾栋高. 司马光年谱 [M]. 冯惠民，点校. 北京：中华书局，1990.
③ （宋）邵博. 邵氏闻见后录 [M]. 李剑雄，刘德权，点校. 北京：中华书局，1983.

3. 主题园林别具一格

北宋是园林开始盛行主题分区的重要时代，其主题大约可分景色主题、功能主题和修养主题3类。这使得园林所提供的游赏、居息等功能得以与造景充分配合，使园林活动能够与所在景区的环境特质呼应交流。这些主题性景区在造景上，多半采取以某一建筑为中心的方式，在建筑四周配置以相应特质的造景，显现出这些主题性景区以人为主体的共同特色。如独乐园中七题是由7座建筑分别构成7种主题和意境不同的景区；李氏仁丰园同样是通过5座景题各异的亭和各种奇花异木构成的5种主题和意境不同的景区。另《洛阳名园记》中载："洛阳又有园池中有一物特可称者，如大隐庄—梅；杨侍郎园—流杯；师子园—师子是也。梅，盖早梅，香甚烈而大。说者云'自大庾岭移其本至此。'流杯水虽急，不傍触为异。师子，非石也。入地数十尺。或以地考之，盖武后天枢销铄不尽者也。舍此又有嘉猷会节、恭安溪园等，皆隋唐官园，虽已犁为良田，树为桑麻矣。然宫殿池沼，与夫一时会集之盛，今遗俗故老，犹有识其所在，而道其废兴之端者，游之亦可以观万物之无常，览时之倏来而忽逝也"①。可知大隐庄以梅为主题景区；杨侍郎园以流杯渠为主题景区；师子园以石狮子为主题景区。

4. 园林文化意蕴隽永

北宋时洛阳作为全国的文化中心，郭城里坊里荟聚了大量的文人达官，文化现象尤为浓郁。意味着景题的运用不但深化了园景的诗情意境，而且赋予了园景深刻的文化内涵和文化意境，如环溪园中的"秀野台"有"芳洲拾翠暮忘归，秀野踏青来不定"②之意；董氏东园中"寸碧亭"语出唐韩愈、孟郊《城南联句》"遥岑出寸碧，远目增双明"③，宋范成大《过平望》"寸碧闻高浪，孤墟明夕阳"④；"含碧堂"语出唐刘禹锡《酬李相公喜归乡国自巩县夜泛洛水见寄》"巩树烟月上，清光含碧流"⑤。

---

① （宋）李格非. 洛阳名园记 [M]. 北京：文学古籍刊行社，1955.

② 唐圭璋. 全宋词 [M]. 北京：中华书局，1965.

③ （宋）张孝祥. 张孝祥集编年校注 [M]. 辛更儒，校注. 北京：中华书局，2016.

④ （清）吴之振，（清）吕留良，（清）吴自牧. 宋诗抄 [M]. （清）管庭芬，（清）蒋光煦 补. 北京：中华书局，1986.

⑤ （唐）刘禹锡. 刘禹锡集 [M]. 北京：中华书局，1990.

5.3 造园意匠——名园雅集释情怀

5.3.1 理水艺术

北宋洛阳郭城内私家园林中出现多以水为动线且作为中心的空间布局。虽然宋代和唐代都看重水在园林中的重要地位，但是北宋采用动静相宜的园林理水艺术特色。水体类型丰富，有池有溪有渠有滩，且聚散有致。由于北宋洛阳郭城有四通八达的水网结构，使水的平面形态多以自然式为主，常在水周围设建筑，种花木，如"流水周于舍下"[①]的归仁园。欧阳修在《非非堂记》中写道："水之鉴物，动则不能有睹，其于静也，毫发可辨"[②]。洛阳文人雅士在水边溪边闭目养神，让思绪清澈明晰，看今日之事，想古人所为。从而水也就成为人们"寄情赏，托性灵"的对象和凭藉。

5.3.2 建筑形制

郭城内私家园林的建筑形式，几乎包揽了园林建筑的主要类型：有堂、厅、斋、榭、轩、亭、台、楼、阁、廊、桥等。其建筑布局以自然式为主，建筑与建筑之间一般不常用廊、墙等建筑手段联系，因为各景区的建筑从属于它自己的自然景观，形成"园中有园"的景观效果，且各具特色，因境借景而置，如借近水、远山、绿植，建筑更多的是用于观景并烘托景与境的关系。建筑的体量和尺度较大，如环溪园的"凉榭""锦厅"，"其下可坐数百人，宏大壮丽"[③]；赵韩王园"高亭大榭"；再如董氏西园的"屈曲甚邃，游者至此往往相失"的"迷楼"。

5.3.3 植物配置

据邵博记载，北宋洛阳园圃培植的花木达1000余种，每年桃李花开的季节，洛阳城呈现出"满洛城中将相家，广栽桃李作生涯"[④]，"洛中公卿庶士园

---

① （后晋）刘昫，等. 旧唐书 [M]. 中华书局编辑部，点校. 北京：中华书局，1975.
② （宋）欧阳修. 欧阳修全集，卷64，居士外集卷十四，记二十首，非非堂记 [M]. 北京：中华书局，2001.
③ （宋）邵博. 邵氏闻见后录 [M]. 李剑雄，刘德权，点校. 北京：中华书局，1983.
④ （宋）邵雍. 邵雍集 [M]. 郭彧，整理. 北京：中华书局，2010.

宅，多有水竹花木之胜"①，"凡园皆植牡丹"②，此时洛阳郭城内私家园林中可谓家家种花，"园林相映花百种，都邑四顾山千层"。私家园林中圃的设置不仅给人们提供一个种植奇花异卉的场所，还常常给园林增添田园色彩。如独乐园药圃中"执袿采药，决渠灌花"③。北宋时洛阳四季分明，季相时序变化展现了园林的意境与时空观。相比唐代园林活动的受制于季节，北宋时不仅可以在春天赏花探春，夏天避暑纳凉，而且当时洛阳文人受隐逸思想的影响，尤对梅、竹、松偏爱，使园林的四季各有可观的特色。尤其宋人特别表现出对冬雪的赞叹，这正和宋时收敛、沉静、理学盛行的文化风格相应。因此宋代园林中植物配置都较为注重季相变化和"步移景异"的时空感，欧阳修在著名散文《醉翁亭记》中提到"四时之景不同，而乐亦无穷也"④，以此来描绘景物四季的变化。湖园内的迎晖亭、翠樾轩分别让人欣赏到日出和林荫的景象，李格非在综述全园景物时写道："虽四时不同，而景物皆好。"董氏西园内"屈曲甚邃，游者至此往往相失"②，园内景物的变幻让游人迷失，好似给人一种忘记时间流连忘返的游园感受。

5.3.4 空间意境

北宋时洛阳郭城内私家园林的规模与北宋之前相比较小，北宋时山水诗画得到空前发展，园林营造的诗意化具体表现在逐渐缩小的园林规模，以诗歌的结构来处理园林的布局。除大字寺园规模为唐时白居易宅园一半、归仁园规模由一坊变为半坊外，其余园林规模很可能都延续了北宋前的规模；园林规模普遍较小，以小胜大的特色居多，尤其独乐园规模以"卑小"、刘氏园以整体形式小巧多样见胜。两者的园林空间呈现多元化，幽邃与疏朗并济，规则式与自然式交织，体现出较强的层次感。不论是多层次的园林空间，还是园中划分多个景区的空间布局，均呈现出时而开朗的自然式与时而闭合的规则式的趣味空间的转换，这不仅与前文大内后苑和衙署园林的空间序列相一致，而且与当时隐退在洛的文人志士含蓄、内敛、复杂的心境有着必然的联系。

① （宋）邵伯温. 邵氏闻见录 [M]. 李剑雄，刘德权，点校. 北京：中华书局，1983.
② （宋）李格非. 洛阳名园记 [M]. 北京：文学古籍刊行社，1955.
③ （明）马峦，（清）顾栋高. 司马光年谱 [M]. 冯惠民，点校. 北京：中华书局，1990.
④ （宋）欧阳修. 欧阳修全集，集部，别集类，卷39，居士外集，卷三十九，记十首附一首，醉翁亭记 [M]. 北京：中华书局，2001.

5.4 小结

  本章以洛阳郭城里坊内7个北宋前遗存、10个北宋新辟的私家园林为主要研究对象，这17个有代表的园林除邵雍园外，其余园林在《洛阳名园记》中均有记载，且大字寺园有部分考古发现，主要依据《洛阳名园记》、相关诗文及少量的考古信息对其园林的园主、园址进行了重新考证，分析其各个园林景象，对其平面布局进行了想象复原，并分别总结出这两种园林的特征，最后总结出郭城内私家园林的造园意匠。北宋洛阳官宦文人普遍崇尚儒家思想，"旧时王谢堂前燕，飞入寻常百姓家"[①]，这种儒家思想首次出现在宋代平民化城市之中，并且郭城内私家园林在北宋时随着商品经济的发展，坊市的瓦解，突破了唐以来"里坊制"的禁锢，改变了城市的功能与布局。百戏和买卖活动的通俗化等加剧了园林公共性的必然发展，这也标志着以文事为主的文人雅集成为常例。北宋时国家并未取得完全统一，忧患意识一直存在，王安石在内忧外患的社会背景下进行政治变革，末期王室衰微，国土沦丧，洛阳作为陪都，虽靠近政治中心却又远离权力纷争，聚集了一大批因反对王安石变法而怀揣忧国忧民政治抱负的文人士大夫，他们纷纷建园。这些文人士大夫"虽居家中，但未致仕；虽无职事，却优享廪禄"[②]，一反唐代外露与奔放的性情，以一种审慎和理性的态度默默地关注社会，文人官场失意或告老还乡后隐居在洛建立自己的"心游"之所，自有一种远离官场浊暗、摆脱世俗烦嚣的怡然自得之意，追求并实践着宁静淡泊、放情山水的隐居生活。综上所述，结合郭城内私家园林的景与境，其造园意匠可归纳为"名花雅集释情怀"。

---

① （宋）张敦颐. 六朝事迹编类［M］. 张忱石，点校. 北京：中华书局，2012.
② 傅璇琮，王兆鹏. 宋才子传笺证［M］. 沈阳：辽海出版社，2011.

第 6 章
北宋洛阳城园林文化内涵及造园意匠

6.1 文化内涵

6.1.1 以哲学体系阐其道

1. 缜思哲变的二程洛学

　　洛阳在北宋时为学术中心，理学为宋代学术之新创。孔孟圣贤之道为我国一贯之思想，以儒学为本体，高度融合佛道之精致、严密，创新之学说，经百年而不衰，即所为理学。理学大儒，如二程（程颢和程颐）、张载、邵雍，均会集于洛阳，以伊洛之学的兴起，推究理学渊源。理学首推二程的程颢、程颐，二人创立了洛学，成为中国思想史上理学的奠基者，影响深远①。隐居在洛安乐窝中的哲学家邵雍是宋代理学中象数学体系的开创者，其"观物"思想强调了后天的格物穷理，他的先天象数学的宇宙发生论和"以物观物"的认识论对园林的审美和造园思想产生了重要影响。"岁俭心非俭，家贫道不贫"②"吾常好乐乐，所乐无害义。乐天四时好，乐地百物备"②是邵雍观物得道的思想境界，虽有对物质欲望的满足感，但重要的是对道的追随与领悟的安乐情怀。由于五代时期的长期战乱，经济凋敝，伦常溃败，当时学术界佛老盛行、儒学不兴，国家面临严重的内忧外患，北宋盛行的二程洛学面对这些社会现实做出的积极反应不仅促进了洛阳书院、寺庙园林的发展，而且为恢复经济、重整伦常而提出的"存天理，去人欲"③的禁欲主张也与北宋洛阳造园的崇简风尚有一定关系④。司马光认为"天地所生货财百物，止有此数，不在民间，则在公家"⑤，司马光代表了传统的"崇朴尚俭"观念，并将这一理念体现在自己的私园中，《元城语录解》记载："独乐园在洛中诸园，最为简素，人以公故，春时必游。"宋徽宗"丰亨豫大"的建筑审美观⑥，间接影响了北宋末的洛阳园林的营造思想，改变了北宋早中期尚俭戒奢的风尚。

---

① 薛瑞泽，许智银. 河洛文化研究［M］. 北京：民族出版社，2007.
②（宋）邵雍. 伊川击壤集［M］. 郭彧，整理. 北京：中华书局，2013.
③（宋）黎靖德. 朱子语类［M］. 王星贤，点校. 北京：中华书局，1986.
④ 刘托. 两宋文人园林［D］. 清华大学，1986.
⑤（宋）司马光. 司马温公集编年笺注［M］. 李之亮，笺注. 成都：巴蜀书社，2009.
⑥ 余辉. 细究王希孟及其《千里江山图》［J］. 故宫博物院刊，2017（5）：6-34.

早在中唐时期，壶中天地的写意式美学空间意识已经出现，"巡回数尺间，如见小蓬瀛"[①]，"一池三山"成为唐代私家园林的主要模式。北宋时期在构建"天人之际"无限广大的理学宇宙体系思想的影响下，以小观大的壶中观念基本确立。理学中"天人合一，万物一体"的宇宙观与园林艺术中的形象化的审美境界不谋而合。尤其到了宋代，文人皇帝宋徽宗对自然美有着深刻的理解，把文人园林中的自然式造景手法引入帝王宫苑[②]。正如苏轼《上曾丞相书》所说，"幽居默处而观万物之变，尽其自然之理"[③]。程颢的"万物之生意最可观……人与天地一物也"[④]是理学认识天人体系的基本方法，也是"观生意"的园林审美方法。理学在社会人生和宇宙本体与园林之间建立了一种必然的联系，最终形成了"寓意于物""小中见大"的园林艺术思维，奠定了园林小型化的基础。

至程门弟子尤多著者，如刘绚、李吁、谢良佐、游酢、张绎、苏昞、尹焞、杨时、罗从彦。司马光居洛15年，慕唐白乐天九老会，集洛中公卿大夫、年德高者为耆英会。诸士大夫既集于洛阳，以修身养性、游园讲学来度过自己的闲暇时光。理学的兴起，使学校和书院林立，除了有府学、国子监、诸县学、宗学等官学教育机构外，洛阳各州县建有私学书院达9处，在河南省内书院数量最多[⑤]，其中始建于后唐，盛极于北宋被称为宋代四大书院之一的嵩阳书院、程颐创建的伊川（鸣皋）书院、北宋名臣吕蒙正和温仲舒曾求学过的龙门书院因其独特的山水环境和清幽安静的氛围，凝聚和培养了众多人才，为弘扬理学思想发挥了重要作用。而书院选址多追求"远尘俗之嚣，聆清幽之胜，蹑名贤之迹，兴尚友之思"[⑥]，洛阳当时不仅具有清幽的自然环境，而且拥有二程"以天下为己任"[⑦]的人文思想，使北宋洛阳的书院显得别具韵味，也更加切合书院"藏修息游，砥砺文行"[⑥]的追求。这些隐居在洛的文人志士们，在北宋理学兼容、开放的学术氛围内，寄情于洛阳的山水园林之中，洛阳园林的风格出现了多样化的倾向。

① （清）彭定求，等. 全唐诗 [M]. 北京：中华书局，1960.
② 胡洁，孙筱祥. 移天缩地：清代皇家园林分析 [M]. 北京：中国建筑工业出版社，2011.
③ （宋）苏轼. 苏轼文集编年笺注 [M]. 成都：巴蜀书社，2011.
④ （宋）程颢，程颐. 二程集 [M]. 北京：中华书局，2004.
⑤ 张显运. 简论北宋时期河南书院的办学特色 [J]. 开封：开封大学学报，2005，19（4）：1-5.
⑥ （清）余正焕，左辅. 城南书院志 [M]. 邓洪波，等，校点. 长沙：岳麓书院，2012.
⑦ （明）高拱. 春秋正旨 [M]. 北京：中华书局，1993.

2. 进退合道的隐逸文化

北宋是隐逸文化集大成的时代，洛阳有着悠久的隐逸传统，从东汉时的"郊隐"、魏晋时的"朝隐"、晚唐时白居易提出的"中隐"到宋时发展为"身居朝市，心隐园林"①的"心隐"。北宋洛阳园林的隐逸文化主要表现在景题和植物两方面，如大内后苑已不再追求奢华宏大，更注重造园者的精神追求和审美意趣，传达了清净幽远的意境；富弼为归隐之仕，在洛建园后住有20年之久，其园中的梅竹、卧云堂、兼山亭等暗含文人隐逸之意境；司马光通过题咏从西汉到唐代7位文人、隐士而在独乐园中建读书台、钓鱼庵、采药圃、见山台、弄水轩、种竹斋、浇花亭，抒发自己的情志，园林表现出淡泊幽远的意境。北宋文人的隐逸文化与唐及之前的朝代相比较，更加注重精神层面感受，虽然北宋末年，自上及下的豪奢之风盛行，致使士气大变，出现"隐而不简"②的情况，李格非在《洛阳名园记》中记载有奢简不一的园林中可以印证，在当时以文人园林自居的洛阳园林整体上追求简逸、旷远的意境。《象》所谓'志可则'者，进退合道者也③。洛阳三教合一的文化背景，使得当时居洛的文人士大夫进可以仕，退可以闲逸。文人在洛交游、徜徉园林、卧游山水、赋诗谈道，不拘泥于弃官、出世、远遁的处境，而更多是体验隐逸的情趣和情怀，既能满足隐居的宴游之乐，也能出门而仕；既能归隐俯仰山林，也能行义求志有所为。园林作为文人士大夫"进退合道"的最圆满场所，同时是修养身性、体践至道的道场，以隐逸为主题的园景变化虽多，但通常以象征隐逸、高洁等精神的植物如梅、松、竹等栽植形成花圃，或配置方式以孤植、片植、密植等为主；建筑则通过景题，空间通过旷幽营造出婉约闲适的园林意境，以此来表达文人士大夫充满社会责任的忧患意识与向往隐逸的闲旷心态。如大内后苑的绿漪亭；邵雍园以质朴的园林风格，融汇观物思想，园主以园中的花草寄托其悠游闲适、无欲无求的隐逸思想；李氏仁丰园的"超然亭"；张氏在"市"中构筑庭园，取名为"会隐园"。司马光一生进退自如，隐居洛阳独乐园期间，虽然过着清雅悠闲的隐居生活，但心系国家安危，时常与失意的名臣志士通过畅游园林、赋诗谈道发泄内心的苦闷，在《花庵独坐》一诗中说："忘机林鸟下，极目塞鸿过。为问市朝客，红尘深几何"④。文人士大夫们这种矛盾的内心思想和迂曲盘折的多元空间形式，使园林意境也多了一份婉约。

---

① 朱建宁. 回归在自然中游历的文化传统 [J]. 中国园林，2012（10）：61-65.
② 陈军. 透视中的宋代建筑 [M]. 武汉：华中科技大学出版社，2015.
③（宋）程颐. 周易程氏传 [M]. 王孝鱼，点校. 北京：中华书局，2011.
④（宋）司马光. 司马温公集编年笺注 [M]. 李之亮，笺注. 成都：巴蜀书社，2009.

3. 三教合流的宗教思想

北宋是儒、释、道共容的时代，又是继承儒家理学兴起的时代①。北宋时，在刚刚历经战乱的洛阳，宗教信仰成为人们的精神寄托和安慰，帝王为了维护自己的政权，将宗教作为统治人们思想的工具，北宋初太祖居位，一方面建立儒学，一方面又鼓吹佛教，仁宗好禅，真宗、徽宗、钦宗喜好道教。淳化年间（公元990—994年），天下大旱，太宗派人至白马寺祭二印度高僧墓以祈雨。淳化三年（公元992年），太宗敕修白马寺，并诏苏易简撰写《重修西京白马寺记》以记之。仁宗赵祯也是一位崇佛的皇帝，曾作七言诗《赞舍利谒》以赞美佛教。宋太祖、太宗祖籍洛阳，因崇信道教，太宗将洛阳故宅改为"洞真观"。宋真宗多次幸临北邙上清宫，并命画师武宗元在洛阳上画宫壁像画《三十六天帝》，其中"赤明和阳天帝"为太祖、太宗真容。宋徽宗是历史上有名的道君皇帝，曾下诏在太学设《道德经》《庄子》博士，同时又把洛阳上清宫改归中央秘书省领辖②。洛阳的寺观园林也在这一背景下得到了恢复和发展。

北宋时洛阳因以儒家思想为根本，提倡"三教合流"的宗教思想，宗教有了世俗化和平民化的倾向；宏大叙事的消退，休闲心态的敞开，也促进了私家宅园的公共化；禅境、儒境、道境，同园中动静，同样感受到心灵的节奏，宇宙的节奏，合成美的节奏在园林中悄然绽开。儒、释、道三家都崇尚事物的和谐美感，关注与天之间的相应关系。儒家讲"中和"，道家讲"齐一"，禅宗讲"无碍"①。再加上当时帝王尤为崇尚道教，西京洛阳受二程理学思想的影响，在三教合流的宗教思想的影响下，大内后苑、衙署园林及郭城里坊内宅园内的园林空间均不同程度地呈现出儒、释、道家融汇合一的园林意境；园林活动呈现宗教性和文化性。这种追求"和顺自然""天工与清新"的美学思想直接影响了园林，促使其最终形成"虽由人作，宛自天开"的最高境界③。大内后苑分布的砌台、冰井、长春殿等一方一圆规整几何形态体现为道家意境；九曲池以北有娑罗亭，娑罗亭前的绿漪亭、娑罗石、娑罗树及绿竹围合的园林景象体现为佛家禅宗意境；淑景亭作为帝王大臣宴射、赏花之地，体现为儒家意境。东城内规整的衙署庭园遗址布局形式演绎为严谨的空间序列，成为儒家伦理观念图式化的阐释，从而体现出儒家意境。郭城里坊内大字寺园遗址中发掘

① 林秀珍. 北宋园林诗之研究 [M]. 台湾：花木兰出版社，2010.
② 洛阳市地方史志编纂委员会. 洛阳市志：第十七卷 [M]. 郑州：中州古籍出版社，1996.
③ 刘彤彤. 中国古典园林的儒学基因 [M]. 天津：天津大学出版社，2015.

的碑刻上文字大多与佛教相关，园林景象呈现出佛家意境；富弼宅园则儒、释、道家融汇合一。北宋久居在洛的官宦文人们逐渐通过儒、释、道"明体、和乐、养生"园中精修的方法对园林进行精修[①]，营造曲屈精微、悠然妙造的园林意境。

北宋的这一宗教思想促使洛阳的园林艺术步入了超然、高远的境界。"超以象外"写出了景外之景、象外之象，进行了虚与实、有限与无限、个别与一般的结合，掌握了表现对象的本质就是"得其环中"的意境。"环中"出自《庄子·齐物论》，"枢始得其环中，以应无穷"[②]，以比喻对"道"的把握，道家的虚实论思想体现在造园的空间意识里，即力求从视线上突破建筑和庭院封闭的有限空间的局限[③]。北宋时洛阳宫城大内后苑中出现的廊庑、东城衙署园林中出现的隔墙，在园林空间布局上均采用了虚实结合的手法，北宋洛阳园林主要通过地形的变化、植物的疏密、水体的动静来围合空间以营造园林的意境美，"言有尽而意无穷"[④]，看似简单的造园手法充满了虚实变化，具备了超越园林表象的审美意境。如宫城内大内后苑和东城内衙署遗址分别利用高台借园内外景，巧妙地将人为的有限空间与自然的无限空间贯通、融合、统一起来，达到"神超形越"[⑤]的相化相忘的境界，以凸显皇权官权至高无上的礼制规范。郭城内松岛中植物除奇松外，还有被道家视为不死药的桂花，园内呈现出苍朴厚重的道家意境；富弼宅园受儒家"君子比德"和道家"崇尚自然"思想的影响，园中的景象无不隐含着主人"温良宽厚""清廉严谨""胸有大度""恭俭好修"的高尚品行，如天光台暗含佛家意境，四洞及漪岚亭暗含了道家的神仙意境；司马光的独乐园则融合了儒家的"抱道守独"与道家的"适性自足"，以诠释司马光进退自如的态度，以简约的园林景象隐喻深远的意境，暗含司马光超然的精神之乐。

6.1.2 由造园理论载其本

1. 空前发展的园艺技术

宋代是中国封建社会科学技术高度发达的时代，社会文士重视自然科学的

① 孙敬琦，阴帅可. 从"精舍"的源与流辨析文人园林中建筑静修空间的特质及表达 [J]. 中国园林，2014（8）：63-66.
② （汉）扬雄. 太玄校释 [M]. 郑万耕，校释. 北京：中华书局，2014.
③ 李智瑛. 道家虚实论与中国造园艺术中漏窗的运用 [J]. 设计艺术，2003（3）：67-68.
④ （宋）蔡沈. 朱熹授旨 [M]. 上海：华东师范大学出版社，2010.
⑤ 程树德. 论语集释 [M]. 北京：中华书局，2010.

发展，影响世界的三大发明完成于北宋，沈括《梦溪笔谈》的问世，是中国科学技术史上的一座里程碑。此书主要汇集了北宋的多种科技成就，以及沈括本人的创见和创新，洛阳的园艺技术在这一背景下也有了空前提高，动植物谱录、建筑技术专著等大量出现。花木典籍有欧阳修的《洛阳牡丹记》、周师厚的《洛阳花木记》、王观的《扬州芍药谱》、刘蒙的《菊谱》、宋子安的《东溪试茶录》等，由于使用"四时变接法""栽花法""接花法"等先进的嫁接技术和栽培方法而培育出丰富的品种，园林中植物造景也呈现出孤植、片植、丛植、成林等多样化的形式。

北宋政权的建立，特别是当时采取的开垦荒地、兴修水利、繁荣商业和发展对外贸易等措施，使生产技术和工具有了较大进步，为营造业的发展奠定了坚实的基础。首先是打破了汉唐以来的里坊制度。再者，此时期的建筑规模通常比唐代更小，且更加柔和秀丽而富有变化，出现了各种形式复杂的楼台殿阁。装修、色彩、雕刻等也基本定形，建筑构件的标准化在前代的基础上有了较大发展[1]。建筑典籍有宋初喻皓的《木经》、之后有李诚的《营造法式》等，都成为后世木工建造的准则，推动了北宋建筑业的迅速发展，建筑制度、技术等均趋于定型，为元明清三代承袭。宋代建筑业取得了很大的成就，不论是整体的城市规划建设，还是具体的建筑施工；不论是大型的宫殿、寺庙，还是普通的民居建筑，都有成熟的设计理念，按一定的程序施工，建筑结构和造型趋于定型化、制度化，建筑技术已经成熟。1994年洛阳市文物工作队在洛阳市新安县城关镇发掘一北宋砖雕壁画墓，雕梁画栋精美艳丽，从丰富多样的墓室装饰、砖雕图案"无一雷同"，以及主次部位求变的墓室营造技术和思想，无不看出营造匠师的精巧构思[2]。随着花木、建筑技术的提高和不断进步，北宋洛阳的造园技术也日臻成熟，理水已能够缩移模拟大自然界全部的水体形象，筑土石山的经营也达到了一定的高度，园林中出现了丰富的水景形式、精巧雅致的园林建筑、天然的园林地貌骨架，这些造景要素对园林的成景起着重要作用。

2. 已臻化境的诗词园记

洛阳之所以为北宋学术之中心者，正是因为以北宋时这些高官文人盛于洛阳，如三次入相的吕蒙正、赵普、富弼、文彦博等高官均出身于洛阳，多数在故乡筑有私园。其他宰臣大儒之不得志于朝廷者，也多来居洛阳，或为西京

---

① 石训，朱保书. 中国宋代文化 [M]. 郑州：河南人民出版社，2000.
② 北京大学中国考古学研究中心，北京大学考古文博学院，洛阳古代艺术博物馆. 新安宋村北宋砖雕壁画墓测绘简报 [J]. 考古与文物，2015（1）：33–34.

留守如欧阳修等；或退老于洛阳，如张齐贤等；或爱洛阳景物，卜居伊洛二水之间，从事著书，如司马光著《资治通鉴》、邵雍著《皇极经世》及阐明易理之书。"腹有诗书气自华"，北宋居洛的文人士大夫们的生活情趣和审美情趣普遍高雅化，以司马光为首，与在野朝臣、文人学士组成洛阳耆英会、真率会等诗社，经常一起游园赋诗，留下了许多描写园林的园记诗词，使我们可以从中窥见当时人们的造园思想、园林特色和园居活动，如李格非的《洛阳名园记》、司马光的《独乐园记》《独乐园七咏》、邵雍《安乐窝中吟》等。另有著名学者欧阳修因起伏不定的政治生涯，多次被贬他乡，并通过游园赋诗排解苦闷，从他的园林诗作中我们可以看到重意略形、淡远雅致、自然天成的园林意境。因此此时的皇家、衙署、寺庙园林等均呈现出这些文人化的特征。北宋洛阳的众多文人士大夫都直接参与造园，作为园主，其规划构思大多是由主人决定。政治家司马光、富弼，哲学家邵雍、文彦博等参加造园均有史载，他们大多对诗词略有研究，对置石、理水、莳花、植木都十分讲究，园林构景日趋工致，技术也逐渐提高；建筑造型及外檐的装修，已经注意与自然环境的有机结合。园林规模越来越小，而空间变化越见丰富，景物越精致。

6.1.3　从礼乐制度审其序

1. 主从有致的空间序列

礼制是中国古代的重要制度，"礼，经国家，定社稷，序民人，利后嗣者也"[①]。洛阳是黄河文明的摇篮、河洛文化的发祥地、中国传统文化的精神家园，在此诞生了一系列完整的社会规范和道德准则。周公制礼作乐，孔子入周问礼，奠定了洛阳"礼乐之源"的人文道德根基[②]。孔子说："殷因于夏礼，所损益，可知也；周因于殷礼，所损益，可知也"[①]。因此洛阳为"礼仪之邦"，又有历代明堂制度之传统，北宋时二程理学的发展，明堂礼制不可避免会受到此影响。从太祖开始，北宋的皇帝一直通过礼仪确立并强化皇权的合法性。正是受到这一礼制思想的影响，从东周至北宋，洛阳的城市空间呈现出逐步规范、制度化的趋势。"天下之中""择中立宫"和"择宫之中轴线立朝"，三"中"重叠，层层推进，从而把礼制秩序和王权至上观念推向极致。

洛阳不仅是中国古代的文化之都，而且也是"礼乐之源"。"礼"规定人们的等级秩序，"乐"引导人们在遵守等级秩序的前提下亲和。礼制，是建立

---

① （清）阮元. 十三经注疏（清嘉庆刊本）[M]. 中华书局，2009.
② 赵晚成，杨作龙. 古都洛阳华夏之源 [M]. 郑州：河南大学出版社，2015.

在"天人合一"自然观基础上的社会秩序体系。洛阳"苑—宫—坊"棋盘式的整体空间布局模式正是在这一礼制思想的约束和影响下形成的,反映出规则者深邃的规划智慧和对地形的娴熟利用,也体现了城市规划中正与变、规整与灵活两相结合的构图特征①。礼乐理念的表达在园林建筑的中还体现在严谨的群体建筑上,"礼"在园林中主要体现在园区的布局与建筑的营造上,"乐"的境地主要体现在园林传统营造中较为自由的形式②。洛阳宫城内考古发掘的建筑组群和礼制建筑布局严谨规整。东城衙署遗址内规整式的庭园空间布局讲究庭院空间的形制规格、尺度大小、主从关系、前后次序、抑扬对比等,均属于纵深轴线的时空序列组织方式,纵深轴线是建筑布局礼制定位的基准线,遵循"顺天理,合天意"的礼制,强调轴线及儒家礼制的尊卑等级秩序,且衙署遗址借自然山水的有利条件形成的优越的地理位置体现了洛阳"礼乐至上"的特色布局。郭城内里坊内经考古发现有十字街,四面坊墙居中开门,坊内中部,平面相交呈"十"字形,里坊内园林大多呈现活泼的不对称布局,设计建造上多取正方形或长方形,构成了平面上的礼式布局;丛春园用植物围合成规则式的闭合空间,同时注重时间设计,主要表现在植物的季相变化和"步移景异"的时空感。如考古发掘中,宫城建筑遗址多呈"工"字形布局,建筑群布局多样;郭城大字寺园建筑遗迹也出现了"工"字形的平面形式;东城衙署园林遗址呈现规则的园林空间布局。同时大内后苑内十字池亭、方池等几何形景物构成元素的存在应该不是偶然和巧合,还有礼制建筑呈现出的时空合一、秩序建立、发展变化规律对园林空间和意境产生的影响,很可能是受北宋当时政治、宗教、文化的影响而呈现的一种造园风尚。这些建筑共有的"工"字形布局直接影响了园林空间呈现出的规则式和秩序感。这一规则式的布局形式在南宋至明清的大内御苑中均得以继承。

2. 崇礼尚德的空间意境

"法天象地"的造园格局是依据伏羲提出的"仰观象于天,俯观法于地"③说法而行,也是《庄子》"法天贵真"④思想的表现。周公营洛邑开"法天象地"思想之先河,"法天象地"的思想与"礼乐相承"的文化意识联系在一起,成为中国古代建筑的主要设计思想,不仅影响了都城的营建,同样影响着园林的

---

① 吴良镛. 中国人居史 [M]. 北京: 中国建筑工业出版社,2014.

② 徐悲鸿. 当前中国之艺术问题 [N]. 益世报,1947 -11-28.

③ (清)阮元. 十三经注疏(清嘉庆刊本)[M]. 北京: 中华书局,2009.

④ (宋)吕惠卿. 庄子义集校 [M]. 北京: 中华书局,2009.

营建。洛阳自汉代营建帝王宫苑时，便遵循"法天象地"的造园理念，北宋时洛阳虽为陪都，宫城中大内后苑仍弥漫着原有的皇家气派，如因借远山，以台为"山"的形式模拟与天对应、与地同构的法则，园林是自然界的浓缩和重现。园林中的"法天象地"指建筑形制和植物配置模仿天地阴阳，如宫城大内后苑分布的砌台、冰井、长春殿等一方一圆的规整几何形态，表现中国古代的"天圆地方"理念，以此来营造礼制空间。

"比德"源于孔子"知者乐水，仁者乐山"的说法，后演变为山水比德的儒家崇礼尚德观念，园林意象往往将植物内涵和题名匾额比拟君子之德，且作为称颂的主要对象。洛阳宫城大内后苑中古拙庄重的古树、名花与水体、建筑相映衬，形成尊贵庄严的园林特色，或以松、柏等长寿树种为基调象征江山永固，或以婆罗树、绿竹营造佛家禅宗意境。北宋洛阳郭城内园林的主人大都是文人士大夫，竹之比德于君子，于宋为盛，洛阳园内多处种有松梅竹，如松岛中植物除奇松外，还有梅竹、月桂、莲花、芡实等，松的"不朽"、梅的"傲骨"、竹的"气节"、莲的"清逸"，暗含园主朴实耿直、廉洁的品行。北宋洛阳园林中景题通过赏颂天光云影、风月之态和四时之景来比拟君子之德，天光云影类主要有富郑公园的漪岚亭、樾荫亭、天光台，湖园的迎晖亭、翠樾轩；自古风月就是园林的主要赏颂的对象之一，写风月之态的如富郑公园的漪岚亭、卧云堂、披风亭，环溪园的风月台、风站台，突出官宦文人怡情养性、寄意抒情的高雅情趣；四时之景的有大内后苑的淑景亭，李氏仁丰园之四并亭，富郑公园的探春亭、四景堂；用以参禅悟禅的有李氏仁丰园之濯缨亭、观德亭和超然亭，以求达到超然物外的状态；湖园的知止庵、独乐园的钓鱼庵、安乐窝的长生洞等，暗含官宦文人对神仙境界的追求与向往。

6.1.4 因画本图像凝其美

1. 精准造妙的界画艺术

洛阳为丝绸之路的东方起点，五代末到北宋时期，洛阳籍画家群体的出现是这个时期的重要现象。从北宋画家在全国的整体分布情况看，河南府为北宋画家分布最多的州府之一，其所在的京西北路共分布35人，洛阳籍画家就有18人之多[①]。其中北宋初的洛阳籍著名画家郭忠恕善擅画屋宇楼阁、树木林石，结构精确，代表作有《明皇避暑宫图》《楼居仙图》（佚），所画重楼复阁建筑

① 赵振宇. 北宋画家之地理分布. 艺术工作 [J]. 2016（4）: 64-71.

颇合规矩，楼观舟楫皆极精妙，比例十分准确精细，但又有别于一般的建筑制图，而是望之中虚，气韵十足的艺术作品。这一时期的建筑界画逐渐发展成为以楼阁为主、山水为背景、人物舟车为点缀的画科，同时也出现了反映帝王在宫中生活片段的《金明池争标图》。北宋刘道醇作《五代名画补遗》专设"屋木门"、《宣和画谱》设"宫室"一门都代表了建筑界画繁荣发展之后的一种普遍认识，在宋人的画史中，开始对界画家有了专门而详细的记载[①]。这种认识和记载进一步提高了建筑物的美感，也推动了宫观楼台界画营造出全新的园林审美意境。

2. 日趋成熟的写实画风

在绘画高度繁荣的基础上，《图画见闻志》《宣和画谱》《画史》《林泉高致》等画史、画论、绘画赏鉴及收藏著录等著作大量流传。北宋初刘道醇在《圣朝名画评》中结合绘画之理阐述道："先观其气象，后定其去就，次根其意，终求其理。此乃定画之钤键也"[②]。这在北宋画坛特别是宫廷画家中形成了写实的基本原则[③]，"据《图画见闻志》记载，在北宋前中期，最流行的山水画派是关仝、李成、范宽三家，称这三家为'百代标程'，这三家所描绘的山东、河南、陕西等地，正是北宋政权的中心地区，是当时帝王、贵戚和达官习见的景物。"[④]山水画在此影响下出现了如关仝的《关山行旅图》，董源的《潇湘图》《平林霁色图》，李成的《茂林远岫图》（图6-1），范宽的《溪山行旅图》《雪景寒林图》（图6-2）等作品，这些画本中点缀的民居小院、楼亭屋宇都较为准确细致地再现了所画对象。宋真宗以后到哲宗时期，宋道、宋迪兄弟及其外甥任谊称雄西京画坛，都擅山水画，而以宋迪艺术成就最大，宋迪"嗜古好作山水，尤工平远，师李成"，宋迪的画构思高妙，尤工松景，其元丰（1078—1085年）时所作《潇湘八景图》为北宋山水画中的极品。北宋末年喜画擅画的皇帝宋徽宗赵佶出现，赵佶评判绘画作品的一个重要标准是真实性[⑤]，推动了写实绘画发展到精妙绝伦之地，如张择端的《清明上河图》（图6-3）、王希孟的《千里江山图》、郭忠恕摹《王摩诘辋川图》、宋人绘《独乐园全图》、乔仲常的《后赤壁赋图》（图6-4）等便是当时的绝佳的代表作。虽然画本图像融合出别情雅

① 彭莱. 中国山水画通鉴：界画楼阁［M］. 上海：上海书画出版社，2006.
② （清）叶德辉. 郎园诗钞［M］. 张晶萍，点校. 长沙：岳麓书社，2010.
③ 余辉. 百问千里——王希孟《千里江山图》卷问答录（六）. 中国美术［J］. 2018（6）：64-77.
④ 中国美术全集编辑委员会. 中国美术全集［M］. 北京：人民美术出版社，1989.
⑤ 单炯. 千里江山：宋代的绘画艺术［M］. 上海：上海人民美术出版社，1998.

图 6-1
（北宋）李成《茂林远岫图》局部

（图片来源：引自《宋画全集》第三卷第一册，辽宁省博物馆藏）

图 6-2
（北宋）范宽（传）《雪景寒林图》

（图片来源：引自《宋画全集》第五卷第一册，天津博物院藏）

图 6-3
（北宋）张择端《清明上河图》局部

（图片来源：引自《宋画全集》第一卷第二册，故宫博物馆藏）

图 6-4
（北宋）乔仲常《后赤壁赋图》局部

（图片来源：引自《宋画全集》第六卷第五册，美国纳尔逊—阿特金斯艺术博物馆藏）

趣的园林意蕴在中唐时期已经出现，但是伴随着北宋时期山水文化和文人主题园的大量出现，园林中暗含的主体情致进一步浓化，透射出老庄哲学中的自然之趣和画论中的淡雅之情，体现了园林审美观念的质的变化和飞跃。

6.2 造园意匠

6.2.1　借山生境的山石构景

北宋洛阳中园林在掇山置石方面，并未沿袭唐时洛阳私家园林和北宋东京皇家园林的堆山赏石之风，关于此方面的文献记载甚少，《洛阳名园记》里也几乎未曾有筑山理石之记录，李浩先生认为并不能以《洛阳名园记》一书之记录有无，来臆断历史之有无①。自汉武帝"一池三山"的造园模式后，筑山理石历史悠久，《园冶》中以"片山有致，寸石生情"描述山石，笔者认为这一时期的洛阳园林并非没有山石，而很可能只是山石特点没有园林中其他景物突出而已，山石在不同时代和地域风尚影响下以另外的方式呈现出独特的造景特色。

1. 因借远山，以台为山

北宋洛阳城市空间形制因袭隋唐洛阳城，其四周群山环抱，西连崤山，东傍嵩岳，南亘熊耳，背依邙山，尤以东南方向的嵩山最为高俊雄壮。大而言之，洛阳北起幽燕，南逾江淮，西对关陇，东抵黄河下游平原，位置居中，便于控制四方。都城南对龙门伊阙，北倚邙山，东跨瀍水，西临涧水，洛水从郭城中部穿过。山石造景描摹大自然中的天然山石，表达对自然的敬畏和亲近之情，尤其是帝王对山石的崇拜更是如此，皇家园林大都模仿"蓬瀛三岛"的神仙境界。魏晋时期叱咤风云的帝王曹操当年在北征胜利途中写下的《步出夏门行》（"夏门"是洛阳的西北城门）里有赫赫有名的诗篇《观沧海》："东临碣石，以观沧海。水何澹澹，山岛竦峙。树木丛生，百草丰茂……"②到宋徽宗时，

① 李浩. 唐代园林别业考论（修订版）[M]. 西安：西北大学出版社，1996.
② （梁）沈约. 宋书 [M]. 北京：中华书局，1974.

筑寿山艮岳于东京，艮岳是园林中叠石、堆土成山的集大成者；文人赏石、玩石，一时蔚然成风。宋《云林石谱序》中云："仁者乐山，好石乃乐山之意"[①]。道出了宋人"智者乐水，仁者乐山"的山水精神。

洛阳因"山川之势雄伟秀丽"而"自古常以王者制度临四方"[②]，洛阳城外层层叠叠的群山为造园营造了真实自然的远景，拓展了园林的视觉空间。园内挖土堆山，以台为山的造景，形成丰富的地形变化，这种远处有云山，近处堆山置石的画面在宋代绘画里也屡见不鲜。宫城内大内后苑中九曲池北有砌台，而台又"是山的象征"，站在砌台之上，可望宫外南伊阙，北邙山。在水池北面建造楼阁或围墙，形成屏蔽，模仿风水中北面的"靠山"，土山位居园北或西北，负阴抱阳，有利于接收阳光和组织排水。西北方为天门，高且开阔；台也提供了高高在上、君临天下的一个视点，提供一个能够仰视宇宙（之大）、俯察品类（之盛）、眺望四方（之冠）的立足点[③]。东城内衙署选址"依山面水，向阳近水"，在整体上依然是面对龙门，伊阙在望[④]。这一优越的选址位置为营建衙署附属的园林即郡圃提供了良好的建设环境和借自然山水的有利条件。郭城内分布的众多园林中常筑有台，为更好地观景，借园外景，"洛城距山不远，而林薄茂密，常苦不得见，乃于园中筑台"[⑤]。如富郑公园的"赏幽台""天光台""梅台"。独乐园中筑高台"见山台"，站其上可看见山景，遥借万安山、轩辕山、太室山入园，共同构成园景的一部分，扩大了园林空间。司马光《见山台》写陶渊明辞官归隐山林，不为名利所羁绊的高风亮节，表达对隐逸生活的向往。陶渊明"不为五斗米折腰"是士人追求隐逸生活的楷模。因此，见山见的不止是山，更是隐喻文人如山般不屈的文人气节。环溪园中站在"风月台"上可望见隋唐宫阙楼殿，高耸入云，延绵十余里，远处景色一览无余。

2. 以少胜多，以石生境

由于唐代时洛阳石材品类繁多，理石手法丰富，李德裕《平泉山居草木记》就有详细的记载："台岭八公之怪石。巫山严湍琅邪台之水石。布于清渠

---

① 曾枣庄. 宋代序跋全编 [M]. 济南：齐鲁书社，2015.
② （宋）欧阳修. 欧阳修全集 [M]. 李逸安，点校. 北京：中华书局，2001.
③ 赵鹏. 天人之际、山水之间——空间意识与中国古代园林风格的流变 [D]. 北京：北京林业大学，1998.
④ 王铎. 洛阳古代城市与园林 [M]. 呼和浩特：远方出版社，2005.
⑤ （宋）司马光. 司马温公集编年笺注 [M]. 李之亮，校. 成都：巴蜀书社，2009.

图 6-5
（北宋）郭忠恕
（传）《明皇避暑宫图》局部

（图片来源：引自《宋画全集》第七卷第二册，日本大阪市立美术馆藏）

图 6-6
（宋）佚名《女孝经图》

（图片来源：引自《宋画全集》第一卷第五册，故宫博物院藏）

图 6-7
（宋）佚名《柳堂读书图》

（图片来源：引自《宋画全集》第一卷第七册，故宫博物院藏）

之侧；仙人迹，鹿迹之石。列于佛榻之前"[1]。北宋洛阳园林用石较少，宫城大内后苑内后殿以西即十字池亭，其南砌台、冰井，贮"奇石"处，世传是李德裕醒酒石，以水沃之，有林木自然之状，谓之"娑罗石"。北宋郭忠恕《明皇避暑图宫》（图6-5）和宋佚名《女孝经图》（图6-6）《柳堂读书图》（图6-7）中花木与山石配置成景。苏汉臣的《秋庭戏婴图》（图6-8）[2]中石与芙蓉组合、《靓妆仕女图》（图6-9）中石与梅组合，宋佚名《蕉石婴戏图》（图6-10）中芭蕉与石组合。富郑公园中有"石筍"，董氏西园中有"石芙蓉"，丛春园选址"天津桥者，叠石为之，直力滀其怒，而纳之于洪下，洪下皆大石底，与水争，喷薄成霜雪，声数十里"[3]。北宋洛阳园林中虽用石造景较少，但大多摹写自然中石的形神以此传情生境。园林用石造景是界于"实际自然"与"理想自然"之间差异化表征的符号之一，实际映射出的是园主人基于现实世界的文化观念与内心向往[4]。《园冶》中"片山有致，寸石生情"也是这个意思。

图 6-8
（北宋）苏汉臣《秋庭戏婴图》

（图片来源：引自陈斌《中国历代风俗画集》）

① （清）董诰，等. 全唐文 [M]. 北京：中华书局，1983.

② 陈斌. 中国历代风俗画谱 [M]. 西安：三秦出版社，2014.

③ （宋）邵博. 邵氏闻见后录 [M]. 李剑雄，刘德权，点校. 北京：中华书局，1983.

④ 李倩倩. 石与境：17—18世纪中国园林置石艺术 [J]. 文艺研究，2016（8）：128-140.

图6-9
北宋苏汉臣《靓妆
仕女图》
（图片来源：引自《宋
画全集》第六卷第一
册，美国波士顿艺术
博物馆藏）

图6-10
（宋）佚名《蕉石
婴戏图》
（图片来源：引自《宋
画全集》第一卷第七
册，故宫博物院藏）

6.2.2　曲直相宜的理水艺术

1. 曲直相宜，自然天成

北宋时洛阳城内洛水贯城，且宫城、东城、郭城里坊有分布均衡的水网，可直接引水入园形成完整的水系。宫城内大内后苑内北有规整式的十字池，南有自由式的九曲池，有方有曲，九曲池的形态方中有曲，曲水分岛。东城内南有一方池，东西两侧各有水渠，古代造园家利用水面的开合变化，"延而为溪，聚而为池"[①]。郭城里坊内水体有曲有直，邵雍园内水为沟渠；归仁园中有方塘、清泉；大字寺园、松岛、独乐园内有池有渠；苗帅园内有池有溪；富郑公园内南部水景似方形，多见涓涓细流；环溪园内有池有溪有湖，"采取收而为溪，放而为池"[②]，水景设计巧妙别致；董氏东园有池有溪；董氏西园有池有泉。《说文解字》定义为"圆为池，曲为沼"，"古典园林中的池沼，可分为两大类，即规整式和自由式，前者多具有齐一均衡之美，后者多具有层次不齐之美"[③]。计成《园冶》中"疏水若为无尽，断处通桥"的理水方法，其实在北宋洛阳的园林中已出现：湖园"有风亭水榭，梯桥架阁，岛屿回环，极都城之胜概"[④]；归仁园中"久而穿深径，度短桥，登草堂，清池浮轩，竹木环舍，蓊郁幽邃，与外不相接，若别造一境，在远山深林之间"[⑤⑥]；富郑公园中"南渡

[①] 王瑶，王琼，于建民. 古典园林中的理水及对现代的启思 [J]. 通辽：内蒙古民族大学学报，2007（5）：38-39.

[②] 安怀起. 中国园林史 [M]. 上海：同济大学出版社，1991.

[③] 金学智. 中国园林美学（第二版）[M]. 北京：中国建筑工业出版社，2005.

[④] （清）徐松. 唐两京城坊考 [M]. 北京：中华书局，1985.

[⑤] （宋）邵伯温. 邵氏闻见录 [M]. 李剑雄，刘德权，点校. 北京：中华书局，1990.

[⑥] 曾枣庄，刘琳. 全宋文 [M]. 上海：上海辞书出版社，合肥：安徽教育出版社，2006.

通津桥，上方流亭，望紫筠堂而还"[1]；吕蒙正园中的"曲桥"，"路绕清溪三百曲"[2]，宛转曲折的溪水忽隐忽现，在园中穿梭而过，自然天成。除前文论述的与《金明池争标图》（图3-6）同一题材的龙舟图（图3-7~图3-9）和《十咏图》（图4-11）描绘出直线几何形池岸外，《柳院消暑图》（图6-11）也描绘了顺院墙缓缓而流的直线水渠，《南唐文会图》（图6-12）中台前的水池驳岸则由直线和自然驳岸相互融合而成。宋画中的池岸多以自然石质驳岸的景象出现，如《明皇避暑宫图》（图6-13）和《商山四皓会昌九老图》（图6-14）等。

图 6-11
（宋）佚名《柳院消暑图》

（图片来源：引自《宋画全集》第一卷第七册，故宫博物院藏）

图 6-12
（宋）佚名《南唐文会图》

（图片来源：引自《宋画全集》第一卷第七册，故宫博物院藏）

图 6-13
（北宋）郭忠恕（传）《明皇避暑宫图》局部

（图片来源：引自《宋画全集》第七卷第二册，日本大阪市立美术馆藏）

图 6-14
（宋）佚名《商山四皓会昌九老图》局部

（图片来源：引自《宋画全集》第三卷第一册，辽宁省博物馆藏）

2. 动静交呈，幽深玄妙

宋代继承唐代对水景的重视，以"水竹""园池"等名来称唤园林，并承袭了唐代水的动静景观特色和水岸设计等既有的成就。但是宋代以水为中心的园林结构原则得到了较为精巧的发展，在动态的泉水和溪流方面，利用人工控

---

① （清）徐松. 唐两京城坊考 [M]. 北京：中华书局，1985.

② 唐圭璋. 全宋词 [M]. 北京：中华书局，1965.

制的水道连接各个重要景点，使流水成为游园的动线；在静池中，由岸边的石山、亭台楼阁向中央聚拢①。

北宋洛阳宫城内大内后苑内北有规整式的十字池呈现出静态，南有自由式的九曲池及连接南北池之间的蜿蜒溪渠呈现出动态。东城内考古遗迹中发现的方池与6条明暗相交的水道构成一静一动的水景观特色。郭城内园林奇巧的理水手法体现出水景动静不同的景观效果，如因地近洛水，以闻洛水之声而名的丛春园；湖园园中有一大湖，筑山穿池；松岛自东侧大渠引水注入园中，汇清泉细流回绕全园；富郑公园"左右二山，背压通流"②；环溪园"南临池，池左右翼而北，过凉榭，复汇为大池，周回如环"②；董氏西园园内有一大池，"中有石芙蓉，水自其花间涌出"②；独乐园中有池有渠有井，北池大南池小均为偏规整式的方水池，小渠蜿蜒而流呈虎爪和象鼻之状，营造出一静一动的水景。呈现出幽深玄妙的景观效果。

6.2.3 简约典雅的建筑形制

1. 形制简约，法式而定

北宋时建筑技术不断精良进步，尤其是《木经》《营造法式》出现，东京艮岳中建筑类型最具代表性，既有豪奢的绛霄楼，又有素朴的西庄、药寮。洛阳园林建筑也受其影响，造型多样而特别，建筑大都形制较为简约，结构简明，用材朴实，较少有繁缛的装饰，这从宋画和宋《营造法式》中不难找到根据和说明③，另在洛阳的宋墓中发现有大量仿木结构的墓室，墓室内门窗、斗栱及各类装饰、陈设齐全，在细部方面的追求上，大大超过了前代，这些时代特征在宋代洛阳仿木结构砖雕墓中都得到了较为真实的反映（图6-15、图6-16）。

宫城大内后苑内建筑有四亭一殿一台一廊，且出现建筑形制独特的十字池亭。东城内衙署园林建筑仅有两殿亭两廊庑一榭一厅等，布局规整，形制简单。郭城里坊园林建筑之种类构筑表现尤为突出，如湖园的建筑主要为三堂两亭一轩一庵；富弼宅园主要建筑为八亭三堂一轩，园中"凡谓之洞者，皆斩竹

① 侯迺慧. 宋代园林及其生活文化 [M]. 台北：三民书局，2010.
② （宋）邵博. 邵氏闻见后录 [M]. 李剑雄，刘德权，点校. 北京：中华书局，1983.
③ 刘托. 两宋私家园林的景物特征 [G] //清华大学建筑系. 建筑史论文集：第十辑 [M].
　　北京：清华大学出版社，1988.

图 6-15
北宋宋四郎壁画墓
发现于今洛阳新
安县

（图片来源：作者摄于
洛阳古代艺术博物馆）

图 6-16
北宋宋四郎壁画墓
内斗栱
发现于今洛阳新
安县

（图片来源：郑亚雄摄）

丈许，引流穿之，而径其上"①，在竹林中斩竹为洞，引流穿径，构造奇特；独乐园中"堂南有屋一区，引水北流，贯宇下"②，"钓鱼庵、采药圃者，又特结竹梢蔓草为之"①，"沼北横屋六楹，厚其墉茨，以御烈日"②，堂南有水贯流屋内，钓鱼庵、采药圃分别以竹枝梢交织搭建而成，种竹斋将墙面屋顶铺以茅草以避暑，用材自然生态；吕文穆园中运用曲桥巧妙地将一个在池中、两个在池外的三亭与园池相连通，这种湖亭曲桥的营造方法一直延用于后世造园之中；刘氏小园中凉堂符合《木经》之法度，且"西有台尤工致，方十许丈地也"①；董氏东园是两堂两亭；董氏西园是三堂一亭，其中一堂酷似"迷楼"。这种建筑形式简约独特，颇具巧思的营造手法与周围景物融为一体。

2. 类型多样，因景而设

宫城内大内后苑内的建筑类型主要有亭，平面形式有方形、矩形、圆形、十字形，这些不同的建筑形制因水、因林木而设。东城内衙署园林内建筑遗迹的类型有殿亭、花榭、廊庑、过厅、隔墙、踏道、水井等；建筑平面形制有长方形、方形、圆形等；园内建筑尺度较大，形式较为丰富，面积不等的单体建筑以隔墙为中轴呈东西两侧分散组合、化整为零，建筑与园内花圃、水渠、水池交相呼应，由个体组成灵活可变的群体，建筑布局规整，遵循服从自然景观、因势而建的原则。郭城内园林的建筑包括堂、台、楼、亭、斋、轩、榭、廊、庵、桥等不同类型，大都因景而设，体量较大的为主体建筑，高则建台，沿水设亭、榭、轩等，如湖园之四并堂、梅台，松岛之北堂、南台，富弼宅园

① （宋）邵博. 邵氏闻见后录［M］. 李剑雄，刘德权，点校. 北京：中华书局，1983.
② （宋）司马光. 司马温公集编年笺注［M］. 李之亮，笺注. 成都：巴蜀书社，2009.

之四景堂、三台，独乐园之读书堂、见山台，环溪园内有风月、秀野二台，董氏东园之含碧堂。苗帅园"创堂其北"，在原竹林"创亭其南"，对原有七棵大松"引水绕之"，在原有池边"创水轩"，对轩有桥亭，这种依树建堂，临竹建亭，临水建轩，水面设桥亭等，因环境而变化的组景手法，已十分娴熟。建筑式样更接近于正统的官式做法，也更注重形制和规模，大园建筑华而大，小园建筑朴而小，如丛春园中"大亭有丛春亭，高亭有先春亭"①；赵普宅园建筑规制与宫廷建筑一致，且"高亭大榭"①尤为奢华；作为大型水景园的环溪园中"凉榭、锦厅，其下可坐数百人，宏大壮丽，洛中无逾者"①；邵雍安乐窝、司马光独乐园"园卑小……浇花亭者，益小；弄水种竹轩者，尤小"①，园中建筑简单素雅。

6.2.4　雅俗兼存的植物配置

1. 古木名花，花记有载

"洛阳泉甘土沃，风和气舒"②，气候适宜，历来有着植物花卉生长之优越环境和赏花栽花之传统，北宋时植物造景延续着之前的方式，且继承了唐代爱牡丹之风尚而不减，加之当时新奇的花木栽培改良技术，赏花、栽花之风盛行，出现了"洛阳牡丹甲天下"的局面。欧阳修的《洛阳牡丹记》记录了90余个洛阳牡丹品种和栽培方法；周师厚的《洛阳花木记》记录了百余种牡丹和百余种其他花木的栽种方法③，使北宋时洛阳园林中的植物品种更加丰富，注重推崇古木名花，其中不仅有自己栽培的闻名天下的花卉树木品种，如牡丹、梅、竹、松等，而且还囊括了各地的花中精品④。《送徐生之渑池》曰："河南地望雄西京……园林相映花百种"④。《和陆子履再游城西李园》曰："京师花木类多奇……园林处处锁芳菲"⑤。有生长于本土的野生花卉"东北有牛山，其山多杏，至五月灿然黄茂"⑥，还有移植而来的花卉："而越之花以远罕识，不见齿，然虽越人，亦不敢自誉，以与洛阳争高下。是洛阳者，果天下之第一也"④，在洛阳优越的气候与土壤条件下进行精心培育，花卉生长争奇斗艳，后者甚至比原产地的品种更胜一筹。洛阳宋墓中出现数量众多、

① （宋）邵博. 邵氏闻见后录 [M]. 李剑雄，刘德权，点校. 北京：中华书局，1983.
② 曾枣庄，刘琳. 全宋文 [M]. 上海：上海辞书出版社，合肥：安徽教育出版社，2006.
③ 董慧. 两宋文人化园林研究 [D]. 北京：中国社会科学院，2013.
④ 李琳. 北宋时期洛阳花卉研究 [D]. 武汉：华中师范大学，2009.
⑤ （宋）欧阳修. 欧阳修全集 [M]. 北京：中华书局，2001.
⑥ （北魏）贾思勰. 齐民要术今释 [M]. 北京：中华书局，2009.

图 6-17
北宋砖石墓内砖雕
纹样
发现于洛阳涧河
西岸

（图片来源：郑亚雄摄）

图 6-18
北宋砖石墓内砖雕
纹样
发现于洛阳涧河
西岸

（图片来源：郑亚雄摄）

千姿百态的牡丹图像，更是印证了北宋时洛阳人对牡丹花的崇尚、痴迷和热爱；除了牡丹外，宋墓的砖石上还雕刻有芍药、菊花、莲花等花卉（**图6-17**、**图6-18**）。

洛阳花木的繁盛，刺激了园林的修建，其中以花木为特色的园林比比皆是。宫城大内后苑内的植物种类以名花牡丹、娑罗树、绿竹为主，花木成景之状贯穿全苑，淑景亭周围也是花卉广植，作为皇室林苑，还享受地方优良花卉的进贡，洛阳牡丹在北宋时成为花中之王，深得人们喜爱，帝王将相更是以牡丹为尤物，可以看出苑中的植物种类和数量繁多。东城衙署园林中有东西花圃，说明成片种植的花木数量之多。计成《园冶》中言："旧园妙于翻造，自然古木繁花。"由此可见，古树对于园林造景是何等难得。郭城里坊内的园林中古木名花的数量和种类更为可观，如邵雍园中有松、竹、梅花、菊花、牡丹、芝兰、荷花等花木聚集；归仁园保留了唐时古木七里桧，仍广种牡丹芍药和其他树木；湖园内植物有梅、竹、桂及密林等；松岛保留古松作为园中的主题景观；苗帅园也保留了古树七叶树，且在七叶树旁引水凿池营建景色；独乐园内植物种类丰富，园中有药圃和花圃；吕文穆园正处于伊水上游，树木甚盛，竹林繁茂。另还有以"为洛中仅有"的魏花而扬名的魏仁薄园，"双松尤奇"[1]的松岛，"竹木百花茂美"[2]的归仁园，"园中树松桧，花木千株"[1]的环溪园，"岑寂而高木森然"[1]的丛春园，"竹万余竿"[1]的苗帅园，"独有牡丹数十万本"[1]以牡丹著称的天王院花园子等。

① （宋）邵博. 邵氏闻见后录［M］. 李剑雄，刘德权，点校. 北京：中华书局，1983.
② 曾枣庄，刘琳. 全宋文［M］. 上海：上海辞书出版社，合肥：安徽教育出版，2006.

2. 因类成景，雅俗兼存

北宋时一些洛阳的园林是植物为特色的园圃，其中有的则是在园中划分出一部分或几部分区域形成不同特色的园中小园，按圃的范围不同，栽培的品种侧重不同而形成花、蔬、药及综合型等不同的主题，如宫城大内后苑淑景亭周围应为种植名贵花木品种供帝王将相赏花、进贡的综合型花圃；郭城里坊内天王院花园子是专门种植栽培牡丹的生产性园圃；独乐园中有"采药圃"和"花圃"。有的是以具有一定规模的花木、林木或一种树种为主，分别规整种植或灵活散置，主题鲜明、以成气派，形成幽深而独特的林景环境，如归仁园中有七里桧；松岛以双松为奇；苗帅园的两株七叶树；董氏东园"有栝可十围"[1]；丛春园"桐梓桧柏，皆就行列"[1]；独乐园在药畦北侧植竹，"*方径一丈，状若棋局*"[2]，其药圃南花木分六栏列植；环溪园园中植物分类列植；董氏西园，其"*亭台花木，元不为行列区处*"[1]。其中有的是封闭的，而多数则是不封闭的，比如常见的是用竹木、篱笆等略作分隔，形成一个又隐又透、相对独立的景区[3]，东城内衙署园林发掘的东西两个花圃很可能是以牡丹为主的专类园或以综合型花木为主题的园圃，东西花圃又被处于遗址中间的漏花墙分隔，各自营造出一个独立的小空间。

北宋时洛阳园林植物的种植方式也较为丰富，有点植、散置、片植、夹植、密植、群植等，这些植物因其境类聚成景，同本者也因境不同而景异，如竹，宫城大内后苑中娑罗亭前有绿漪亭，亭周围有竹有水；郭城里坊内邵雍园内"高竹漱清泉"[4]；归仁园中"竹木环舍，蓊郁幽邃"[5]；湖园内"竹木丛翠"[6]；苗帅园内的密竹幽深成竹林；富弼宅园以竹为主，植物配置疏密有致，以密植、片植、群植、散置的种植形式营造出密林、竹丛、竹洞、林荫地等景象；董氏西园内有竹径小景。如梅，邵雍园内的双梅；湖园、富弼宅园内的"梅台"。牡丹、梅、竹、松是繁荣兴旺、气节高尚的象征，宋画中也留下了很多描绘这些植物的典范之作，如《牡丹图》（图6-19）《梅间俊语图》（图6-20）《竹林拨阮图》（图6-21）《松荫谈道图》（图6-22）等，这或许正是北宋时洛阳

① （宋）邵博. 邵氏闻见后录 [M]. 李剑雄，刘德权，点校. 北京：中华书局，1983.
② （宋）司马光. 司马温公集编年笺注 [M]. 李之亮，笺注. 成都：巴蜀书社，2009.
③ 刘托. 两宋私家园林的景物特征. 建筑史论文集：第十辑 [M]. 北京：清华大学出版社，1988.
④ （宋）邵雍. 邵雍集 [M]. 北京：中华书局，2010.
⑤ 曾枣庄，刘琳. 全宋文 [M]. 上海：上海辞书出版社，合肥：安徽教育出版，2006.
⑥ （唐）温庭筠. 温庭筠全集校注 [M]. 刘学锴，校注. 北京：中华书局，2007.

园林植物布局的主要立意所在。同时植物的配置还突出表现为依据不同的地形、建筑、水景和植物的生态习性进行分区，出现了主题性花园，如宫城大内后苑的赏花之地淑景亭、娑罗亭、绿漪亭等，这种主题式栽植的原则不仅是北宋时出现的花木造景美则，而且也具有不同的象征意义，丰富了园林的文化内涵和人文意趣。湖园内有梅、竹、桂及密林等，植物配置以片植、丛植、密植为主，梅竹蕴含洁身独善、隐逸的园林艺术境界；独乐园内植物配置以规则式和自然式结合，药圃呈规整如棋盘状，以植物划分不同的空间，多处种竹，不仅体现竹林清幽的自然环境，而且暗示园主人正直而有节的操守、内刚外柔的韧性。

　　"春来谁作韶华主，总领群芳是牡丹"[①]，牡丹雍容华贵、冠盖群芳，为"花中之王"，自古就有富贵吉祥、繁荣兴旺的寓意，是太平盛世最好的象征。"洛

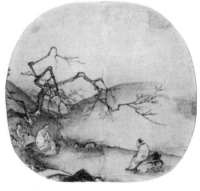

图 6-19
（宋）佚名《牡丹图》
（图片来源：引自《宋画全集》第一卷第八册，故宫博物院藏）

图 6-20
（南宋）马远《梅间俊语图》
（图片来源：引自《宋画全集》第一卷第七册，美国波士顿艺术博物馆藏）

图 6-21
（宋）佚名《竹林拨阮图》
（图片来源：引自《宋画全集》第一卷第七册，故宫博物院藏）

图 6-22
（宋）佚名《松荫谈道图》
（图片来源：引自《宋画全集》第一卷第七册，故宫博物院藏）

---

① 刘泽民，李玉明. 三晋石刻大全（临汾市古县卷）[M]. 太原：三晋出版社，2012.

阳地脉花最宜，牡丹尤为天下奇"①，洛阳牡丹根植于河洛大地，始于隋、盛于唐、甲于宋，北宋时洛阳成为牡丹的主要栽培和玩赏地区。北宋洛阳可谓是座花城，名园相望，家家种花，赏花游园的习俗给园林造成的直接影响便是园林的花圃化，宫城大内后苑作为皇室林苑，享受地方优良花卉的进贡，同时还承担向京城贡入牡丹取悦于人主的角色，"钱惟演作留守，始置驿贡洛花，识者鄙之"②，"西京进花，自李迪相国始"③。李氏仁丰园中"牡丹、芍药，至数百种"④；邵雍在洛阳筑安乐窝，"洛阳人惯见奇葩，桃李花开未当花。须是牡丹花盛发，满城方始乐无涯"⑤；司马光的独乐园中种有的姚黄、玉玲珑两种牡丹珍品。北宋时园林中涌动的千姿百态的牡丹显现出"王者风范"，这种"盛世之美"仿佛是在暗示昔日洛阳帝都的尊贵富华不曾完全退却。北宋时洛阳因牡丹之盛而举行万花会，士民同乐，无论是官宦文人还是贩夫走卒，几乎家家户户在自家的宅园中都种有怡情养性的牡丹。北宋洛阳牡丹的玩赏风习，高贵典雅又具有大众化的平民意识，使园林呈现出雅俗共赏的意境之美。

6.2.5 源远流长的景题匾联

1. 引用典故，源远流长

北宋时景题发展呈现前所未有的态势，园名、景点的题写大为兴盛，园林文化主要通过景题来表现，景题多引用历史典故来表达文人的心境和园林的意境。宫城大内后苑中九曲池，一名九曲池，隋唐时为九洲池，因"其地屈曲象东海之九洲"⑥而得名，"九曲"出自《河图》"黄河出昆仑山，东北流千里，折西而行，至于蒲山……河水九曲，长九千里，入于渤海"⑦，黄河河道多曲折，古来有黄河九曲的说法，后用作咏黄河的典故。"对兹伤九曲，含浊出昆仑"⑧，诗人从江流想到河源，这里用"九曲"代指黄河⑨。九曲池，在唐时也作园池名，"唐宁王山池院，引兴庆水西流，疏凿屈曲连环，为九曲

---

① （宋）欧阳修. 欧阳修全集［M］. 北京：中华书局，2001.
② （宋）祝穆. 方舆胜览［M］. （宋）祝洙，增订. 北京：中华书局，2012.
③ （宋）张邦基. 墨庄漫录［M］. 北京：中华书局，2012.
④ （宋）邵博. 邵氏闻见后录［M］. 李剑雄，刘德权，点校. 北京：中华书局，1983.
⑤ （宋）邵雍. 邵雍集［M］. 郭彧，整理. 北京：中华书局，2010.
⑥ （清）徐松. 河南志［M］. 高敏，点校. 北京：中华书局，2012.
⑦ （宋）郭茂倩. 乐府诗集［M］. 北京：中华书局：1979.
⑧ （清）彭定求，等. 全唐诗［M］. 北京：中华书局，1960.
⑨ 范之麟. 全唐诗典故辞典（上）［M］. 武汉：湖北辞书出版社，2001.

池"①。淑景亭的命名可从唐代诗人张季略《小苑春望宫池柳色》和杜甫《紫宸殿退朝口号》等诗中找到缘由。郭城里坊里荟聚了大量的文人达官,文化氛围更为浓厚。北宋园林的景题由唐代的平素转向诗意的表达,如李氏仁丰园内的"四并亭",取意于西晋谢灵运"天下良辰、美景、赏心、乐事,四者难并"②,濯缨亭有《孟子》"沧浪之水清兮,可以濯吾缨"③之意,观德亭有《尚书》"七世之庙,可以观德"④之意,超然亭有《老子》"虽有荣观,燕处超然"⑤之意。

2. 因心造境,以景寄情

北宋洛阳园林不仅在造景造境上得到很多诗歌的启发,而且特别选用著名的诗句命名,加以题榜于景区之中,常刻写诗联于楹柱间,或集聚诗石以成特殊景区,以此来深化景致的内涵。景题使园中景物获得"象外之境、境外之景、弦外之音",景题的意境是造园者主观审美情趣与客观自然景物相融合的产物,是情与景、神与形、意与象之间高度的统一。如郭城里坊内的独乐园园名反取自孟子的"独乐乐,不如与人乐乐"⑥,诠释"独乐其志,不厌其道,备举其道,不私其欲"⑦的精神,凸显作为士人园林所负载的文化符号;另园中见山台之景题有"采菊东篱下,悠然见南山"⑧的意味;七景七题则是通过7首诗表达了7个主题不一的园林景区和意境。

6.2.6　旷奥有序的空间意境

1. 疏密有致,旷奥交替

北宋洛阳宫城大内后苑平面呈右凸形,空间聚中有散,分为北部较密、南部较疏的两部分,南部自然式空间布局,其视野较北部规则式空间稍广,水池较开阔。东城衙署园林内呈现出规则性不完全对称的线性空间,北部空间主要

---

① 张家骥. 中国园林艺术大辞典 [M]. 太原:山西教育出版社,1997.
② (南宋)谢灵运. 谢康乐诗注 [M]. 北京:中华书局,2008.
③ (汉)司马迁. 史记 [M]. (南宋)裴骃集解,(唐)司马贞索隐,(唐)张守节正义. 北京:中华书局,1982.
④ (清)阮元校. 十三经注疏(清嘉庆刊本)[M]. 北京:中华书局,2009.
⑤ (汉)唐子恒点校. 老子道德经·河上公章句第二·重德第二十六 [M]. 南京:凤凰出版社,2017.
⑥ (宋)司马光. 司马温公集编年笺注 [M]. 李之亮,校. 成都:巴蜀书社,2009.
⑦ (清)孙希旦. 礼记集解 [M]. 北京:中华书局,1989.
⑧ (东晋)陶渊明. 陶渊明集笺注 [M]. 北京:中华书局,2003.

沿纵向动态线性水渠分布，相比于南部殿亭、池渠围合的空间要更为疏朗。郭城内园林主要通过地形的变化、植物的疏密、水体的动静来围合一个个富于变化的空间，以增加空间的层次，园林空间呈现多元化，幽邃与疏朗并济，规则式与自然式交织。如湖园营造出一疏一密的南北空间，宏大与幽邃共存，在北宋前园林恢宏阔大、一览无余的空间特点上有了更完善的发展；丛春园、苗帅园为规则式与自然式结合的园林空间；归仁园平远阔大与屈曲幽深并存；富郑公园、独乐园、环溪园、董氏东园、董氏西园均体现了小巧多变、旷奥交替的特点。古人创造的正是某种"径既幽迥，地复高敞"的奥如旷如之空间效果，景观之旷达、高远，与人内在心志的豁然、大度融合而为一体，官宦文人借对旷如、奥如的园林景观的营造与鉴赏，表达豁然、大度的精神体验。

2. 巧于因借，往复无尽

北宋洛阳宫城大内后苑内随时造景，南有砌台，园内北借池亭，南借九曲池，砌台建在南北水景之间，应该是为更好地观苑内景、借苑外山而设；后苑隔门外的淑景亭借园植物，因景取名，借园内外景可以增加空间层次，以延伸可赏空间。东城内衙署选址借园外瀍、洛二水，龙门、伊阙二山，为营建衙署附属的园林即郡圃提供了良好的建设环境和借自然山水的有利条件。郭城里坊内邵雍安乐窝借助于园外天津桥下"水声潺潺"的美妙天籁之音，体现安乐窝内声景之美；丛春园高亭设置时以高突出主景并极巧妙地借园内外景，使咫尺之地达到"园内有园，园外有景"的多层次空间效果，园中描述亭的"高""大"，树木的"高大"及借园外洛水之景形成的气势磅礴的景象呈现出"不以方丈为局"[1]的阔大幽深的精神境界；独乐园、环溪园均筑台建屋借园外景；董氏东园远借溪水绿景。这种借景注重笔断意续，内外渗融，往复无端，不尽尽之。董氏西园布局方式取山林之胜，幽深的意境避免了园小而一览无余的感受；邵雍的安乐窝和司马光的独乐园表现最为典型，二园均用微型天地体现园主在精神上的无穷畅游。

北宋洛阳园林中的空间有主有次，独立成境，隔而不断相互融于景境之中，"于物中见到无穷"[2]，与自然合为一体，这与老子强调的循环往复的时空观如出一辙。如宫城大内后苑东部以九曲池为中心，分为南北两部分，西部淑景亭与后苑之间有隔门相隔，廊的连接使空间得以引申与延续，引起空间的流

---

① （宋）欧阳修. 欧阳修全集 [M]. 李逸安，点校. 北京：中华书局，2001.
② 宗白华，林同华. 宗白华全集 [M]. 合肥：安徽教育出版社，1994.

动。九曲池南侧廊庑被用来分隔苑内外空间，也使苑内的空间得以延展。东城衙署园林内运用"静线"即隔墙作为中轴，运用"动线"即呈南北、东西走向的路径、水流及廊庑来组织划分空间。郭城里坊内园林大多都注重运用植物进行空间分隔，并与园内景物各要素相互分割渗透来实现空间的丰富化和层次化。如湖园内过横地，穿密林，循曲径数折至梅台、知止庵，建筑、水景、丛林等围合的园林空间曲屈有致，高低相宜；苗帅园东部以溪池为主，七棵松与一轩一桥一亭形成隔而不断的开合空间；富弼宅园中山水、建筑、植物巧妙地组合成曲折多变的空间层次，四洞五亭自成一区，园中四时变幻，光影交错的时间序列，彰显出开合自如、循环无尽的时空感；环溪园内"波光冷于玉，溪势曲如环"[①]，水景按圆的轨迹运动，营造出往复循环、视觉无尽的景观效果。

6.3 小结

北宋时期的"社会环境复杂多变，艰困忧患和繁荣辉煌实际上是交错并存的，其中士人群体构成、生活内容、思想意识、艺术品位的多元，都成为当时社会的典型现象"[②]，这又影响了园林类型、风格、景象、空间的多元化，这与洛阳作为古都素有的传统造园的历史积淀不无关系，这一造园意匠突出了洛阳这一时期园林的时代和地域特征。洛阳的山水格局使园林的山石呈现出"因借远山，以少胜多"的独特造景特色；洛阳城内分布均衡丰富的水网使园中水体呈现出"曲直相宜，动静交呈"的特点；洛阳城内建筑围合成的多层次的园林空间，和园中划分多个景区的空间布局，均呈现出时而开朗幽远的自然式与时而闭合深邃的规则式的趣味空间的转换，这不仅受洛阳城内"棋盘状"的空间格局的影响，而且与当时隐退在洛的文人志士含蓄、内敛、复杂的心境有着必然的联系；洛阳城内有种类繁多的古木繁花，因景分区、因境类聚的植物配置特点促使主题性花园盛行；北宋时洛阳城内浓厚的文化氛围影响着景题意蕴，景题的运用赋予了园景深刻的文化内涵和意境。洛阳的文化

---

① （宋）司马光. 司马温公集编年笺注［M］. 李之亮，校. 成都：巴蜀书社，2009.
② 邓小南. 大俗大雅：宋代文人生活一瞥. 文汇报［N］. 2016-03-18.

地位在北宋时发展到极盛，风格多样、雅俗互补的双重文化性格促使园林形成了相互滋养、相互补充的氛围。这种氛围及崇文尚礼、进退合道、三教合流、修身养性、花气蒙蒙的洛阳文化影响着城中的园林性格和内蕴，使北宋时洛阳园林逐渐显现出"崇奢尚俭、精微妙造、婉约闲适、雅俗兼存"的多元意境。

第 7 章

结束语

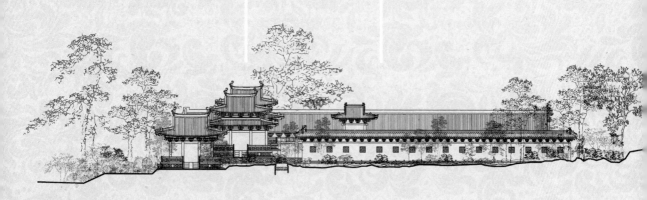

在中国古典园林史研究中，"洛阳园林"多出现在魏晋南北朝、隋唐时期的皇家园林中，以及北宋时期以洛阳为中心的中原地区私家园林的研究中。汉宝德先生将中国古典园林史分为四个时期，其中唐至北宋的三百年成为"洛阳时代"。北宋时期的洛阳园林在中国古典园林史上占有突出的地位。在这一研究背景下，本书以洛阳城市格局为基础，通过各章节对北宋洛阳城园林的研究和论述，试图得到以下一些基本结论。

一、通过洛阳园林造园的历史源流、兴盛原因来阐释北宋洛阳园林的造园背景，从中不仅可以看出北宋洛阳园林在中国地理和历史上的重要位置，而且可以看出洛阳独特的城市格局和厚重的地域文化直接影响了这一时期园林文化的形成。

二、以隋唐宋洛阳城的城市格局为研究契机分别来研究洛阳城宫城大内后苑、东城衙署园林遗址及郭城内私家园林的造园意匠，对园林的园址、布局重新进行了考证，参考相关依据重点对大内后苑和衙署园林的总体布局和单体建筑进行了复原。研究发现，北宋洛阳城独特的城市分区影响了园林的特点，根据对比史料、考古资料、图像等文献推测画出北宋西京皇城、宫城布局复原示意图，主要为后文探讨宫城内大内后苑的具体位置、布局提供重要依据，尝试给出大内后苑的整体布局复原图；对于东城衙署园林，由于目前相关文献缺失，主要通过考古遗址和时代背景，或同一时期或南宋时期县衙署特点来推测其形制、布局；郭城内私家园林主要依据《洛阳名园记》、相关诗文对其园林的园主、园址进行了重新考证，其中私家园林分为北宋前遗存和北宋新建两种园林类型进行对比论述，并对代表性园林绘制示意性复原图，并分别总结出这两种园林特征的异同之处；最后总结出北宋洛阳城的园林文化和造园意匠。

三、综观北宋洛阳城内不同区域的园林的特征，园林类型、形制和风格有所差异，但因为拥有共同的历史背景和城市环境，在宏观上又存在着许多相同之处，正是这些异同使园林之间也相互融合和印证。北宋洛阳的山水、植被等自然景象和人文、风俗等城市意象直接地影响着各个园林景物特色的营造，不同的园林类型在继承前代造园传统的基础上也呈现出新意。风格多样、雅俗互补的双重文化性格促使园林形成了相互滋养、相互补充的氛围，使园林性格也趋于多元化。"九曲通苑定乾坤"的大内后苑，虽不再拥有隋唐洛阳和北宋东京皇家御苑的盛世局面，然而超然物外的神仙意境仍未使其失去帝都陪京的尊位和皇家气势；"双廊透墙同民乐"的衙署庭园，其独到别致的造园艺术可谓达到了北宋精雅绝伦的新高度；"名花雅集释情怀"的私家园林，其精彩纷呈

的园林景象正如张琰在《洛阳名园记》序中所说："图画之传写，古今华夏莫
比"，以其别样而多元的园林景象在悠久辉煌的园林历史画卷中留下了弥足珍
贵的足迹。

因此笔者研究北宋洛阳城园林时深感这一任务之艰巨，限于笔者的时间和
精力，本书只是对其初步进行了系统研究，对北宋洛阳城造园意匠的认识也略
显粗浅，关于北宋洛阳的园林还有很多值得探索的地方：一是本书研究的视野
主要聚焦于北宋洛阳城内主要的园林类型，缺少对分布在北宋洛阳京畿郊邑地
区的文人别业园林、书院园林、寺庙园林和风景名胜区的研究，尤其是作为二
程理学发源地的嵩山书院和伊川书院有较大的研究价值；二是关于北宋洛阳的
园林还可以选用与北宋都城东京开封、江南地区或同时期韩国、日本等亚洲国
家相对比的视角来研究。

笔者虽然是怀揣着对园林史的敬畏和对洛阳这片热土的挚爱完成的这本拙
作，但由于薄弱的史学和文学功底而深感力不从心，使本书存在着许多不足之
处：一是由于北宋洛阳考古发掘出的园林部分多为零星的不完整遗迹，其复原
设计图主要绘制出单体建筑和园林的山水空间关系，虽是笔者从文献、图像、
考古和遗存等多角度层层推测并基于对北宋洛阳城的造园理念的认识而绘制，
但仍显得较为粗略，尤其是园林的水体、植物等，仍需要更为严谨的考证；二
是对于北宋时洛阳城东城内的衙署庭园遗址目前还未发现相关文献记载，笔者
选取与之贴近的参考依据，根据时代背景，或同一时期和南宋时期县衙署的特
征，仅对考古范围内的总体布局和单体建筑进行了复原设计，从而总结出造园
意匠，这一分析肯定失之偏颇，而且这一时期洛阳的其他园林也有待考证和研
究；三是郭城内选取的园林由于整理和收集文献所限，仅绘制出有代表性的园
林的复原平面示意图。因受到现有文献记载和考古发掘成果的局限，以上对其
北宋洛阳园林的考证和复原想象设计只是做了初步的研究和推测，遗址内建筑
的具体位置和植物布局有待用更多的历史文献信息和考古进一步解释和完善。
这些缺憾随着考古的不断发现和笔者知识的不断积淀，能力的不断提升，后续
有待进一步推敲、弥补和完善。而且由于笔者知识结构和能力有限，书中必有
不足和谬误，恳请各位专家、学者和读者批评指正。

附图

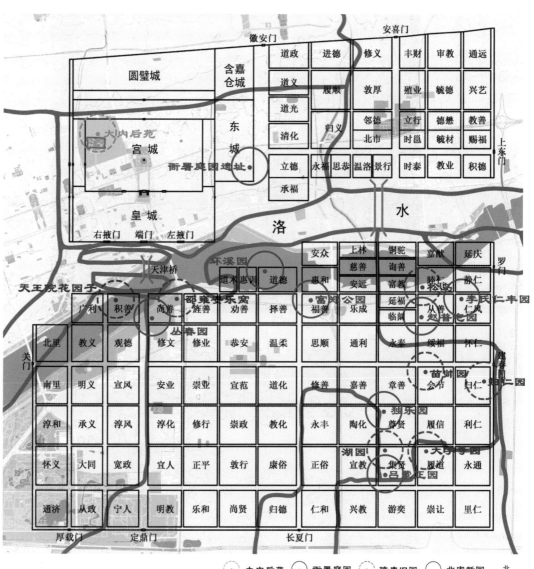

图 2-15
北宋洛阳城内主要
园林位置图

图 3-6
（北宋）佚名《金明池争标图》

（图片来源：引自《宋画全集》第五卷第一册，天津博物馆藏）

图 3-7
（元）王振鹏《宝津竞渡图》卷

（图片来源：引自《宫室楼阁之美：界画特展》）

图 3-8
（元）王振鹏《龙池竞渡图》卷局部

（图片来源：引自彭莱《中国山水画通鉴·界画楼阁》）

图 3-9
（元）佚名《龙舟夺标图》卷

（图片来源：引自故宫博物院官网，故宫博物院藏）

图 3-10
（北宋）王希孟《千里江山图》局部

（图片来源：引自《宋画全集》第一卷第二册，故宫博物院藏）

图 3-11
（南宋）赵伯驹《阿阁图》

（图片来源：引自《宫室楼阁之美：界画特展》）

图 3-12
（宋）佚名《仙山楼阁图》

（图片来源：引自《宋画全集》第一卷第七册，故宫博物院藏）

图 3-13
（元）佚名《建章宫图》

（图片来源：《宫室楼阁之美：界画特展》）

图 3-14
（北宋）赵佶《祥龙石图》卷

（图片来源：引自《宋画全集》第七卷第二册，故宫博物院藏）

图 3-15
（北宋）郭忠恕（传）《明皇避暑宫图》

（图片来源：引自《宋画全集》第七卷第二册，日本大阪市立美术馆藏）

图 3-16
（元）李容瑾《汉苑图》

（图片来源：引自薛永年等《故宫画谱：界画》）

图 3-17
（南宋）赵伯驹《汉宫图》

（图片来源：引自傅伯星《宋画中的南宋建筑》）

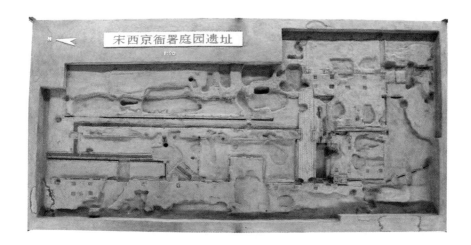

图 4-4
北宋洛阳东城衙署
庭园遗址模型图
（图片来源：石自社摄）

图 4-11
（北宋）张先《十
咏图》局部
（图片来源：引自《宋
画全集》第一卷第一
册，故宫博物院藏）

图 4-12
（宋）佚名《会昌
九老图》局部
（图片来源：引自《宋
画全集》第一卷第六
册，故宫博物院藏）

图 4-13
（南宋）李唐（传）
《文姬归汉图》局部

春景　　　　　　夏景

秋景　　　　　　冬景

图 4-14
（南宋）刘松年《四
景山水图》

（图片来源：引自《宋
画全集》第一卷第四
册，故宫博物院藏）

图 4-15
（宋）佚名《桐荫
玩月图》

（图片来源：引自《宋
画全集》第一卷第七
册，故宫博物院藏）

图 4-16
（宋）佚名《女孝
经图》

（图片来源：引自《宋
画全集》第一卷第五
册，故宫博物院藏）

图 4-17
（南宋）马远《西
园雅集图》

（图片来源：引自《宋
画全集》第六卷第五
册，美国纳尔逊—阿
特金斯艺术博物馆藏）

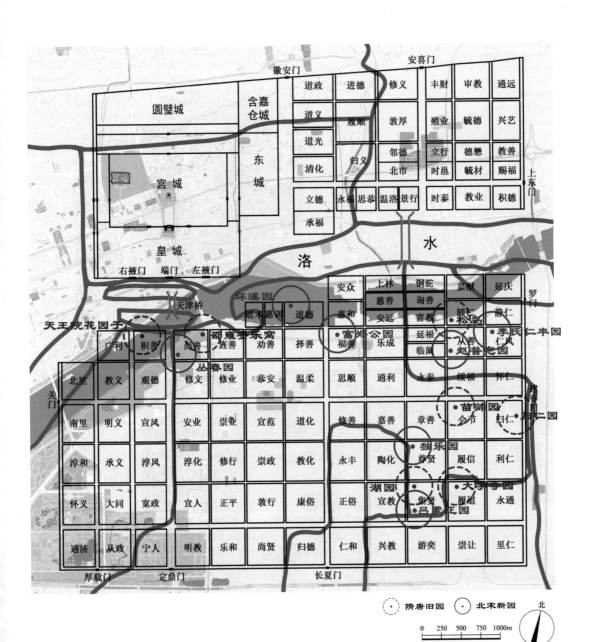

图 5-1
北宋洛阳城内主要
私家园林位置图

（图片来源：作者自
绘，底图为洛阳市现
地理环境卫星图）

图 6-1
（北宋）李成《茂林远岫图》局部

（图片来源：引自《宋画全集》第三卷第一册，辽宁省博物馆藏）

图 6-2
（北宋）范宽（传）《雪景寒林图》

（图片来源：引自《宋画全集》第五卷第一册，天津博物院藏）

图 6-3
（北宋）张择端《清明上河图》局部

（图片来源：引自《宋画全集》第一卷第二册，故宫博物馆藏）

图 6-4
（北宋）乔仲常《后赤壁赋图》局部

（图片来源：引自《宋画全集》第六卷第五册，美国纳尔逊—阿特金斯艺术博物馆藏）

图6-5
（北宋）郭忠恕
（传）《明皇避暑宫
图》局部

（图片来源：引自《宋
画全集》第七卷第二
册，日本大阪市立美
术馆藏）

图6-6
（宋）佚名《女孝
经图》

（图片来源：引自《宋
画全集》第一卷第五
册，故宫博物院藏）

图6-7
（宋）佚名《柳堂
读书图》

（图片来源：引自《宋
画全集》第一卷第七
册，故宫博物院藏）

图 6-8
（北宋）苏汉臣《秋庭戏婴图》

（图片来源：引自陈斌《中国历代风俗画集》）

图 6-9
北宋苏汉臣《靓妆仕女图》

（图片来源：引自《宋画全集》第六卷第一册，美国波士顿艺术博物馆藏）

图 6-10
（宋）佚名《蕉石婴戏图》

（图片来源：引自《宋画全集》第一卷第七册，故宫博物院藏）

图 6-11
（宋）佚名《柳院消暑图》

（图片来源：引自《宋画全集》第一卷第七册，故宫博物院藏）

图 6-12
（宋）佚名《南唐
文会图》

（图片来源：引自《宋
画全集》第一卷第七
册，故宫博物院藏）

图 6-13
（北宋）郭忠恕
（传）《明皇避暑宫
图》局部

（图片来源：引自《宋
画全集》第七卷第二
册，日本大阪市立美
术馆藏）

图 6-14
（宋）佚名《商山
四皓会昌九老图》
局部

（图片来源：引自《宋
画全集》第三卷第一
册，辽宁省博物馆藏）

参考文献

[1] （战国）荀况. 荀子简释［M］. 北京：中华书局，1983.

[2] （汉）司马迁. 史记［M］. 北京：中华书局，1982.

[3] （北魏）贾思勰. 齐民要术今释［M］. 石声汉，校释. 北京：中华书局，2009.

[4] （宋）邵伯温. 邵氏闻见录［M］. 李剑雄，刘德权，点校. 北京：中华书局，1983.

[5] （宋）邵博. 邵氏闻见后录［M］. 李剑雄，刘德权，点校. 北京：中华书局，1983.

[6] （宋）孟元老. 东京梦华录注［M］. 邓之诚，注. 北京：中华书局，1982.

[7] （宋）苏轼. 苏轼文集编年笺注［M］. 李之亮，笺注. 成都：巴蜀书社，2011.

[8] （宋）邵雍. 伊川击壤集［M］. 郭彧，整理. 北京：中华书局，2013.

[9] （清）徐松. 河南志［M］. 高敏，点校. 北京：中华书局，2012.

[10] （清）徐松. 唐两京城坊考［M］. （清）张穆，校补. 北京：中华书局，1985.

[11] （后晋）刘昫，等. 旧唐书［M］. 北京：中华书局，1975.

[12] （宋）欧阳修，宋祁. 新唐书［M］. 北京：中华书局，1975.

[13] （宋）陆游. 陆游集［M］. 北京：中华书局，1976.

[14] （唐）白居易. 白居易集［M］. 北京：中华书局，1979.

[15] （宋）欧阳修. 新五代史［M］. （宋）徐无党，注. 北京：中华书局，1986.

[16] （元）脱脱，等. 宋史［M］. 北京：中华书局，1985.

[17] （宋）李焘. 续资治通鉴长编［M］. 北京：中华书局，2004.

[18] （宋）苏辙. 栾城集［M］. 曾枣庄，马德富，校点. 上海：上海古籍出版社，2009.

[19] （宋）司马光. 司马温公集编年笺注［M］. 李之亮，笺注. 成都：巴蜀书社，2009.

[20] （宋）欧阳修. 欧阳修集编年笺注［M］. 李之亮，笺注. 成都：巴蜀书社，2007.

[21] （唐）白居易. 白居易集笺校［M］. 朱金城，笺校. 上海：上海古籍出版社，1988.

[22] （宋）沈括. 梦溪笔谈［M］. 金良年，点校. 北京：中华书局，2015.

[23] （宋）吴处厚. 青箱杂记［M］. 李裕民，点校. 北京：中华书局，1985.

[24] （宋）沈括. 梦溪笔谈［M］. 堵军，编校. 北京：中央民族大学出版社，2002.

[25] 中国国家图书馆. 河南通志四十五卷（一）［M］. 北京：国家图书馆出版社，
2013.

［26］（清）龚嵩林. 乾隆洛阳县志［M］. 洛阳市地方史志办公室，整理. 郑州：中州古籍出版社，2014.

［27］（北魏）杨衒之. 洛阳伽蓝记校释［M］. 周祖谟，校释. 北京：中华书局，2013.

［28］（北魏）郦道元. 水经注校证［M］. 陈桥驿，校证. 北京：中华书局，2013.

［29］（唐）白居易. 白居易诗集校注［M］. 谢思炜，校注. 北京：中华书局，2006.

［30］（唐）温庭筠. 温庭筠全集校注［M］. 刘学锴，校注. 北京：中华书局，2007.

［31］（宋）司马光. 资治通鉴［M］.（元）胡三省，音注. 北京：中华书局，1956.

［32］（清）徐松. 宋会要辑稿［M］. 刘琳，刁忠民，舒大刚，尹波，等，校点. 上海：上海古籍出版社，2014.

［33］（宋）司马光. 司马文正公传家集［M］. 上海：商务印书馆，1937.

［34］（宋）程颢，程颐. 二程集［M］. 王孝鱼，点校. 北京：中华书局，1981.

［35］（宋）徐松. 增订唐两京城坊考［M］. 李健超，增订. 西安：三秦出版社，2006.

［36］（宋）张敦颐. 六朝事迹编类［M］. 张忱石，点校. 北京：中华书局，2012.

［37］（宋）王应麟. 玉海［M］. 南京：江苏古籍出版社，1987.

［38］（宋）曾巩. 隆平集校证［M］. 王瑞来，校证. 北京：中华书局，1985.

［39］（宋）文同. 文同全集编年校注［M］. 胡问涛，罗琴，校注. 成都：巴蜀书社，1999.

［40］（汉）扬雄. 太玄集注［M］.（宋）司马光，集注. 北京：中华书局，1998.

［41］（宋）张邦基. 墨庄漫录［M］. 孔凡礼，点校. 北京：中华书局，2002.

［42］（宋）王钦若，等. 册府元龟［M］. 周勋初，等，校订. 南京：凤凰出版社，2006.

［43］（宋）李昉，等. 太平广记［M］. 北京：中华书局，1961.

［44］（宋）刘蒙，等. 菊谱［M］. 杨波，注译. 郑州：中州古籍出版，2015.

［45］（宋）陆游. 渭南文集［M］. 上海：商务印书馆，1936.

［46］（清）董诰，等. 全唐文［M］. 北京：中华书局，1983.

［47］（宋）郭茂倩. 乐府诗集［M］. 北京：中华书局，1979.

［48］（宋）李格非，范成大. 洛阳名园记 桂海虞衡志［M］. 北京：文学古籍刊行社，1955.

［49］（清）余正焕，左辅. 城南书院志［M］. 邓洪波，等，校点. 长沙：岳麓书社，2012.

［50］（清）惠栋. 周易述［M］. 郑万耕，点校. 北京：中华书局，2001.

［51］（清）马骕. 绎史［M］. 王利器，整理. 北京：中华书局，2002.

［52］（宋）吕惠卿. 庄子义集校［M］. 汤君，集校. 北京：中华书局，2009.

［53］（清）孙诒让. 周礼正义［M］. 王文锦，陈玉霞，点校. 北京：中华书局，2013.

［54］（清）顾祖禹. 读史方舆纪要［M］. 贺次君，施和金，点校. 北京：中华书局，2005.

［55］（清）吴之振，吕留良，吴自牧. 宋诗钞［M］.（清）管庭芬，蒋光煦，补.
　　　北京：中华书局，1986.

［56］（宋）宗泽. 宗泽集［M］. 黄碧华，徐和雍，点校. 杭州：浙江古籍出版社，2012.

［57］（清）阮元. 十三经注疏（清嘉庆刊本）［M］. 北京：中华书局，2009.

［58］（清）严可均. 全上古三代秦汉三国六朝文［M］. 北京：中华书局，1958.

［59］（明）高拱. 春秋正旨［M］. 北京：中华书局，1993.

［60］（宋）蔡沈. 书集传［M］. 上海：华东师范大学出版社，2010.

［61］（清）彭定求，等. 全唐诗［M］. 北京：中华书局，1960.

［62］（宋）钱若水. 宋太宗皇帝实录校注［M］. 范学辉，校注. 北京：中华书局，
　　　2012.

［63］（清）陈梦雷. 古今图书集成［M］. 蒋廷锡，校订. 北京：中华书局，成都：
　　　巴蜀书社，1985.

［64］（清）王先谦，刘武. 庄子集解 庄子集解内篇补正［M］. 沈啸寰，点校. 北京：
　　　中华书局，1987.

［65］（宋）薛居正，等. 旧五代史［M］. 北京：中华书局，1976.

［66］（宋）欧阳修，等. 牡丹谱［M］. 杨林坤，编著. 北京：中华书局，2011.

［67］（唐）韦述，杜宝. 两京新记辑校 大业杂记辑校［M］. 辛德勇，辑校. 西安：
　　　三秦出版社，2006.

［68］（明）计成. 园冶注释［M］. 陈植，注释. 北京：中国建筑工业出版社，1988.

［69］（宋）司马光. 涑水记闻［M］. 邓广铭，张希清，点校. 北京：中华书局，1989.

［70］（宋）文莹. 玉壶清话［M］. 郑世刚，杨立扬，点校. 北京：中华书局，1984.

［71］（清）叶德辉. 郋园诗钞［M］. 张晶萍，点校. 长沙：岳麓书社，2010.

［72］（宋）陈景沂. 全芳备祖［M］. 北京：农业出版社，1982.

［73］（清）汪灏，等. 广群芳谱［M］. 上海：上海书店，1985.

［74］（宋）周密. 齐东野语［M］. 张茂鹏，点校. 北京：中华书局，1983.

［75］（清）何文焕. 历代诗话［M］. 北京：中华书局，2004.

［76］（清）李文炤. 周礼集传［M］. 赵载光，校点. 长沙：岳麓书社，2012.

［77］（清）孙希旦. 礼记集解［M］. 沈啸寰，王星贤，点校. 北京：中华书局，1989.

［78］（宋）胡宏. 胡宏集［M］. 吴仁华，点校. 北京：中华书局，1987.

［79］（宋）程颐. 周易程氏传［M］. 王孝鱼，点校. 北京：中华书局，2011.

［80］（宋）郭思. 林泉高致［M］. 北京：中华书局，2010.

［81］（宋）李诫. 营造法式［M］. 北京：中国书店，2006.

［82］（宋）高承. 事物纪原［M］. 北京：中华书局，1989.

［83］（唐）李林甫，等. 唐六典［M］. 陈仲夫，点校. 北京：中华书局：2014.

［84］（宋）吕祖谦. 宋文鉴［M］. 齐治平，点校. 北京：中华书局，1992.

［85］（清）刘宝楠. 论语正义［M］. 高流水，点校. 北京：中华书局，1990.

［86］（清）赵翼. 廿二史劄记校证［M］. 王树民，校证. 北京：中华书局，2013.

［87］（宋）苏颂. 苏魏公文集［M］. 王同策，管成学，严中其，等，点校. 北京：
中华书局，1988.

［88］（清）钱谦益. 列朝诗集［M］. 许逸民，林淑敏，点校. 北京：中华书局，2007.

［89］（宋）文彦博. 文潞公诗校注［M］. 侯小宝，校注. 太原：三晋出版社，2014.

［90］（宋）袁说友，等. 成都文类［M］. 赵晓兰，整理. 北京：中华书局，2011.

［91］（宋）黄公度. 知稼翁集［M］. 北京：中国书店，2018.

［92］（宋）洪迈. 容斋随笔［M］. 穆公，校点. 上海：上海古籍出版社，2015.

［93］（唐）刘禹锡. 刘禹锡集［M］. 北京：中华书局，1990.

［94］（宋）欧阳修. 欧阳修全集［M］. 李逸安，点校. 北京：中华书局，2001.

［95］（宋）邵雍. 邵雍集［M］. 郭彧，整理. 北京：中华书局，2010.

［96］（梁）沈约. 宋书［M］. 北京：中华书局，1974.

［97］（魏）王弼. 老子道德经注校释［M］. 楼宇烈，校释. 北京：中华书局，2008.

［98］（宋）周邦彦. 清真集校注［M］. 孙虹，校注. 北京：中华书局，2007.

［99］（南朝宋）范晔. 后汉书［M］.（唐）李贤，等，注. 北京：中华书局，1965.

［100］（唐）房玄龄，等. 晋书［M］. 北京：中华书局，1974.

［101］（宋）司义祖. 宋大诏令集［M］. 北京：中华书局，1962.

［102］（明）李濂. 汴京遗迹志［M］. 周宝珠，程民生，点校. 北京：中华书局，1999.

［103］（清）王梓材，冯云濠. 宋元学案补遗［M］. 沈芝盈，梁运华，点校. 北京：
中华书局，2012.

［104］（清）黄以周，等. 续资治通鉴长编拾补［M］. 顾吉辰，点校. 中华书局，2004.

［105］（汉）扬雄. 太玄校释［M］. 郑万耕，校释. 北京：中华书局，2014.

［106］（明）杨慎. 升庵诗话新笺证［M］. 王大厚，笺证. 北京：中华书局，2008.

［107］（宋）张孝祥. 张孝祥集编年校注［M］. 辛更儒，校注. 北京：中华书局，2016.

［108］（宋）黎靖德. 朱子语类［M］. 王星贤，点校. 北京：中华书局，1986.

［109］（清）王概，等. 芥子园画传［M］. 北京：中国书店，2011.

［110］（汉）河上公，（魏）王弼. 老子道德经 王弼道德经注［M］. 唐子恒，边家珍，
点校. 南京：凤凰出版社，2017.

［111］（东晋）陶渊明. 陶渊明集笺注［M］. 袁行霈，笺注. 北京：中华书局，2003.

［112］（宋）佚名. 宣和画谱［M］. 王群栗，点校. 杭州：浙江人民美术出版社2012.

[113] 何宁. 淮南子集释 [M]. 北京：中华书局，1998.

[114] 傅璇琮，王兆鹏. 宋才子传笺证：词人卷 [M]. 沈阳：辽海出版社，2011.

[115] 周振甫. 文心雕龙今译（附语词简释）[M]. 中华书局，2013.

[116] 曾枣庄. 宋代序跋全编 [M]. 济南：齐鲁书社，2015.

[117] 曾枣庄，刘琳. 全宋文 [M]. 上海：上海辞书出版社，合肥：安徽教育出版社，2006.

[118] 黎翔凤. 管子校注 [M]. 梁运华，整理. 北京：中华书局，2004.

[119] 傅熹年. 中国古代建筑十论 [M]. 上海：复旦大学出版社，2004.

[120] 梁思成. 梁思成全集（第八卷）[M]. 北京：中国建筑工业出版社，2001.

[121] 李浩. 唐代园林别业考录 [M]. 上海：上海古籍出版社，2005.

[122] 谭其骧. 中国历史地图集：第六册 [M]. 北京：中国地图出版社，1982.

[123] 余黎星，缪韵，余扶危. 洛阳古墓图说 [M]. 北京：国家图书馆出版社，2009.

[124] 姚亦锋. 南京古都地理空间与景观过程 [M]. 北京：科学出版社，2019.

[125] 单炯. 千里江山：宋代的绘画艺术 [M]. 上海：上海人民美术出版社，1998.

[126] 陈植，张公弛. 中国历代名园记选注 [M]. 陈从周，校阅. 合肥：安徽科学技术出版社，1983.

[127] 曹法舜，董寅生，陈万绪. 洛阳牡丹记 [M]. 洛阳：洛阳市志编纂委员会，1983.

[128] 崔静一，郭顺祥，彭子尹，等. 洛阳历代城池建设 [M]. 洛阳：洛阳市地方史志编纂委员会，1985.

[129] （日）冈大路. 中国宫苑园林史考 [M]. 常瀛生，译. 北京：农业出版社，1988.

[130] 清华大学建筑系. 建筑史论文集：第十辑 [G]. 北京：清华大学出版社，1988.

[131] 苏健. 洛阳古都史 [M]. 北京：博文书社，1989.

[132] 王毅. 园林与中国文化 [M]. 上海：上海人民出版社，1990.

[133] 安怀起. 中国园林史 [M]. 上海：同济大学出版社，1991.

[134] 周维权. 中国古典园林史 [M]. 北京：清华大学出版社，1993.

[135] 李浩. 唐代园林别业考论（修订版）[M]. 西安：西北大学出版社，1996.

[136] 程民生. 宋代地域文化 [M]. 开封：河南大学出版社，1997.

[137] 杨洪杰，吴麦黄. 司马光传 [M]. 太原：山西人民出版社，1997.

[138] 洛阳市地方史志编纂委员会. 洛阳市志：第十七卷 [M]. 郑州：中州古籍出版社，1996.

[139] 周宝珠，陈振. 简明宋史 [M]. 北京：人民出版社. 1985.

[140] 李振刚，郑贞富. 洛阳通史 [M]. 郑州：中州古籍出版社，2001.

[141] 邬学德，刘炎. 河南古代建筑史 [M]. 郑州：中州古籍出版社，2001.

［142］赵鸣. 山西园林古建筑［M］. 北京：中国林业出版社，2002.

［143］王铎. 中国古代苑园与文化［M］. 武汉：湖北教育出版社，2003.

［144］张家骥. 中国造园艺术史［M］. 太原：山西人民出版社，2004.

［145］张十庆.《作庭记》译注与研究［M］. 天津：天津大学出版社，2004.

［146］程民生. 河南经济简史［M］. 北京：中国社会科学出版社，2005.

［147］汪菊渊. 中国古代园林史（上卷）［M］. 北京：中国建筑工业出版社，2006.

［148］王铎. 洛阳古代城市与园林［M］. 呼和浩特：远方出版社，2005.

［149］胡小鹏. 中国手工业经济通史：宋元卷［M］. 福州：福建人民出版社，2004.

［150］李久昌. 国家、空间与社会——古代洛阳都城空间演变研究［M］. 西安：三秦出版社，2007.

［151］程国政. 中国古代建筑文献集要［M］. 路秉杰，主审. 上海：同济大学出版社，2013.

［152］李健人. 洛阳古今谈［M］. 洛阳市地方史志办公室，整理. 郑州：中州古籍出版社，2014.

［153］孟兆祯. 园衍［M］. 北京：中国建筑工业出版社，2015.

［154］张祥云. 北宋西京河南府研究［M］. 郑州：河南大学出版社，2012.

［155］梁思成.《营造法式》注释［M］. 北京：生活·读书·新知三联书店，2013.

［156］汉宝德. 物象与心境：中国的园林［M］. 北京：生活·读书·新知三联书店，2014.

［157］王贵祥. 古都洛阳［M］. 北京：清华大学出版社，2012.

［158］洛阳师范学院河洛文化国际研究中心. 洛阳考古集成：隋唐五代宋卷［M］. 北京：北京图书馆出版社，2005.

［159］彭一刚. 中国古典园林分析［M］. 北京：中国建筑工业出版社，1986.

［160］梁思成. 梁思成全集（第七卷）［M］. 北京：中国建筑工业出版社，2001.

［161］包伟民. 宋代城市研究［M］. 北京：中华书局，2014.

［162］顾凯. 明代江南园林研究［M］. 南京：东南大学出版社，2010.

［163］中国社会科学院考古研究所. 隋唐洛阳城1959—2001年考古发掘报告［M］. 北京：文物出版社，2014.

［164］曹林娣，沈岚. 中国园林美学思想史（隋唐五代两宋辽金元卷）［M］. 上海：同济大学出版社，2015.

［165］刘彤彤. 中国古典园林的儒学基因［M］. 天津：天津大学出版社，2015.

［166］傅熹年. 中国古代建筑史（第二卷）：三国、两晋、南北朝、隋唐、五代建筑［M］. 北京：中国建筑工业出版社，2001.

［167］郭黛姮. 中国古代建筑史（第三卷）：宋、辽、金、西夏建筑［M］. 北京：中国

建筑工业出版社，2003.

［168］王世仁. 中国古建探微［M］. 天津：天津古籍出版社，2004.

［169］王贵祥. 中国古代人居理念与建筑原则［M］. 北京：中国建筑工业出版社，2015.

［170］叶烨. 北宋文人的经济生活［M］. 南昌：百花洲文艺出版社，2008.

［171］章培恒，骆玉明. 中国文学史（中）［M］. 上海：复旦大学出版社，1996.

［172］张家骥. 中国造园论［M］. 太原：山西人民出版社，2003.

［173］傅伯星. 宋画中的南宋建筑［M］. 杭州：两泠印社出版社，2011.

［174］袁琳. 宋代城市形态和官署建筑制度研究［M］. 北京：中国建筑工业出版社，2013.

［175］程有为，王天奖. 河南通史［M］. 郑州：河南人民出版社，2005.

［176］秦大树. 宋元明考古［M］. 北京：文物出版社，2004.

［177］刘晓明，薛晓飞，等. 中国古代园林史［M］. 北京：中国林业出版社，2017.

［178］赵晚成，杨昨龙. 古都洛阳华夏之源［M］. 郑州：河南大学出版社，2015.

［179］河南博物院. 河南出土汉代建筑明器［M］. 郑州：大象出版社，2002.

［180］薛瑞泽，许智银. 河洛文化研究［M］. 北京：民族出版社，2007.

［181］洛阳市地方史志编纂委员会. 图说洛阳古墓［M］. 郑州：大象出版社，2010.

［182］孙书安. 中国博物别名大辞典［M］. 北京：北京出版社，2000.

［183］石训，朱保书. 中国宋代文化［M］. 郑州：河南人民出版社，2000.

［184］田国行. 绿地景观规划的理论与方法［M］. 北京：科学出版社，2006.

［185］邓小南，林文勋，吴晓亮. 宋史研究论文集（2008）［G］. 昆明：云南大学出版社，2009.

［186］薛永卿. 图说河南园林史［M］. 郑州：河南文艺出版社，2018.

［187］董鉴鸿. 中国古代城市建设［M］. 北京：中国建筑工业出版社，1988.

［188］唐圭璋. 全宋词［M］. 北京：中华书局，1965.

［189］陈植. 中国造园史［M］. 北京：中国建筑工业出版社，2006.

［190］刘敦桢. 中国古代建筑史（第二版）［M］. 北京：中国建筑工业出版社，1984.

［191］张家骥. 中国造园史［M］. 台北：明文书局，1990.

［192］章采烈. 中国园林艺术通论［M］. 上海：上海科学技术出版社，2004.

［193］彭莱. 中国山水画通鉴：界画楼阁［M］. 上海：上海书画出版社，2006.

［194］何忠礼. 宋代政治史［M］. 浙江大学出版社，2007.

［195］杨康苏. 客观和主观的宋代绘画［M］. 上海：上海书店出版社，2015.

［196］郑苏淮. 宋代美学思想史［M］. 南昌：江西人民出版社，2007.

［197］贺业钜. 中国古代城市规划史［M］. 北京：中国建筑工业出版社，1996.

［198］贺业钜. 考工记营国制度研究［M］. 北京：中国建筑工业出版社，1985.

[199] 龙彬. 风水与城市营建 [M]. 南昌：江西科学技术出版社，2005.

[200] 王其亨. 风水理论研究 [M]. 天津：天津大学出版社，1992.

[201] 于锦声，金湧焱. 界画楼台白描画稿 [M]. 天津：天津杨柳青画社，2001.

[202] 于倬云. 中国宫殿建筑论文集 [G]. 北京：紫禁城出版社，2002.

[203] 朱祖希. 营国匠意——古都北京的规划建设及其文化渊源 [M]. 北京：中华书局，2007.

[204] 王贵祥. 匠人营国：中国古代建筑史话 [M]. 北京：中国建筑工业出版社，2015.

[205] 孙锦. 中国古典园林设计与表现 [M]. 天津：天津大学出版社，2014.

[206] 杨鸿年. 隋唐两京坊里谱 [M]. 上海：上海古籍出版社，1999.

[207] 杨鸿年. 隋唐两京考 [M]. 武汉：武汉大学出版社，2000.

[208] 辛德勇. 隋唐两京丛考 [M]. 西安：三秦出版社，1991.

[209] 范之麟，吴庚舜. 全唐诗典故辞典（上）[M]. 武汉：湖北辞书出版社，2001.

[210] 安鲁东. 理学的脉络 [M]. 福州：福建教育出版社，2017.

[211] 郝永. 中国文化的基因：儒道佛家思想 [M]. 成都：电子科技大学出版社，2014.

[212] 彭林. 礼乐文明与中国文化精神 [M]. 北京：中国人民大学出版社，2016.

[213] 王南. 营造天书 [M]. 北京：新星出版社，2016.

[214] 惠吉兴. 宋代礼学研究 [M]. 保定：河北大学出版社，2011.

[215] 谭刚毅. 两宋时期的中国民居与居住形态 [M]. 南京：东南大学出版社，2008.

[216] 刘致平. 中国居住建筑简史：城市·住宅·园林（第二版）[M]. 王其明，增补. 北京：中国建筑工业出版社，2000.

[217] 左满常. 河南古建筑（上/下册）[M]. 北京：中国建筑工业出版社，2015.

[218] 陈侯行. 中国传统建筑在界画中的体现与艺术性 [M]. 北京：光明日报出版社，2016.

[219] 成玉宁，等. 中国园林史（20世纪以前）[M]. 北京：中国建筑工业出版社，2018.

[220] 浙江大学中国古代书画研究中心. 宋画全集 [M]. 杭州：浙江大学出版社，2010.

[221] 侯迺慧. 宋代园林及其生活文化 [M]. 台北：三民书局，2010.

[222] 林秀珍. 北宋园林诗之研究 [M]. 台湾：花木兰文化出版社，2010.

[223] 刘俊虎. 漫话隋唐东都城 [M]. 郑州：河南人民出版社，2010.

[224] 中国美术全集编委会. 中国美术全集4/5·绘画编：两宋绘画（上/下）[M]. 北京：人民美术出版社，2014.

[225] 贾珺等，王曦晨，黄晓，等. 河南古建筑地图 [M]. 北京：清华大学出版社，2016.

[226] 纪流，宋垒. 洛阳散记 [M]. 北京：中国旅游出版社，1982.

［227］陆楚石. 手绘中国造园艺术［M］. 北京：中国建材工业出版社，2018.

［228］潘谷西，何建中.《营造法式》解读［M］. 南京：东南大学出版社，2007.

［229］傅熹年. 中国古代城市规划、建筑群布局及建筑设计方法研究（上/下册）［M］. 北京：中国建筑工业出版社，2001.

［230］梁思成. 中国古建筑调查报告（上/下）［M］. 北京：生活·读书·新知三联书店，2012.

［231］黄晓，程炜，刘珊珊. 消失的园林——明代常州止园［M］. 北京：中国建筑工业出版社，2018.

［232］刘敦桢. 苏州古典园林［M］. 北京：中国建筑工业出版社，2005.

［233］高居翰，黄晓，刘珊珊. 中国古代园林绘画：不朽的林泉［M］. 北京：生活·读书·新知三联书店，2012.

［234］胡洁，孙筱祥. 移天缩地：清代皇家园林分析［M］. 北京：中国建筑工业出版社，2011.

［235］陈明达. 营造法式大木作制度研究（上/下集）［M］. 北京：文物出版社，1981.

［236］乔迅翔. 宋代官式建筑营造及其技术［M］. 上海：同济大学出版社，2012.

［237］左亮. 故宫画谱：山水卷·界画［M］. 北京：故宫出版社，2013.

［238］王贵祥，刘畅，段智钧. 中国古代木结构建筑比例与尺度研究［M］. 北京：中国建筑工业出版社，2011.

［239］陈明达. 中国古代木结构建筑技术（战国——北宋）［M］. 北京：文物出版社，1990.

［240］曹林娣. 中国园林艺术概论［M］. 北京：中国建筑工业出版社，2009.

［241］鲍沁星. 南宋园林史［M］. 上海：上海古籍出版社，2017.

［242］萧默. 敦煌建筑研究［M］. 北京：机械工业出版社，2003.

［243］傅熹年. 当代中国建筑史家十书：傅熹年中国建筑史论选集［M］. 沈阳：辽宁美术出版社，2013.

［244］王贵祥. 当代中国建筑史家十书：王贵祥中国建筑史论选集［M］. 沈阳：辽宁美术出版社，2013.

［245］张十庆. 当代中国建筑史家十书：张十庆东亚建筑技术史文集［M］. 沈阳：辽宁美术出版社，2013.

［246］王金平，李会智，徐强. 山西古建筑（上/下册）［M］. 北京：中国建筑工业出版社，2015.

［247］陈颖，田凯，张先进，等. 四川古建筑［M］. 北京：中国建筑工业出版社，2015.

[248] 路成文. 咏物文学与时代精神之关系研究：以唐宋牡丹审美文化与文学为个案 [M]. 广州：暨南大学出版社，2011.

[249] 郭绍林. 唐宋牡丹文化 [M]. 郑州：中州古籍出版社，2017.

[250] 王敏. 河南宋金元寺庙建筑分期研究 [D]. 北京：北京大学，2011.

[251] 丘挺. 宋代山水画造境研究 [D]. 北京：清华大学，2003.

[252] 李洁. 晋祠的造园艺术研究 [D]. 北京：北京林业大学，2013.

[253] 边凯. 论宋代山水画中景的再现与境的营造 [D]. 北京：中央美术学院，2014.

[254] 谭皓文. 两宋时期山水画中的建筑研究 [D]. 广州：华南理工大学，2010.

[255] 杨乔波. 北宋绘画中的写生观 [D]. 镇江：江苏大学，2018.

[256] 莫君远. 北宋界画空间营造与艺术处理方式研究 [D]. 开封：河南大学，2013.

[257] 黄志坚. 宋元界画研究 [D]. 株洲：湖南工业大学，2014.

[258] 付梅. 北宋牡丹审美文化研究 [D]. 南京：南京师范大学，2011.

[259] 郑亚雄. 北宋洛阳富郑公园复原设计研究 [D]. 北京：北京林业大学，2019.

[260] 庞守娟. 宋代山水画景物构成的秩序性 [D]. 扬州：扬州大学，2015.

[261] 王栋. 蝼蚁之余 便有远韵——从宋代山水画探微文人园林造景 [D]. 杭州：中国美术学院，2008.

[262] 李莎. 中国文化艺术对园林理法的影响 [D]. 北京：北京林业大学，2010.

[263] 王永强. 基于城市与自然融合的洛阳轴线体系研究 [D]. 郑州：河南农业大学，2016.

[264] 刘托. 两宋文人园林 [D]. 北京：清华大学，1986.

[265] 刘晓明. 北宋东京皇家园林艮岳初探 [D]. 北京：北京林业大学，1990.

[266] 朱育帆. 艮岳景象研究 [D]. 北京：北京林业大学，1997.

[267] 赵鹏. 天人之际、山水之间——空间意识与中国古代园林风格的流变 [D]. 北京：北京林业大学，1998.

[268] 永昕群. 两宋园林史研究 [D]. 天津：天津大学，2003.

[269] 卫红. 汉唐洛阳私家园林研究 [D]. 广州：华南理工大学，2005.

[270] 罗燕萍. 宋词与园林 [D]. 苏州：苏州大学，2006.

[271] 张英俊. 北宋西京地区景观资源与旅游活动研究 [D]. 开封：河南大学，2006.

[272] 吕岩. 河南传统园林探研 [D]. 郑州：郑州大学，2007.

[273] 王鹏. 宋代文人园林模拟设计——以欧阳修纪念园规划设计为例 [D]. 北京：清华大学，2009.

[274] 秦岩. 中国园林建筑设计传统理法与继承研究 [D]. 北京：北京林业大学，2009.

［275］李琳. 北宋时期洛阳花卉研究［D］. 武汉：华中师范大学，2009.

［276］张祥云. 北宋西京河南府研究［D］. 开封：河南大学，2010.

［277］郭明友. 明代苏州园林史［D］. 苏州：苏州大学，2011.

［278］王相子. 历代园记中的古园复原研究［D］. 天津：天津大学，2011.

［279］王振超. 郑州古代园林研究［D］. 天津：天津大学，2011.

［280］杨清越. 隋唐洛阳城遗址的分期和空间关系的考古学研究［D］. 北京：北京大学，2012.

［281］鲍沁星. 杭州自南宋以来的园林传统理法研究——以恭圣仁烈宅园林遗址为切入点［D］. 北京：北京林业大学，2012.

［282］阎宏斌. 洛阳近现代城市规划历史研究［D］. 武汉：武汉理工大学，2012.

［283］郭东阁. 北宋洛阳私家园林景题的特色分析［D］. 郑州：河南农业大学，2013.

［284］孟梦.《洛阳名园记》中富郑公园复原设计研究［D］. 内呼和浩特：蒙古农业大学，2013.

［285］张瑶.《洛阳名园记》中的园林研究［D］. 天津：天津大学，2014.

［286］黄晓. 初盛唐北方私家园林研究［D］. 北京：清华大学，2015.

［287］毛华松. 城市文明演变下的宋代公共园林研究［D］. 重庆：重庆大学，2015.

［288］霍宏伟. 隋唐东都城空间布局之嬗变［D］. 成都：四川大学，2009.

［289］孙婧婍. 宋代留守制度研究［D］. 开封：河南大学，2016.

［290］谢明洋. 晚清扬州私家园林造园理法研究［D］. 北京：北京林业大学，2015.

［291］何晓静. 意象与呈现——南宋江南园林源流研究［D］. 杭州：中国美术学院，2015.

［292］陈云水. 中国风景园林传统水景理法研究［D］. 北京：北京林业大学，2014.

［293］杭侃. 中原北方地区宋元时期的地方城址［D］. 北京：北京大学，1998.

［294］王书林. 北宋西京城市考古研究［M］. 北京：文物出版社，2020.

［295］李洁. 晋祠的造园艺术研究［D］. 北京：北京林业大学，2013.

［296］汪勃. 中日宫城池苑比较研究——6世纪后期到10世纪初期［D］. 北京：中国社会科学院，2004.

［297］段笑蓉. 宋元以降洛阳城市变迁研究［D］. 洛阳：河南科技大学，2015.

［298］贾晓峰. 北宋佛寺与北宋诗歌考论［D］. 西安：西北大学，2017.

［299］张慧. 从宋代山水画看宋代园林艺术［D］. 杭州：浙江大学，2013.

［300］斯达尔汗. 唐宋绘画中的建筑表象及其源流研究［D］. 西安：西安建筑科技大学，2015.

［301］杨柳. 风水思想与古代山水城市营建研究［D］. 重庆：重庆大学，2005.

［302］董伯许. 基于宋《营造法式》大木作制度的宋代楼阁复原设计研究［D］. 北京：清华大学，2014.

［303］胡浩. 宋画《水殿招凉图》中的建筑研究［D］. 北京：北京林业大学，2009.

［304］张濯清. 生态视野下的宋代绘画［D］. 武汉：华中师范大学，2016.

［305］秦宛宛. 北宋东京皇家园林艺术研究［D］. 郑州：河南农业大学，2004.

［306］董琦. 北宋皇家园林"公共性"探究——以金明池为例［D］. 北京：北京林业大学，2015.

［307］常卫峰. 北宋东京园林景观与游园活动研究［D］. 郑州：河南农业大学，2006.

［308］王雪丹. 宋代界画研究［D］. 重庆：西南师范大学，2002.

［309］徐腾.《明皇避暑宫图》复原研究［D］. 北京：清华大学，2016.

［310］张劲. 两宋开封临安皇城宫苑研究［D］. 广州：暨南大学，2004.

［311］赵雅婧. 绛州署园林初探［D］. 北京：北京大学，2017.

［312］周蓓. 宋代风水研究［D］. 上海：上海师范大学，2003.

［313］罗玺逸. 北宋苏轼的营建活动及其营建思想初探［D］. 重庆：重庆大学，2017.

［314］刘国胜. 宋画中的建筑与环境研究［D］. 开封：河南大学，2006.

［315］付凤英. 宅园托其身，山水显其性——白居易宅园诗与其心态变化［D］. 北京：北京外国语大学，2009.

［316］赵春晓. 宋代歇山建筑研究［D］. 西安：西安建筑科技大学，2010.

［317］傅熹年. 中国古代的建筑画［J］. 文物，1998（3）：75-94.

［318］杨生民. 中国里的长度演变考［J］. 中国经济史研究，2005（1）：143-144.

［319］王炬. 唐东都上阳宫问题再探讨［J］. 洛阳考古，2017（3）：53-61.

［320］玛丽安娜.《景定建康志》"青溪图"复原研究［J］. 中国建筑史论汇刊，2011（3）：456-487.

［321］李浩.《洛阳名园记》与唐宋园史研究［J］. 理论月刊，2007（3）：5-8.

［322］陈凌. 建筑空间与礼制文化：宋代地方衙署建筑象征性功能诠释［J］. 西南大学学报（社会科学版），2016，42（5）：182-188.

［323］陈凌. 宋代地方衙署的修缮理念及实践探析［J］. 西安建筑科技大学学报（社会科学版），2018，37（1）：53-59.

［324］陈凌. 宋代地方官吏心态演变与衙署营缮效果研究［J］. 西华师范大学学报（哲学社会科学版），2018（2）：43-48.

［325］曹晔，董璁. 宋徽宗画《唐十八学士图》中的斗尖方亭［J］. 古建园林技术，2017（3）：75-77.

［326］刘畅，孙闯. 少林寺初祖庵实测数据解读［J］. 中国建筑史论汇刊，2009（1）：

129-157.

[327] 王劲韬. 司马光独乐园景观及园林生活研究 [J]. 西部人居环境学刊, 2017, 32（5）: 83-89.

[328] 郭建慧, 刘晓喻, 晁琦, 等.《洛阳名园记》之刘氏园归属考辨 [J]. 中国园林, 2019（2）: 129-132.

[329] 余辉. 宋元龙舟题材绘画研究——寻找张择端《西湖争标图》卷 [J]. 故宫博物院院刊, 2017（2）: 6-36.

[330] 余辉. 细究王希孟及其《千里江山图》[J]. 故宫博物院院刊, 2017（5）: 6-34.

[331] 郁敏, 张亚辉. 从《洛阳名园记》中寻找北宋洛阳私家园林 [J]. 太原城市职业技术学院学报, 2010（8）: 166-167.

[332] 中国社会科学院考古研究所洛阳唐城队. 洛阳唐东都履道坊白居易故居发掘简报 [J]. 考古, 1994（8）: 692-701.

[333] 中国社会科学院考古研究所洛阳唐城队. 洛阳宋代衙署庭园遗址发掘简报 [J]. 考古, 1996（6）: 1-5.

[334] 赵鸣, 张洁. 试论我国古代的衙署园林 [J]. 中国园林, 2003, 19（4）: 72-75.

[335] 陈凌. 宋代地方衙署建筑的选址原则 [J]. 文史杂志, 2015（5）: 112-113.

[336] 王岩. 宋代洛阳造园风的实例——洛阳北宋衙署庭园遗址 [J]. 文物天地, 2002（6）: 36-39.

[337] 王铎. 唐宋洛阳私家园林的风格 [J]. 华中建筑, 1990（1）: 37-41.

[338] 程民生. 宋代洛阳的特点与魅力 [J]. 河南大学学报: 社会科学版, 1994（5）: 10-17.

[339] 杨鸿勋. 明堂泛论——明堂的考古学研究 [C]//中国建筑学会建筑史学分会. 营造: 第一辑（第一届中国建筑史学国际研讨会论文选辑）, 北京: 北京出版社, 文津出版社, 1998: 3-12.

[340] 傅熹年. 中国古代院落布置手法初探 [J]. 文物, 1999（3）: 66-83.

[341] 周宝珠. 北宋时期的西京洛阳 [J]. 史学月刊, 2001（4）: 109-116.

[342] 傅熹年. 隋唐长安洛阳城规划手法的探讨 [J]. 文物, 1995（3）: 48-63.

[343] （法）: 乔治·梅泰里. 洛阳园林: 城市文化的精华 [J]. 衡阳师范学院学报, 2007, 28（1）: 45-48.

[344] 傅熹年. 日本飞鸟、奈良时期建筑中所反映出的中国南北朝、隋唐建筑特点 [J]. 文物, 1992（10）: 28-50.

[345] 王岩. 隋唐宋时期洛阳园林考古学初探 [G]//中国社会科学院考古研究所《汉唐与边疆考古研究》编委会. 汉唐与边疆考古研究: 第一辑. 北京: 科学出版

社，1994：225-230.

[346] 谢洋. 司马光独乐园造园艺术探析 [J]. 山西建筑，2009，35（29）：345-346.

[347] 田芳，邹志荣，杨因君. 乡土树种在洛阳园林绿化中的应用研究 [J]. 安徽农业科学，2009，37（19）：9222-9223，9233.

[348] 李方正. 北宋洛阳名园植物造景手法初探 [J]. 山东农业大学学报（社会科学版），2011（2）：88-91.

[349] 卫红，刘保国. 从"天时、地利、人和"看古代洛阳私家园林兴盛 [J]. 中国园林，2012，28（2）：100-102.

[350] 贾珺. 北宋洛阳司马光独乐园研究 [J]. 建筑史，2014（2）：103-121.

[351] 贾珺. 北宋洛阳私家园林考录 [J]. 中国建筑史论汇刊，2014（2）：372-398.

[352] 刘托. 中国古代的造园艺术 [J]. 中国艺术时空，2015（3）：94-103.

[353] 贾珺. 北宋洛阳私家园林综论 [J]. 中国建筑史论汇刊，2015（1）：364-383.

[354] 王铎. 略论北宋东京（今开封）：园林、及其园史地位 [J]. 华中建筑，1992，10（4）：43-45.

[355]（日）木田知生. 关于宋代城市研究的诸问题——以国都开封为中心 [J]. 冯佐哲，译. 河南师大学报，1980（2）：42-48.

[356] 许江. 宋代造园艺术与园林建筑特征之窥探. 创意与设计，2014（2）：83-93.

[357] 姜波. 唐东都上阳宫考 [J]. 考古，1998（2）：67-75.

[358] 陈长安. 洛阳白马寺发现唐代遗物 [J]. 中原文物，1981（1）：19-20.

[359] 介永强. 唐东都福先寺广宣律师墓志发覆 [J]. 中原文物，2017（3）：102-105.

[360] 洛阳市龙门文物保管所. 洛阳龙门香山寺遗址的调查与试掘 [J]. 考古. 1986（1）：40-43.

[361] 李浩. 唐代园林别业与文人隐逸的关系（下）：[J]. 陕西广播电视大学学报. 1999（2）：37-41.

[362] 万艳华. 我国古代园林的风水情结 [J]. 古建园林技术，2003（3）：41-44.

[363] 石自社. 隋唐东都形制布局特点分析 [J]. 考古，2009（10）：78-85.

[364] 宿白. 隋唐长安城和洛阳城 [J]. 考古，1978（6）：409-425，401.

[365] 中国社会科学院考古研究所洛阳唐城队. 河南洛阳市唐宫中路宋代大型殿址的发掘 [J]. 考古，1999（3）：37-42，103-104.

[366] 王贵祥. 中国古代都城演进探析 [J]. 美术大观，2015（8）：82-87.

[367] 叶万松，李德方，孙新科，等. 洛阳发现宋代门址 [J]. 文物，1992（3）：15-18.

[368] 李久昌. 古代洛阳所置陪都及其时间考 [J]. 三门峡职业技术学院学报，2007，6（1）：28-33.

[369] 韩建华. 试论北宋西京洛阳宫城、皇城的布局及其演变 [J]. 考古, 2016 (11): 113-120.

[370] 毛华松, 廖聪全. 宋代郡圃园林特点分析 [J]. 中国园林, 2012, 28 (4): 77-80.

[371] 陈凌. 宋代府、州衙署的建筑规模和布局 [J]. 文史杂志, 2013 (2): 58-59.

[372] 陈凌. 宋代府、州衙署建筑原则及差异探析 [J]. 宋史研究论丛, 2015 (2): 141-158.

[373] 张建宇. 苏州早期宅第园林之宅园关系考 [J]. 中国建筑史论汇刊, 2010 (1): 455-503.

[374] 梁建国. 北宋东京的社会变迁与士人交游——以宋徽宗时代为参照的考察 [J]. 南都学坛 (人文社会科学学报), 2010, 30 (3): 28-33.

[375] 陈久恒. 隋唐东都城址的勘查和发掘 [J]. 考古, 1961 (3): 6-10, 127-135, 175.

[376] 龚延明. 宋代官吏的管理制度 [J]. 历史研究, 1991 (6): 45-61.

[377] 张劲农. 我国古典园林中水的文化意义 [J]. 广东园林, 2005, 27 (1): 8-9.

[378] 赵建梅. 从白居易有关履道池台的诗看其中隐思想 [J]. 郑州大学学报 (哲学社会科学版), 2004, 37 (6): 114-117.

[379] 王鹏, 赵鸣. 中国古典园林生态思想刍议 [J]. 风景园林, 2014 (3): 85-89.

[380] 郑曦, 孙晓春. 《园冶》中的水景理法探析 [J]. 中国园林, 2009, 25 (11): 20-23.

[381] 刘托. 两宋私家园林的景物特征 [G] //清华大学建筑系. 建筑史论文集: 第十辑. 北京: 清华大学出版社, 1988.

[382] 何晓静. 南宋江南园林的意象与表达 [J]. 学术界, 2018 (7): 164-172.

[383] 陈易, 韩冰焱. 南宋皇城遗址研究 [J]. 杭州文博, 2017 (2): 72-87.

[384] 李一帆, 田国行. 家家流水, 户户园林——古洛阳都城理水智慧对海绵城市建设的启示 [J]. 现代城市研究, 2018 (2): 32-39.

[385] 韩建华. 唐宋洛阳宫城御苑九洲池初探 [J]. 中国国家博物馆馆刊, 2018 (4): 35-48.

[386] 李优优. 《洛阳名园记》丛考之"湖园" [J]. 现代语文 (学术综合), 2014 (6): 27-28.

[387] 李优优. 《洛阳名园记》丛考之"李氏仁丰园" [J]. 科教文汇 (上旬刊), 2015 (19): 146-147.

[388] 李优优. 《洛阳名园记》之"大字寺园"考 [J]. 文学教育 (上), 2016 (5): 60-61.

[389] 王文楚. 北宋东西两京驿路考 [J]. 中华文史论丛, 2008 (4): 125-149.

[390] 万营娜, 杨芳绒. 北宋洛阳私家园林景题特色分析 [J]. 浙江农业科学, 2014 (2): 220-222, 224.

[391] 谢翠维. 北宋洛阳的园林 [J]. 周末文汇学术导刊, 2006 (1): 130-131.

[392] 韩凯凯. 宋代官员群体租房现象探析 [J]. 邢台学院学报, 2016 (1): 116-120, 124.

[393] 高虎, 王炬. 近年来隋唐洛阳城水系考古勘探发掘简报 [J]. 洛阳考古, 2016 (3): 3-17.

[394] 韩建华. 隋唐洛阳城考古发掘与城市研究的回顾与思考 [J]. 西部考古, 2007 (1): 192-210.

[395] 姚晓军, 赵鸣. 基于白居易造园思想的洛阳"乐吟园"规划设计初探 [J]. 古建园林技术, 2018 (2): 72-78.

[396] 陈佳欣, 栾春凤. 隋唐洛阳皇家园林理水艺术研究 [J]. 广东园林, 2018 (6): 58-62.

[397] (韩) 朴景子. 中、日、韩古代池苑比较研究 [G] //张复合, 贾珺. 建筑史论文集: 第16辑. 北京: 清华大学出版社, 2002: 256-267, 294-295.

[398] 牛元莎, 董卫. 历史信息转译的山水城市营造法则推演——以隋唐洛阳城为例 [C] //中国城市规划学会. 新常态: 传承与变革 (2015中国城市规划年会论文集). 北京: 中国建筑工业出版社, 2015: 256-267, 294-295.

[399] 贾珺, 黄晓, 李旻昊. 古代北方私家园林研究 [M]. 北京: 清华大学出版社, 2019.

[400] 黄晓, 刘珊珊. 唐代牛僧孺长安、洛阳园墅研究 [J]. 建筑史, 2014 (2): 88-102.

致谢

本书是在本人博士论文研究成果的基础上深化完成的。本书的成型，首先要感谢我的博士导师赵鸣教授对我的培养。正是赵鸣老师对博士论文的耐心指导，才奠定了本书的坚实基础。同时感谢我的博士后导师田国行教授，对本书的深化指导，以及出版支持，才使我有了撰写的信念与信心。还要感谢我的硕士导师山东艺术学院电影学院谭大珂教授一直鼓励我读博并对论文提出的宝贵意见。正是三位导师严谨治学的态度，谆谆善诱的指导，使我终身受益。三位老师将是我一生探寻学问的榜样。

其次，感谢北京林业大学园林学院的李雄教授、王向荣教授、刘志成教授、郑曦教授、董璁教授、朱建宁教授、李翅教授、李运远教授、张玉均教授、蔡君教授，古建院的毛子强教授和创新景观的李战修教授在论文开题、答辩中给予的重要意见，成为了本书成书方向上的指明灯。感谢北京林业大学林学院的王新杰教授以独特的视角和对洛阳的热爱多次对论文的逻辑和内容进行耐心修正。感谢中国社会科学院考古研究所洛阳分站石自社研究员和韩建华研究员为本书提供大量的考古资料和图片，并多次耐心地为我解疑释惑。感谢清华大学建筑学院贾珺教授对论文大纲的指导和对书稿出版的鼓励。感谢黄晓老师对论文提出的修改意见。感谢美术启蒙老师姚子通画家为论文提供的绘画资料。感谢洛阳文物局的专家严辉主任以及人文社会科学院的李飞老师对调研工作的有力支持。

最后感谢一路上给予我帮助和陪伴的朋友们。感谢师姐王鹏、袁琨、杨梅花、王劢、康琦、张学玲、刘悄然，师兄闫荣、郭永久、王凯、罗丹、赵润江，同学邓炀、徐放、王言茗、郑亚雄、李艺琳，师妹莫日根吉、刘亚男、冯尧、崔戎、向丽君、曾慧子、尹露曦、李爽、蔡可、成超男、孙佳丽、许雅楠、关海莉、耿丽文，师弟秦汉、陈凯翔、尹航、孟宇飞、王兆晨、丁康等同学在学习和论文写作过程中给予的帮助。感谢北京林业大学的培养，正值母校70周年校庆之际，祝愿母校生日快乐！感谢河南农业大学风景园林与艺术学院的领导和同事们对本书出版的帮助和支持。感谢我的研究生王雨晴、暴诗雨、魏凯璐、齐孟言、何倩倩、黄玉梅等同学为本书校对文字和图片所付出的努力。感谢中国建筑工业出版社杜洁主任、张杭编辑在出版过程中所付出的努力。还要感谢我的家人对我学业和工作的理解和支持。